人生的安宁与和谐

——心境、爱情等烦恼的对治

清明妙德　著

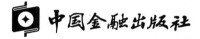

中国金融出版社

责任编辑：张翠华
责任校对：孙　蕊
责任印制：程　颖

图书在版编目（CIP）数据

人生的安宁与和谐（Rensheng de Anning yu Hexie）——心境、爱情等烦恼的对治/清明妙德著．—北京：中国金融出版社，2012.6
ISBN 978 – 7 – 5049 – 6384 – 0

Ⅰ．①人…　Ⅱ．①清…　Ⅲ．①人生哲学—通俗读物　Ⅳ.①B821 – 49

中国版本图书馆 CIP 数据核字（2012）第 085865 号

出版
发行　**中国金融出版社**

社址　北京市丰台区益泽路 2 号
市场开发部　（010）63266347，63805472，63439533（传真）
网 上 书 店　http://www.chinafph.com
　　　　　　（010）63286832，63365686（传真）
读者服务部　（010）66070833，62568380
邮编　100071
经销　新华书店
印刷　利兴印刷有限公司
尺寸　169 毫米 × 239 毫米
印张　18
字数　296 千
版次　2012 年 6 月第 1 版
印次　2012 年 6 月第 1 次印刷
定价　40.00 元
ISBN 978 – 7 – 5049 – 6384 – 0/F. 5944
如出现印装错误本社负责调换　联系电话（010）63263947

前　　言

本书是我在腾讯网站微博问题对话和博客文章的专题汇编，主要谈的是如何应对生活烦恼的问题。

通过微博，我发现，当今社会的心理问题比较多，年轻人的疑问也比较多，自己年轻时，曾经经历的心理现象，在当今社会更为突出。因此，社会需要心理安慰，但心理学往往难以胜任，而中国传统文化及其运用倒是可以真正解决一些心理问题。

本书的对话部分为禅宗形式的回答，这源于我从参禅中受益很多。当然，有的做些解释、说明、论证或分析，不完全是禅了，期望读者都能学会其中的方法论、认识论，正确对待当今社会所遇到的各种矛盾和问题。完全用禅的方法，大部分人不适用，看不懂。

本书共计八章，基本是生活中都会遇到的问题。对道家和佛家一些经典的解读，目的在于期望大家去深入体会这些经典，这是一辈子受用的书籍和文章。《道德经》、《金刚经》是两篇非常好的认识论和方法论文章，《道德经》五千字左右，而《金刚经》六千多字，不算长。尤其是《金刚经》，我做了重点解读。

烦恼是任何时代的任何人都会遇到的，如何解决烦恼，也是每个人都在探索的。因此，本书从具体的烦恼问题入手，提供一些解决的思路和途径。

解决烦恼除了认识和具体的行为约束外，更重要的在于心的统一与和谐。本书第二章提供了两个途径，一是禅宗的方法，二是净土的方法。因为这些问题，很多人认为是迷信，而不知道这是方法论和认识论，具有巨大的实用价值。因此，第三章专门讨论传统文化的认识和运用问题。第四章重点剖析禅宗公案，希望对禅宗的认识论和方法论有更深入的把握，不要停留在公案的知识上，而要真正能够运用。第五章则是引导人们学习《道德经》、《金刚经》等道家和佛家经典，有利于我们真正把握这些经典的核心思想，而不会盲目人云亦云，错用错解了中国传统文化的方法论和认识论。第七章是提醒在运用传统文化的方法论和认识论进行修行时，要注意一些问题，这些问题也是人们经常遇到的。第七章和第八章讨论爱情、婚姻和家庭教育，其实是修养和文化方法论、认识论的运用。

　　本书关于婚姻和家庭的文章，短期内在博客的浏览量达到 4500 人次，这只是一家网站的。而关于禅宗公案的解析，个别文章一周时间超过 1.9 万人次的浏览量。这也坚定了我对一些问题的研究和分析。

　　本书将微博和博客文章进行了修改和完善。其中，第五章、第六章也是首次发表。第八章关于孩子教育的，是我在观察孩子成长过程中，写给同班孩子家长们的，当时得到了家长们的好评。这些问题现在的家长仍然会遇到，这里也首次公开发表。

　　最后，感谢各位网友、博友，尤其感恩感谢行者慧周博友，书中收录了其部分微博讨论对话，给人的启发良多。感谢我的孩子和家人，感谢、感恩一切因缘。期望读者从中受益！

清明妙德

于壬辰年

目　录

第一章

烦恼与菩提

第一节　物品、利益、外界环境等引起的烦恼

一、丢东西的烦恼

人们经常会遇到丢失东西的情况，或者被小偷偷了东西，或者自己遗失了，都会产生烦恼。自己遗失，会非常懊恼，别人偷窃，可能非常痛恨。当然，遇到这类事情，该采取补救措施的需要去采取（包括个人、组织乃至社会），但结果如何，难说。作为个人，保持良好的心态非常重要。下面讨论烦恼即菩提遇到的情况。

微博语：烦恼死了，我又丢自行车了！

回复：烦恼，死了！自行车又丢了？心没再丢，就好。丢就丢了，烦恼了，也找不回自行车，不如觉得是圣人在考验你心境呢！这样，自己的心境就会好多了。内心烦恼，不仅不能找回自行车，反而把自己的心情弄乱了，双重损失啊。损失了自行车，又损失了自己的心情。

如果因为丢车而心生怨恨，无论是怨恨自己，还是怨恨别人，都不好。怨恨自己是自伤，本身已经丢车了，何必为此再烦恼。如果怨恨别人，不知道是谁，怨恨了也没有用，结果导致自己心情不好，不愉快。事情想通了，就没有烦恼了。

当然，对管理部门或者对管理者，我们可以提出一些建议，完善一些管理制度，避免不必要的丢失和被偷窃等。

微博语：我丢了自行车，感冒一周了，现在还没好！求安慰！求鼓励！

答：噢，是得慰问了！车丢了，自己没丢吧？自己没丢，心就没丢，心没丢，就该无根、无恼也无怨，无恨、无恼、无怨，就快乐了，快乐了，就逍遥了！快乐逍遥！丢车、感冒不奈我何！我自快乐逍遥！

这段话，是对境来说的。问话人，当即告诉我，情绪轻松好多了。可见，人的心情，在一念之间就可以转变，身体健康也是如此。

周瑜设计火烧曹操军营的船只，可惜是在冬天，没有东风。当所有一切都准备好以后，周瑜忽然想到冬天没有东风，就心急如焚，突然病倒。而诸葛亮一句话：万事俱备，只欠东风，就使周瑜忽然病好，这就是语言的力量，语言解了自心烦恼。

人体有气，气的运行有气机，人被一句话、一件事情牵挂、折磨，就不开心，气有所堵塞，而一句话、一幅画或自然环境等，一切外界因缘，也可能让

自我解脱。所以，不必为一件事情而烦恼，烦恼容易生病。

二、东西损失的烦恼

我们可能会因各种内在外在的原因而导致东西损失、损坏，因此而心生怨恨、不满或悲伤等不解脱。而有了正确的认识就不会这样了。佛经记载这样一个故事（《佛说义足经》）。有一个人所种稻谷已经成熟，该收割了，但他贪恋稻谷的长势而不割，自乐其中。谁知当天晚上一场冰雹将稻谷打坏，他女儿也在此夜死去。于是，这个人忧愁、悲苦、啼哭，无人能止。后来，这个人哭着来到释加牟尼讲经的地方，释加牟尼知此人忧恼所在，就开导此人说，世上有五件事不可避免也无人能逃脱：

1. 有所损耗、减少，却想让它不损耗、不减少不可能；
2. 物会离灭却想使之不离灭不可能；
3. 人会生病、消瘦想让他不病、不瘦不可能；
4. 人会老朽年迈想使之不老朽不可能；
5. 人总要死，想不死不可能。

人无智慧，见东西损害、耗减、亡弃、病瘦、老朽、死去则会生出忧愤悲哀，但这对人际关系、对身心只有损害而无益处。

物品的损失无论是来自哪个方面的原因都不能再恢复原来的那个，心生烦恼，只能导致矛盾和心情不好。当然，在正常的情况下，该如何处理就如何处理。包括把东西损坏了的人，该承当责任就承当，烦恼、忧愁于事不能解。

生老病死本是自然而然的事，当不因其生而喜，也不因其病死而忧苦悲哀。这样，则无烦恼。病也是如此。人在病中，不因病而恼、而烦、而怨、而恨、而不平，其病离去恐怕更快。病也是梦，也是假，不必执著于此，放下即是。不著，放下即心安，久而久之，心安气顺，免疫抵抗力就强了，病就会少生、不生，则可以做到无病了。

三、被扣钱而伤心的烦恼

人们也会因各种原因导致伤心，情绪悲伤，不开心等，遇到这种情况，也一定要寻找自我解脱的方法。禅宗在这个问题上，提供了很好的方法。这就是无心法门，了解自心本无所有，本无执著，即可解脱。

问一：为什么被扣钱的总是我，为什么不通知我，给我次机会弥补。老师，我伤心啊……该怎么办？

答：啊，伤心了？心，在什么地方？能拿出来让大家瞧瞧？心哪儿伤了？

伤了什么地方，让我们看看。你的意思是用钱补伤，怎么补法呢？钱不是心，何以能伤心呢！？寻找缘起（事情发生之因），才是解决问题的途径。

问二：心拿出来让人瞧瞧？您能做到吗？

答：我也拿不出来。拿不出来，就是没有心！没有心，怎么会伤心呢？！没有心，就没有地方可以伤嘛！

问三：其实钱也就罢了，关键是很有可能被扫地走人，如何才可以释然？

答：一个人所在的组织或单位，就是自己的依靠，不可不以为然。遵守制度，谦恭待人、待上，这是为人、做工作的基本要求。有了错误和不足，要赶快认识自己的错误、不足，去向主管检查和自我批评，求得其批评指点，而不是对立、闹情绪。要放下自己，消除我见，不要总觉得我对，别人不对，领导不对。下属寻找领导的不足，挑领导的毛病，就是给自己寻找不自在，寻找烦恼。放下面子，知错即改，就才是可塑之才，领导才会觉得这个人还不错。知道承认错误，就是进步，知道自己不足，就会少犯错误。遇到错误，就会检查自己，不会与别人发生冲突。老子说：自知者明。

四、如何看待自己和他人的错误、缺点

议论一：有人说，发现自己的错误，就是开悟；改正自己的错误，就是成就。发现了所有的错误，就是彻悟；改正了所有的错误，就是圆满。世界上没有什么完美，想开了想通了，就是完美。

答：应该说，能发现自己的错误，就是一个巨大的进步。很多人不太愿意承认自己的错误，更难公开去道歉了。因此，古德云：不怕恶念起，只怕知觉迟。修行人，能随时返照自心，则不为心念（是非、对错等矛盾意识）折磨。

但是，如果认为改正了错误，就开悟了，就圆满了，那倒未必。

因为承认和改正错误，是对过去来说的，不是对未来，也不是对当下。因此，如果不是心性极好，修养好的人，下次仍然可能犯错误，而且是大错误。

因此，修行人，对待错误，是忏悔，不仅仅是改正一个行为，要对自己的前期意识和行为内疚、自责，或内心认识到自己错了，乃至在内心或行动上去向他人道歉、认错，而且，给自己警戒，以后不犯。从此也明白，要尊重他人、恭敬他人，这样，就不容易犯错误了。正如六祖慧能所说：忏其前衍，悔其后过。

议论二：我怎么总是看见自己和别人的缺点，把别人的优点习以为常，不会去多赞扬一下别人。

答：试试说出别人的优点，把别人的缺点习以为常如何？这样，可能会有

不同的效果。

议论三：总是感觉到非常无奈，似乎和人打交道真的无助到了我们都不知道该怎么办的地步。

答：融入社会，融入群体，不要太过敏感，更要放下自卑，把一些现象和话语以及别人的某些言行或自己不习惯、不以为然的事情，不要看得很重，看淡一些，把这些有当做无，正面去理解。

议论四：想过要改变，但是改变自己很难！

答：山顶都是一步一步登上去的，修行大德并非天生如此。只要坚持，学而时习之，定有喜悦。

修养是一种行为，也是习惯，贵在坚持。修养，不仅在于知道、感悟，更重要的在于行持，持之以恒，成为人格。不能行持，说食不饱；经典的话语，一定是行持的人格和境界。

议论五：做一天好人容易，做一辈子好人难。

答：一念净信，即具种子性。机缘成熟，大势（定）至！

议论六：倘若每一个人都在心中种植一朵莲，就是种下了慈悲；你只需要用阳光和雨露将之浇灌，用善良和温情将其滋养，就会绽放出洁净的花朵⋯⋯

答：红莲出清水，根深在淤泥。

一切都从细微处来，从一念来，从一语来，从一行来，善如此，恶也如此。随着时间的流逝，细逐渐显，一成为多，成为万，于是成为习惯，成为人格。心中时时种莲花，则心成莲花世界。

第二节　个性问题的烦恼

一、情绪和心态问题

（一）对顺境和逆境

一切逆境，忍过、饶过；一切顺境，随风而过，心不念留。

世俗中，顺境往往不能出人才，往往是逆境出人才。有压力，才有动力。不要认为逆境是坏事，什么都追求顺。太顺了，一个人就骄傲，甚至狂妄，最后导致失败。而走过了逆境，才知道一切得来不那么简单，倍加珍惜。

道家王真人说：逢逆境，欢喜过去；逢顺境，无心过去。一切尘境，虽三岁小童，不敢逆悖。一切人逆着自己，触犯自己，饶过、忍过，自有功课。

其实，如果有能力和条件，把逆境转化为自己成就事业的顺境，有时候，创造了顺境，大家缺乏动力了，也创造一个逆境，去考验和培养一个人的心境和心胸，这是对逆境和顺境的自如运用。到这个地步，就知道，顺要感恩，逆更要感恩，逆境和顺境都可出美妙风景！

（二）对喜欢和不喜欢

把不喜欢的，当做浪花，过去了，水面依然平静，或适应了，不以为烦。逐渐地就学会了一种适应和随顺不喜欢的方法，甚至可以转不喜欢为喜欢，自己就可以统领和改变烦恼。

喜欢的，作为宝贝，永远珍藏，也不惦记。需要用的时候，这些可以拿出来，利乐民众和群体。

要做到这些，关键在于心情要平和，胸襟广大，所言所说就不会有很多情绪和不满，乃至过激行为。

（三）如何对待自恶和自错

古德云：不怕恶念起，只怕知觉迟。随时返照自心，则不为心念（是非、对错等矛盾意识）折磨。一个人的人格非一时之功，如树之果实，都是从细微处日夜逐渐积累而来。知错而改，从事后知道、忏悔到下次不犯，内知不犯，到当下知错即纠，需要时间和实践过程。道家大德云：频逢磨处休变心，一回忍是一回赢。其中，特别需要重视的是，自我忏悔。

（四）如何对待他人的不足

一念起即万念起。别人一个小小的错误，如果记恨，就总也不能忘怀。解除的办法就是告诫自己，一定要看淡这些，日久见功夫，就可以磨灭自己、自心的恩仇；一念善起，万念助善。持续不断，把握自己的信念，就如同做专业，从不熟悉到熟悉，从熟悉到驾驭，利己再传人。

对他人的情绪、不足，一定要慈心对待，空心对待，忍心对待。少观或不观人过，少求或不求人短，常观他人之长处、优点。心无是非，转非为是，乃至不思议，如镜子照物而镜内本无物。

不因问题、观点、事情乃至业务或利益的争执而与好友、同事交恶，也不因怨恨而忘记了别人的恩德。施恩而无恩想，如天地之予以众，不求回报，乃为大慈大恩。不一定做到，但有时候，提醒一下自己，可以让心灵得到解脱。

对别人的情绪、不足，看不惯的地方，要做到慈、空、忍，要有慈心、爱心而无求回报。言说真诚而不作贱他人，论议是非不抬高自己。做到如老子所说：善者，吾善之；不善者，吾亦善之，德善。佛经也说：恩于恩者、无恩者、不知恩者。

心慈能灭焰火，不为一念之恼而念念不忘，不为一事之坏而耿耿于怀。忍过一时，则海阔天高；能空烦事，则自得逍遥。老子曰：善者（包括人、事、情、心境），不善者之师（老师，学习、行为的榜样）；不善者，善者之资（做功德的机遇，成就自己的考验），不贵其师，不爱其资，是谓要妙。

（五）境界到时，方便法可用

当然，境界高了，遇到固执乃至顽固的不当行为和事情，也可以用愤怒乃至惩罚，但自己内心要没有生气和愤怒。过去列子跟随师傅学道，开始不敢跟师傅说话，师傅出外，也不敢靠近师傅，后来逐渐可以上桌子了，也可以参与讨论说话了，师傅才开始一笑，许可，再到后来，无所不说，无话不说，所言皆心无著，这就是彻底解脱了。佛家《首楞严三昧经》也说，得首楞严定的修心者，外表生气而内心无有生气，外表愤怒，而内心实无愤怒，一切都是方便法门，降伏众魔之心。

高境界的时候，贪、嗔、痴，这些概念都没有，这些都如水月镜花，自己见到也是用慈悲和方便法门让人们解脱。

（六）保持平常心

有人问，平心与宽容的区别，这本质上区别不大。心平了，就是宽的，也能容。心宽了，能容了，也就平了。

有人问，什么是平常心？"平"就是无起伏、无波动，高低、贵贱等二端差别——分别意识；常，就是不变，前后、始终一致。心如此，即平常心。

心平了，必然公，心公、心平，必然能等心对待所有人。一切人，在其眼中、心中都是平等的。因此，心平、宽容的人，必定是讲究和能够实践公平、平等的人。

二、贪欲与解脱问题

问一：最近感觉人生似乎有做不完的计划，有干不完的事，是我的贪欲在作祟，欲望无止境，人就要为此而不停地奔波吗？可是没有欲望的人又是什么样的心境？那算是大彻大悟了？

答：不是贪欲作怪，而是心不能控制意识和心念。能控制了，就自由了，干多干少、效率高低，自己可以驾驭了。

心为什么不能自我控制和把握？因为自己心力不集中，或者说，追求的东西超越了自身的力量，自己没有寻找到好的方法去应对。比如，要运用集体的力量、合作的力量，领导的力量，向别人请教，寻找更智慧的方法和途径等。所有的事情，都不是一个人心力所能够解决的，想做大事，一定要集中群体的力量，他人的智慧。

要干事业，就要心无贪欲想，只为事，只为人。为家事、众人事……为家人、众人……或者把程序颠倒过来。贪的标志，就是在别人需要时，自己有能力、有条件却不舍得给予，哪怕是很少的给予，也不愿意给，给了也不情愿，心有不舍。心有志向、目标，想干事业，这不是贪。

没有欲望，但要有志愿和志向，否则，就是碌碌无为的庸人。

问二：心中自然是会有欲望的，又怎么能做到无贪念呢？

答：事如春梦了无痕，何必辨他贪不贪？武汉归元寺有门联，大意是：

事情做了便放下了，放下了就了了，了了有何不了！

天下事有何不了，若有不了事，何不以不了而了之！

不少人老是被自己是否贪、嗔等问题困扰，觉得自己是否太贪了等。其实，这是自我折磨。你没有发大财，没有盖大高楼，贪在哪里？你就那么点钱，拿出施舍了，你自己家庭如何生活啊？六祖慧能早就说"成道非由施钱"。该干的工作不努力，事业都不干好，谈什么贪不贪呢？一个人没有宏伟的目标，没有坚定的意志，如何成就事业？不能成就事业，也不能成就修行。成就事业和修行的心是一样的。

所以，不要老辨别自己是贪不贪，别人是贪不贪，做事情不为个人，为了家庭，也不是贪，为了自己的亲戚朋友也不是贪。事情做起来，虽然累，虽然纠缠，但不做的时候，下班了，也不为之烦恼，就不是贪。谋事在人，在志气，成事在天。贪的标准，是自己有钱了，富裕了，是否真能同情和资助别人。在别人需要时，困难时，需要小的帮助时，自己有能力帮助时，是否心甘情愿等。

问三：自己能够驾驭和控制贪欲吗？我很困惑。

答：了解自心，才能把握自心。一步一步来，如同学习一样。什么事，都得学，学到一定地步，就成专家了。问题是人们多不愿在这方面下功夫，喜欢让心意自由，却不知自由之时却矛盾重重。因此而心累，身体累。

一个人的贪心，是逐渐培养起来的。比如，看到一个好看的东西，就想占为己有。是公家的，就想转变为自己的，是别人的，就想办法得到，而自己实际也没什么用。在自己有权进行利益分配时，把自己的利益定得很高，而其他人的尤其是普通民众的，定得很低，甚至盘剥普通民众。有些承诺了，到时也不兑现，总要拖延时间等，这是贪。

这种贪，是平常习惯累积起来的行为意识，要改变很难。施舍后，期望得到更高的回报，不能得到，则心不乐意。

问四：我觉得人们的烦恼归根都是来自对物质的渴求，也就是欲望，而欲望又是事业发展的动力。对于这矛盾的命题该如何去衡量？我现在在上学是否需要放下物欲而去修心呢？

答：烦恼不是来自于对物质的渴求，而是心着物象，心无（不住）物象，钱多物多，都不是贪欲。比如镜子映照一物是照，映照无数物也是照。但镜子内毕竟无物。心中起相时，知相空，物相亦镜子，行事则不为碍。上学有物欲？在职博士、研究生？做任何事，心如镜子，就无可放下物欲之说，也无专修之说。事事皆自在，物物皆妙用。

问五：对那些想要学习改进自己的人怎么办？谁是最好的老师呢？

答：自己的心，外界的一切，所接触、所听一切。以心为师，常做记录，回头再看看，就很快成熟。

一切老师就在自己的生活中，一切人和环境是，一切制度和要求是，一切成功经验是，一切失败教训是，一切阅历是。自心觉悟，是自己最亲近的老师。当然，如果能够与更多的成功人士接触，与有成就的人接触，汲取他们的营养和经验、教训，自己可以少走弯路，成长更快，成功更快。

三、自心的累、压力、违良和无奈问题

问一：心累的最好放松是什么？去大自然领悟？还是任由其发展呢？

答：古德云：怎如事事休休忘。莫记、莫忆、莫妄！忘我、忘人、忘（累、烦之）事、忘（自）心。改变环境和心念主题，是转移法，也可以消除烦恼，

或者到大自然中去放松一下自己的身心。

一般人任由自心做应急反应，因此，很容易产生矛盾、压力等。根本问题在于不了解自心的本质。

放松自心的根本方法，心要平常，不能太执著，太在意。太在意感情和得失，就会很累。

问二：都说是人心难测，可是人心又是什么控制呢？如此地变化无常？

人心是自己当下的心境所决定的，也与自己过去的知识关系密切。一个人的行为反应，基本是根据其当前的心理需求、生理需求和物质、利益需求等决定的。因此，同样的事情和问题，年轻人和老年人，阅历丰富者与阅历少的人反应不同。很少有人能前后保持心意的一致。很多人，心意的最大特点是后面的覆盖前面的，前面的一切都可以忘记，也不会感恩。因此，看到很多现象，父母毒打自己的孩子，子女与父母之间如仇人，夫妻之间也如仇人，而外人小小的恩典就觉得这人好得不得了。如果一个人能够不忘记过去，随时记起，心又不执著，道德品行高尚，当下的心就不会多变无常了。

问三：似乎生活里别人的意见，压得喘不过气来，我很想要那种无忧无虑的生活，似乎太迫切了吧？所以活得真的好累……

答：所以，要掌握一种方法。自是他人意见或有或无，非关自己心有心无。意见有好坏，自心没有好坏，就是不随外境转。另外一种办法，就是有一个好的心态，把时间和挫折作为让自己成熟的催化剂，或者转压力为动力。

正所谓，走自己的路，随他说去吧。当然，别人合理的意见和建议、批评，还是要接纳。

问四：可是很多时候我们又不能不违背自己的良心做让自己伤心的事情，不想又不得不做，如此的无奈？

答：情况没有那么严重吧?! 带着善念和期待、祈祷的念去做，违良未必就成真。比如老师批评学生，如果严厉中带着怨恨、怒火，严厉可能导致仇恨。而严厉中带着慈悲、怜悯，则学生知道惭愧，以后不犯。同样，自己觉得违背良知，又不能不做，那么，给予一个良好的心念和祈祷，也许就会产生另外的作用。现实生活中，也会遇到一些事情，本想陷害对方，结果却成就了对方。有时候，想成就对方，但却害了对方，心念很重要。

问五：人有很多的无奈，大多数人都在做自己不甘愿又不得不做的事，这就是生活？

答：自心可以做主的地方，不应该是无奈吧。因为场合的需要，不得不做，不得不说，有口无心则无罪，有口善心，即是善。善不以行和迹论，而以心论。

有道是：邪人学正法，正法也成邪。正人学邪法，邪法也成正。心念正了，一些无可奈何的事，做了，未必就坏。

四、缘份、人际关系若干问题讨论

（一）与亲人聚会问题

问一：初一，在返程的飞机上，回想匆匆回到老家的数日，有一种茫然感，看到天边的一抹阳光照耀的红霞，我想这样的辛苦生活，为了什么？为了看到亲人们见到你时的几句夸赞？还是什么？

答：不为什么，只因牵挂。一聚即因缘生，心满足矣！若茫然，已入阶段，逐渐脱其尘，染新尘，唯知缘念（自心他心）起处，如水如镜之影，如同幻化，自心本无。

问二：我在思考，"过年"的真正意义？是一次全国的大迁徙，还是与父母相聚那一刻的眼神？

答：一聚万念聚，这就是一眼、一聚的效用！

（二）关于朋友和境界问题

议论一："何为友？"禅师示："友分四种：一如花，艳时盈怀，萎时丢弃。二如秤，与物重则头低，与物轻则头仰。三如山，可借之登高望远，送翠成荫。四如地，一粒种百粒收，默默承担。"人低头见影，有悟：待友如何，便遇何友，友如镜。

答：花秤山地本一同，分别之下异功用，若然识得虚空花，不分四友却四通。

议论二：交友的四种境界：把自己当成别人，把别人当成自己，把别人当成别人，把自己当成自己。

答：有朝学得观自在，无闲管它四境界。

（三）关于缘份问题

问一：都曾经听过，缘起缘灭的话，可是缘又是何物？怎么才知道我的缘到了呢？

答：心起念、起相就是缘，双方的缘，能否合，那更多要看心理，看后续的交往和相互如何认识、对待对方。

问二：你觉得缘份是个什么东西？

答：就人来说，就是人遇到的一切对象物（所有人、物、环境等），包括声音、空气、温度等，自己的心分得了一份、多份，就是缘份。具体你可查网站怎么解释！

问三：可是，我的随缘态度，却被认为是不积极，我该怎么办？

答：随缘只是一法，缘有主动被动，随缘是被动，造缘是主动，机缘须众缘。要在知缘起处，乃本心，守本心，不执缘，为事为众立功缘！

问四：有的时候，我多么想安心在菩提下静静地观想。可是一回头发现早已踏出了红尘万丈。佛曾说身体是一个臭皮囊，那是人心控制这个皮囊，还是皮囊控制人心？

答：红尘非红尘。人心如金，这个金子在世俗中，一会成金马，一会成金羊，或成金人，或成金物等。金马非马，马亦非金，即金即马，即马即金，金、马原是一物。金为知，为如来，马和羊为印象、记忆、思想、知识等，明了此义，空也不空。这个时候，就可控制自己的身心，而不是被身体和习气支配。

问五：说我不会变心，岂不是撒谎，谁对谁不会变心呢？最初印象也会下一秒消失吧？

答：心变如泡沫，类似金马、金羊、金物、人等。撒谎是爱情中的普遍现象，说爱一辈子，没有，但不这样说，结果如何？但有了一念，那个念一般人是消不掉的，再次重来，比如网络恋爱就会恋上了，心力使然，有诸多实例。

（四）相互关系——善恶问题的讨论

1. 善恶问题

问一：都说人本善良，为何生活里总是出现那么多的恶人呢？是什么让他们变坏呢？是金钱吗？

清明妙德：人之本性，非善非恶。只因在俗，心生我见，因此而有私，哪怕是三岁的孩子同样如此。若要他（她）将自己不玩的玩具送给别人，不容易。如果又生一个，他（她）则不高兴，常欺负小的。

问二：十法界唯心造，凡夫起心动念无不是恶。目睹诸恶，起嗔恨心肯定不对，但是起欢喜心更加不对，因为古语还有疾恶如仇，此语是警戒自己不为恶，还是论他人之非？又有常思自己过莫论他人非。面对诸恶慈悲乎金刚乎？对恶慈悲以何对善？以何止恶？此时如何用心？如何利众？如何智慧观照？

行者慧周：善恶唯心妄分别，悲喜俱因邪念生，执著远离去对待，随缘尽力菩提行。缘起性空无常观。

清明妙德：经典说，大菩萨不见众生之过，不言此是正见，此是邪见，若作此见，即是邪见。不言此是善，此是不善。心既有善恶、正邪见，必作善恶是非价值判断。在微细上，是否产生心执？在世俗外，往往可以评论善恶是非业报，入世俗以此法矛盾重重。唯不见众过，自心知此，做空想，救护而无救护想（不恐吓想）。释迦说法，只对弟子。所言罪恶、业报，只在自知，或对信服者言。非对大众也。不信者，以此法，则矛盾，自己也陷其中，所以，法门多种。文殊菩萨对诽谤自己，言与自结缘。大菩萨有咒语消除违背恩师者之罪。诸佛大愿，都是度脱众生罪业的。罪业本空，佛菩萨大力而能化之。

2. 利益分配问题

问一：我本可以拿全的工资因某人不帮我一下而被扣，甚至有被踢走的危险，我怎么能做到空心态面对，我想我离圣人很远……

清明妙德：不分辨圣凡，只去做啊，有了空心，尚须求行。帮助、团结他人，形成合力。要有团队精神，团队中，要有忘我的精神，不能为小利而牺牲整体。

问二：人生本来无一物，那又为何而争呢？最后也是什么都没有，还不是徒劳？

清明妙德：这个本来无物，是指心，而非指形。形仍然有，不可说无。

行者慧周：所谓形有亦是幻有，非实有，刹那无住，变化不停，绝无真实常住者，故名虚伪，亦谓之无。本性空故，说无也。虽幻有非真，凡夫妄心，犹见有也。

3. 人与人之间的关系

问：我的信条就是人不犯我，我不犯人，可是这样为何还是让我失去了很多的朋友呢？

清明妙德：宽容和谅解，会使自己更宽怀，也会赢得更多朋友。小事都那么计较你犯我，乃因无大目标，定个大目标，把别人的犯我，当做是在帮助、考验我！

行者慧周：人之犯我必有因，有意无意曾犯人，反躬自省有收获，理解宽容献真诚。

议论一：我认为：小事可以不计较，但原则性无同一定要坚持。

行者慧周：原则各有不同，尤需相互谅解。真诚平等尊重，充分交流沟通。最终达成共识，和谐欢喜无穷。

议论二：曹操的做人原则是宁我负天下人，勿要天下人负我。当然你也可以伟大，以德报怨，宁天下人负我，我不负天下人。把握好一个度，怎样都没错。

行者慧周：概是曹操无奈语，知音不遇志难伸，阿瞒功过人皆见，自有公评待后人。有缘善待唯尊重，珍惜感恩献赤诚，无愧于心堪自在，立功建德莫夸能。阿弥陀佛！

议论三：人不犯我，我不犯人，这个是小气的表现，大度一点你会收获更多。

行者慧周：大肚能容天地宽，小气憋闷自伤心，开心接纳多情趣，君是福星欢乐人。

议论四：看那么多电视剧应该也明白了吧，要像女主角那样被众人欺，还会心怀宽容的，人们才喜欢。

行者慧周：宽容是美德，智慧当先行，养奸姑息事，其实不应该。

议论五：不用太纠结、每一个人都会有自己的生活方式啊。

行者慧周：纠结之人自纠结，纠结之事又纠结，纠结之时正纠结，纠结放下不纠结。既然有求，随缘接应。

4. 受人欺负的问题

水仙问：我该怎么办，所有人都欺负我，为什么老天爷要这样对我啊，我不明白。

清明妙德：一个水仙，不是大家都喜欢的吗？怎么所有人都欺负你？是不是天冷被冻坏了，大家都不要这水仙了？那就保护好自己，不让冻着！

行者慧周：觉得受人欺负，乃是心中不平，源于自信不足，尚需增进了解。建立真诚信任，接受善意批评，理解相互作用，自然无限欢欣。祝福有缘，和谐美满幸福安康！南无阿弥陀佛！

议论一：乃因自心拒绝排斥他人故。应学会理解自他，开心容纳，感恩一切，自觉融入。

行者慧周：虚怀若谷容天下，无量有缘纷沓来。

议论二：唯一能真正持续的爱，是能接受一切的。能接受一切失望，一切失败，一切背叛，甚至能接受这样一种残酷的事实：最终，最深的欲望只是简单的相伴。

行者慧周：真爱无私，大爱无限，慈爱无厌，博爱无偏。量周沙界，心包太虚，究竟平等，大觉无余。依心理学说，欲望归结安全感，迷失自我不自归。阿弥陀佛！

议论三：可怜之人必有可恨之处。

行者慧周：既然可怜则当怜，哀悯其情多理解，随缘尽力排忧难，悲心爱人福如海。阿弥陀佛！

议论四：你觉得是在欺负你、有可能别人是在帮助你啊。

行者慧周：逆境正好出人才，不失时机用戏台，一朝突破重重障，幸福成功滚滚来！阿弥陀佛，为有缘人祈祷，为需要者祝福！

议论五：境缘无好丑，好丑在于心！

行者慧周：境界好坏取决于自心。一切境界无非自心影像，如是心如是境是名心境也！心好一切好，心坏一切坏，自因招自果，世间无古怪。无违因果离远忧。

五、关于慧根问题

议论一：这个即使对一个有慧根的人来说，也还是有难度的！

答：有慧根有难度，那就无慧根，无难度了！（笑）

议论二：我表示真的没有怎么看懂，难道我真的没有慧根？

答：无心有心，都是你那心。懂、不懂，也是懂——心！

议论三：看来我们还都是凡人啊！

知凡之知不凡，圣凡岂有差别！是故，圣凡平等。

议论四：慧根是什么根？

根就是心，慧是心应对外界一切而没有矛盾或和谐自如的思想、知识、方法、言语等。

议论五：这样看来，是不是你还很有慧根的呢？

答：何为慧，何为根？我岂有慧根！

议论六：智辩得明谓之慧，扫除心中尘丰秽，君正修持慧根行，以示世人正心根。

答：呵！此慧此根本相同，心明只在运用中，若然须辩即落智，世人心根何异圣！

议论七：常听人被批评，说没有慧根。为何现在没有慧根反倒解脱了？

行者慧周：迷恋慧根四处找，入魔走火势难逃，放下息心离诸欲，逍遥自在逞英豪。

清明妙德：语境不同异妙用，同样话语意不同。譬如请坐语气变，亦亲亦敌须分辨。

议论八：我是无慧根的那一种人，这好似有点处处有时有还无的感觉。

答：无慧根，即解脱！

行者慧周：大慧无根无始终，因缘汇聚自然通，豁然参透无慧根，解脱何须衣帽松。

六、改善个性品行

（一）在矛盾和小节问题上，不要太清，太察

汉武帝时候的谋士东方朔说：水至清则无鱼，人至察则无徒。东方朔这个人是修道的，记忆也非常好。这句话一表示境界，是在世俗之外的；另外一个含义是世俗内的。后一种含义是人太清如同水清，别人干什么你都明白、敏感，都要作出一个符合自己与否的反应，那么，鱼就不能活，鱼要混水才能活、长得快，长得好；有些事情和问题，要装点糊涂。人至察，是什么含义？不按照情理，按照制度办事，按照法理和事理以及公理、道理是"至察"吗？不是。"察"的含义是对人太苛求，看人这也不满意，那也不满意，要求别人都随顺你的个性，别人就不愿意跟着你干了。商业上太斤斤计较，工作上有功劳就写成自己、说是自己的，不是别人的，这些就是察的表现。历史上还没有人把按照制度办事作为"人至察"看待。

（二）正确对待同志间的不足和缺点

老子说：善者吾善之，不善者吾亦善之，德善。天地能容，君子量大，小人气大，脾气大。好人、喜欢的人，要善待；不好的人，不喜欢的人，也要善待。要善于转不善为善，否则，自己就处于矛盾之中。当领导，更需要具备这个能力。

老子又说：善者，不善者之师；不善者，善者之资；不贵其师，不爱其资，虽知大迷，是谓要妙。好人、品德高尚的人，是坏人、品德不高的人学习的榜样；而不好的人、品行低下的人，是品行高尚的人做功德的机遇和对象，圣人不能在圣人中作出成就。因此，好坏要两面看。

没有坏人，就没有好人，坏人是成就好人的机缘。如果大家都很富，施恩之善就不必要了。因此：淤泥邪定众生能生佛法，是非祸害之中能出大贤。

老子说：上善若水。水透明清澈，能融合一切，低处流，谦恭卑下，利而无争，无争，故天下无能与之争。要善待不善者，否则，群体内就会你争我斗，就有矛盾，没有教化，就出不了人才。因此，真正的善者，是一个善于改造环境的人，善于改造人际关系的人，而内心无执著，不认为有功劳，而是本分，天性如此。用党的理论来说，都是人民内部矛盾，根本利益是一致的，没有解不开的疙瘩，过不去的坎。

（三）正确看待自己的业绩、功劳和别人的业绩、功劳

《礼记、祭义》：天子有善，让德于天；诸侯有善，归诸天子；卿大夫有善，

荐于诸侯。士庶人有善，本诸父母，存诸长老。

功劳属于人民，功劳属于党。功劳属于群体，不可能是一个人的。单位内，个人取得的业绩离不开组织提供的条件，组织的领导、指导、支持，离不开同事的支持、相互的智慧激荡等。因此，有业绩、有功劳，要善于赞扬和感谢领导、同事，事情没有做好，更多寻找主观原因。

多看别人的长处、优点，多一些恭维赞扬，少一些挑刺和牢骚，以善意的方式来提出改进的意见。有功劳就看成自己的，别人的成就也看做是自己帮忙的结果，这不好。

君子施恩不求报，恩而无恩想，善而无善想，是乃至善、真善。君子爱人，人不告而不知，行善也如此，这是做人的本分；有一点功劳和小善念念不忘，要别人感恩你，别人会有压力。

（四）正确对待自己和别人

1. 遇到事情和矛盾首先寻找自己的错误和不足

不挑别人的毛病。要分析是什么原因会产生矛盾，内心的尊重不够，过去的怨气、误解和习惯性成见，这些东西在内心一旦产生，积累到一定时间就在语言和行动上表现出来。因此，矛盾的产生和暴发在自己内心一定经历了一个过程，也就是说有了酝酿，心中没有了顾虑，随着内心的意识而牵引。

比如，曾经有一位母亲，不喜欢自己的女儿，一天，在河边突然想到如果女儿淹死多好！果然，几个月后，寻找一个在河边的机会，她把女儿推下河淹死而获罪。内心有了意见和见解，有了不满，所以必然产生矛盾。

最好的方法就是刚产生不良心念就注意消除、内心自我忏悔。不要让内心的意识成为种子，那样的话，就会发芽和生长。要注意那些不善、不良、疑人、疑事、不信任、不尊重的念头和要求，否则，必然产生矛盾。多培养和产生善良、尊重、欢喜、和谐、鼓励、表扬、赞赏的思想和观念，这样，就种下了不同的种子。

修身养性应该不观人过，不说人错，不要抓住人的不足，到处扩散，纠缠不放，这实际是让自己处于心灵痛苦、不解脱之中。

2. 别吵架，发怒，生怕别人不知道吵架，希望有人按理给你分辨

其实，吵架本身，闹矛盾本身就把双方的面子丢尽了，让领导同时把自己看低了。来说是非者就是是非人，都不是好东西，哪个好，就不会产生矛盾。

美国南北战争的时候，双方的军队司令都是虔诚的基督教徒，信奉上帝，于是，都祈祷上帝保佑自己打胜仗，都认为自己的仗打得是对的。那么，上帝

保佑谁呢？上帝会给你答案吗？不会。因此，下属有矛盾了，不要指望领导来给你一个谁是谁非的表态。高明的领导是告诉你们如何避免矛盾的方法，自己去觉悟。

做人问题，中国传统文化早就说了，要掩人过，掩人恶，扬人善，不仅当面如此，背后也如此。至少不在背后去说别人的不是、不足。有不足，当下交心交谈，别背后领导跟前说，或者在群众面前大庭广众之下说。如果真心希望工作好，希望别人好，就当面给人家提意见。不接受，就不说了。君子不计人过。如果你总在背后喜欢说人家的坏话，不足，是一种坏风气，对自己不利，对单位不利，对同志之间也不利。背后说了，传到人家那里，相互矛盾更深。

如果一个人没有希望人家好，而是希望人家坏，必然会说他人坏话，这样的人，自己就有问题，就不是正人君子。

在单位，一个单位内没有什么大不了的事情不能解决，个人之间也不应该有什么大的矛盾和过节，其实，家庭也是一样。不要为一些非原则性的鸡毛蒜皮的小事生气，那显得水平低，没有觉悟。

第三节 心态修养问题

一、菩提和菩提心

问一：什么是菩提

答：菩提者，自心念起处即是，是乃自菩提。菩提没有固定的语言定义，关键是看本义。如果知道菩提的本义，就不会被概念执著，一切心无执著的状态，就是菩提。

菩提，也是音译，"菩"按发音念成"普"或"不"都可以（藏语和傣族语发"布或不"音）。这里，按照后两个发音，作些解释，但不离本义。

菩者，音意通"普"，"普"即大家，一切众生的意思，包括一切而无漏名为普。特别注意，这个一切，即无遗漏。提者，升也，由凡入圣（贤），从有入无，由染入净，是为升。普提普升，大家都一样，无差别，所以，贤而无贤（相、想，后面同），无而无无，净而无净，是名为菩提。普而无普，提而无提，是名菩提。是故，菩提心者，是普贤心也，空一切众生心也，即如《金刚经》所说：灭度一切众生，灭度者，就是空也。

这个一切众生包括两个方面：一是自己六根——眼睛、耳朵、鼻子、舌头、身体、心接触到的外界一切——色、声、香、味、触、法，二是接触外界在自心所形成的印象、记忆、思念、感触等内六识，当下的、历史的，如果仔细回想和返观，就会发现自心有无量众生，无数的心念。把这些众生都灭度了，度化了，让那些当今、过去、历史以及在记忆库中的一切知、识，都无著，明白本来清净不染，就是圣，就是贤，所有的心念都如此，就是普贤。因此，不识普贤，难以有真菩提心。

知道了自己的众心念空，要觉悟到别人也如此，别人和自己一样，这就是等觉，正等觉——正确的等觉，所谓等，就是知道别人和自己一样，比如学生，自己能够考试得一百分，自己聪明，但相信别人也能考一百分，和自己一样聪明，有智慧，这就是等觉，正等觉。这是空众生的含义，也是度众生的含义。知道了，遇缘而以语言表达出来，让他人明白，这就是教化外界，教化而无执著，如同教育职责一样，心无我度你想，是名为度。

菩者，普也，提者音通"堤"（如提防），堤者地也。菩提者，普大地也。菩提心者，大地心也，能包容、涵养一切，生出一切，而本自不动。本地心不动。男女之身心，本地不动，而生出来的、变化的，是大地的变化形式。一切众生，皆如来心（或道）之妙化。所以，《圆觉经》说，一切众生种种幻化皆生（于）如来圆觉妙心。心之本地不动，而形变化无尽，所以众生不尽，众生不尽，度化无尽。

菩者，普也，普则无，无个人、个性，提之意为升、举、引领、说出、取出等。"升"音通"生"，众性本无生，无升无举无引领无说无取。无我无人无升无举无说无领无取心，是为无生心，是名菩提心。

菩者，不也，不染一切相。提者，言说也。离言说相，即是菩提。

问二：什么是发菩提心

发心处即真，本无所有。知心念起处空，就是证自己的菩提心，就是让自心回归到不执著处，即灭度自己内心的一切众生，一切心意、情绪、识境等，让自心回归本来。知众心起处空，众心空，就是普贤也，普觉也，等觉也，即是发菩提心。众人不知，发心让他明白，与自己一样明白、境界，就是发菩提心。

问三：何为发无上菩提心？

首先，发菩提心度自心众生，然后发普度一切众生心，知觉一切众生如幻如化，皆出于如来本妙觉心，出于一佛之本妙觉心。自我觉悟唯一佛乘而度化众生，度而无度想，无众生想，心等唯一佛，是为无上菩提心。无上菩提心，就是要灭度一切众生，断一切烦恼，学最上乘法门，发愿成佛。

问四：佛经的经典如何论述菩提或菩提心？

菩提，梵"bodhi"，系从有"知"或"觉"之义的动词"budh"转化而来的名词，意译智慧、知、觉，旧译又译为道。《大智度论》卷四十四云：天竺语法，众字和合成语，众语和合成句，如菩为一字，提为一字，是二不合则无语，若和合名为菩提，秦言无上智慧。《无量寿经》卷上等，称无上菩提为无上道；《大乘义章》卷十八依果德圆通之义，将菩提译为道（见百度）。

《大宝积经九十八卷》问："云何名为菩提？"答曰："无分别法是名菩提。"

《佛说佛母宝德藏般若波罗蜜经》说：离种种相即菩提。《大方广如来秘密藏经》云：但假名字名得菩提，而是菩提不以文字言说而得，若无文字，无言无说，无得菩提，是第一义。

佛曾经问迦叶，如来云何得于菩提？自答"解知烦恼从因缘生，名得菩提。云何为解知从因缘所生烦恼？解知是（指烦恼）无自性，其法是无生法，如是解知名得菩提（见《大方广如来秘密藏经》）。

佛又言：善勇猛，夫菩提者无所执著，无所分别，无所积，无所得，非诸如来应正等觉于菩提性少有所得，以一切法不可得故，于法无得，名为菩提。①

《佛说大乘同性经》：言菩提者，但有名字、言语谓菩提耳。何以故？楞伽王，无有是菩提，无根是菩提，无住是菩提，无垢是菩提，无尘是菩提，无我是菩提，不可捉是菩提，无色是菩提，无形是菩提，无此是菩提，无彼是菩提，无忧是菩提，无恼是菩提，无著是菩提，无染是菩提，无边是菩提，无为是菩提，无浊是菩提，已过一切根是菩提，除一切忆想念是菩提。已过一切有行是菩提，无底是菩提，难知是菩提，甚深是菩提，无字是菩提，无相是菩提，寂静是菩提，清净是菩提，无上是菩提，无譬喻是菩提，无求是菩提，无断是菩提，不坏是菩提，无破是菩提，无思惟是菩提，无物是菩提，无为是菩提，无见是菩提。无害是菩提，无明是菩提，无流注是菩提。常住是菩提，虚空是菩提，无等等是菩提，不可说是菩提。

问五：菩提能否用形象来比喻？

是诸化佛告菩萨言：善男子，应发无上大菩提心。菩萨问言：云何名为大菩提心？诸佛告言：无量智慧犹如微尘，三阿僧祇一百劫中，精进修习之所成就。远离一切烦恼过失，成就福智犹如虚空，能生如是最胜妙果，即是无上大菩提心。譬如人身，心为第一，大菩提心亦复如是，三千界中最为第一。以何义故名为第一？谓一切佛及诸菩萨，从菩提心而得出生。菩萨问言：大菩提心其相云何？诸佛告言，譬如五十由旬圆满月轮，清凉皎洁无诸云翳，当知此是菩提心相（见《诸佛境界摄真实经》）。

"菩提名诸佛道" "一切诸佛法，智慧及戒定，能利益一切，是名为菩提"。②

问六：菩提可证否？

楞伽王，欲求菩提者，若不求法是求菩提。何以故？楞伽王，若无有着，得证阿耨多罗三藐三菩提。又无我相、众生相、命相、人相、畜养相、众数相、作相、受相、知相、见相，乃可得证阿耨多罗三藐三菩提。若不得世谛相者，不执著法，不执著阴界，乃至不执著诸佛菩萨，乃可得证阿耨多罗三藐三菩提。何以故？楞伽王，无所执著即是菩提，若不执著物，若不执著常，若不执著断者，于未来世证成菩提。所以者何？楞伽王，一切诸法后际灭故"（《佛说大乘同性经》）。

问七：菩提可得吗？

《大毗卢遮那成佛经》云，诸法无相，谓虚空相，作是观已，名胜义菩提

---

① 见《藏要·大般若经卷594·第十六般若波罗蜜多分》759～760页，八册，上海书店出版社，1991年。

② 《藏要·大智度论释初中品菩萨第八》236～237页，三册，上海书店出版社，1990。

心。又"何者是菩提心？于是菩提心者有所得不？无边智菩萨答觉慧菩萨言：仁者，若菩提心有所得，无有是处。现在心不可得，未来心不可得，过去心不可得。若离菩提心，亦不可得。菩提心者，不属因亦不属缘，不可名言"。"无边智菩萨告觉慧菩萨言：如是菩提无量功德，微妙事业无有形相。菩提心者不可名心，亦不可说名无为心。不可说名为色，亦不可说名为无色"。

善勇猛，诸菩萨发菩提心，作如是念：我于今者，发菩提心，此是菩提，我今为趋此菩提故，发修行心，是诸菩萨有所得故，不名菩萨，但可名为狂乱萨埵。何以故？善勇猛，由彼菩萨决定执有发起性故，决定执有所发心故，决定执有菩提性故。若诸菩萨发菩提心有所执著，但可名为于菩提心有执萨埵，不名真净发心菩萨。①

《金刚经》中佛言："实无有法，如来得阿耨多罗三藐三菩提"，"我于阿耨多罗三藐三菩提乃至无有少法可得，是名阿耨多罗三藐三菩提"。

二、如何理解放下与无为？

问一：怎么样才可以放下一切？

答：一念不生，即是放下。

问二：怎么样才能够放下呢？

答：难道你拿着什么？有什么在心中？知有，即知放下！

问三：人为什么会有不甘愿呢？是太想要得到了还是就没有放下，如果不在乎，对其无所谓，那不就不存在不甘愿了吗？

答：心神被外牵，故不能舍，不甘愿。若内生动力和目标，外界是助缘，一切以目标和动力为标准，也许心不会太在意外界的诱惑。

问四：你认为这样的话可以吗——舍得、放下、忘记？

答：舍得，放下。

问五：佛教说"放下"，道家讲"无为"。可是，作为年轻的我们，本就什么也没有，还要放下？本就一事无成，还要无为？

答：这样解，似不妥。本义并非如此！如果你吃饭，也说放下、无为，那就不能吃饭，不能睡觉了。如果走路，也无为，就不能走路了，门也不能出。凡事、情，不为障碍，不为烦恼，就是放下，就是无为。做事，要有理想或高目标、高志愿，努力去做，尽心去做。遇难不烦，心坚不退。

---

① 见《藏要·大般若经卷594·第十六般若波罗蜜多分》759～760页，八册，上海书店出版社，1990。

问六：那什么是放下？

就世俗来说，谦恭待人是放下，恭敬、尊重是放下，平等待人是放下，赞扬歌颂是放下，心无执著是放下，心无人我是非是放下……一切善行、善心要求实践时，都是放下。为什么说，这些都是"放下"？放下，是指心的解脱，心无执著，而不是指物质利益，一切物质利益，为你所有，为人所用，心无执著，就是放下。

有一个故事，说的是黑氏梵志到佛那听经说法，他带了两朵树花献给佛，到佛那。

佛说：放下！放下！梵志就放下右手梧桐树花。

佛又说：放下！放下！梵志又放下左手合欢树花。

佛再说：放下！放下！

梵志对佛说：刚才有两朵树花，都放下了，我空手而立，还放下什么呢？

佛告诉梵志：我不是要你放下手中花。我所说放下，是要你放下过去（前），放下未来（后），放下现在（中）。放下到无所放下处，就是度脱生死众患之难。

黑氏梵志即时心得解脱。

无为不是什么都不做，也不是人们解释的自然规律，而是学习天地，长养万物而不以为有功，阳光普照而不向世俗索求。天地无为而无不为，天地没有说，我要长养大地万物，滋养人类和动物，但植物、动物而自生长。一切万物生于天地，归于天地。这就是说，做人做事，该做的要做，而且，大做特做，有目标、有理想地去做。但做了，不以为贡献大，功劳大，而去索取，或觉得环境、他人等对自己不公平。就是只贡献，不索取，得到了是自然。贡献了、奉献了，自然会得到回报，回报很多，也不是贪，回报很少，也不以为少。

三、慈悲心和感恩、孝敬问题

问一：两个僧人结伴而行，发现一具饿殍。一僧人视而不见，继续走路；另一僧人忙挖坑掩埋。有人说：前者是解脱放下，后者难离慈悲。如何看？

答：不见的是大悲，见而行的是慈慈。大悲、慈悲，二僧心中皆无。

问二：为什么说二僧皆无？修行人心中不是要时刻揣着慈悲心的吗？

答：这是境界！一个代表道体，另一个代表道体之"用"，"用"而回归"体"。二僧人，心是同体的。

问三：人开始没有慈悲心，后来又培养修慈悲心，既然开始就没有，后来又放下，为何还修它呢？

答：放下不是没有，而是有而不求回报，不企求所得，不以为我慈悲，你没有慈悲，我有功德，你没有功德，而是把慈悲作为本分，应该的，是天职，这是放下的含义。

问四：感恩等不等于慈悲呢？一个懂得感恩的人，很容易做慈悲事吗？

答：感恩了，必然生慈、生悲，但社会的慈悲，不是大慈悲，往往有求回报，有求所得，只有没有任何条件和期待的慈悲，乃大慈悲。但生了感恩和慈悲，对人来说，就足够了，也很了不起了。

问五：大智度论说：慈悲是佛道之根本。常说做人应该有慈悲心。但是，为何又常常有云"嫉恶如仇"、"爱憎分明"？这不是冲突矛盾了吗？

答：未到地头漫看花，色彩斑斓本无样。慈悲、爱、恨，种种皆花，不过有些在世俗是毒花，这些斑斓色彩，并无自性，皆无常，本无样，如音声从空而起，因缘而生，皆为虚幻，唯生虚幻的本心，是真，是本来，花花皆空则无矛盾。

问六：那你最喜欢什么花呢？梅花？向日葵？还是其他的花？

答：都喜欢，没有特别的。一花一世界，花花皆是清净界。

问七：既然都是花，为什么还要区分是什么花呢？

答：不分别怎么知道此花彼花？分别亦无著。

问八：花花皆世界，如何才能够找到自己的本源呢？

答：问者是何物？念起处，就是自己的本源，而自不知。

议论：为孩子的善良、纯真感动。再次证明，人之初、性本善。那些主张人生来罪恶的人，应该看到更多的光与明！

答：性恶性善说，各有其用。认为是恶，就会强调制度去约束人，不相信你自觉地去行、作善。而相信性善的人，如果没有法制，或者认为定了法，大家都会自觉执行，那社会就会只说不做。

四、恩怨、孝顺和自心之苦问题

问一：面临恩恩怨怨的事或人，一笑能了或换位思考、理解对方。不行则避之淡之忘之，其结果也能了之，当然要自觉修。其实恩恩怨怨都是心结，只要解开便可化解。你说对吗？

答：恩怨之念起处，本来空，无恩无怨！心认为有"恩怨"，无"怨"则有"恩"。道家说，恩里生害，害中生恩。唯有无恩怨想，彻底解了。

问二：有人说，"孝"就是对父母要有仁爱之心。儒家文化讲究仁。仁者是爱人，也是亲其亲，因为"亲亲仁也"。孝是亲亲之中对父母仁爱的部分，是

"仁之本"。你是如何理解"孝"字的呢？

答：以慈心、知解心，生感恩，报恩之念、语，知行结合，为言行一致之真行孝；以善心、善语、善愿之言，已经达于真心孝。孝而无慈爱、报恩之想为世俗孝。口是心非，行是而心非，为害，为假孝。修道人之孝非世俗能解。

问：可以把你的 QQ 给我吗？我和你说一下我可怜的经过。

答：自心经历，自知其念念起处，身心受处，本来空，无苦想，无怜想，无疼、受想，更无委屈、不平想，只当是磨炼自己的机会，且当自家师傅考验自己心性。

五、如何对待苦行

（一）体力、劳形之苦

问一：有人说，吃苦是修行的助缘并不代表佛道，而是要以大智慧照破无明。你怎么看呢？

就世俗来说，吃得苦中苦，做得人上人。

佛家把人的苦大体分为八类：生、老、病、死，忧悲恼苦、怨憎会苦，爱别离苦，求不得苦。或将"忧悲恼"苦，改为"五阴炽盛苦"。要摆脱这些苦恼，并不容易，当然，苦还可以细分。

而我们一般人所说的苦，是指身体和生理上的。比如打坐，腿疼，是否能够坚持下去？马步站桩，脚发酸，是否能继续下去？持续不断地修，就可以马步半小时、一小时，有人达到两小时，能够承受如此的痛苦，一般的痛苦，就不算什么了，也就无烦恼了。在饮食上，吃最差的，吃味道最淡的，对世俗的饮食就没有挑剔了。穿衣服上，经常锻炼，不怕寒冷，冬天就可以不穿棉衣，身体也健康。有些人冬天游泳，不容易感冒。

因此，修己者，吃苦、耐得苦，可以磨炼自己的意志、耐心和定力，也提高身体的免疫能力，提高抗御外界对自心的冲击能力，断除对富乐的贪爱和享受，可以不被荣华富贵而迷惑，获得心的清净。

修行人吃苦，主要是断内心的烦恼，内心不起烦恼，遇到事情和矛盾，就与平常一样，心在任何状态下都是平静的、从容的。这个状态，就可以达到：苦而不以为苦，心无苦乐分别之相和想。苦来时，受而不住，乐来时，不拒不著。苦行是道，亦非道，心有苦乐，认为吃苦是修德，则是非道。苦行，而不以为有苦行，则苦行为道。

此所谓：忍苦耐烦，天高云淡；绝处回首，燃眉无忧。

问二：常说，吃得苦中苦，方为人上人。去建筑工地看看，哪个工人吃得不苦？可结果呢？

答：大概是对同等条件下的有志向者来说吧，凡夫与圣人本无分别，在于自己是悟是迷。

当然，吃苦要吃得下，吃不下，心意或身体垮了，就不合适了。要量力，也要超越一点。

（二）内心之苦乐

问一：其实我很苦，我只是在苦中寻找一种心境，一种意境。

答：苦而无苦想，不以为苦。思：苦从何来？若从心来，此苦应在心，未苦之前应有苦，未苦前无苦，则苦不在心。苦从外来？若苦在外，与我无关。苦从因缘来？苦既不在心，也不在外，因缘而生，因中无苦，缘中也无苦，是故，苦即为虚幻，心生苦想故，有苦受。心无此想，则无此受，有受即销。共勉！

问二：其实快乐只是一种心境，有的时候苦中也是一种乐，快乐是让别人快乐，快乐是自己的一个微笑，快乐是对陌生人的一个微笑。

答：喜乐中知抑，无喜乐想，则遇苦时，亦无苦想，则不被苦乐所累。有乐想，必有苦受，二者不住，当下逍遥！共勉！

问三：先苦后甜，不经历风雨，也就不见彩虹！

答：苦而不以为苦，甜也不以为甜，那么，见彩虹，也是自然，水到渠成。

六、君子、小人问题

问一：古人云，我不识何等为君子，但看每事肯吃亏的便是；我不识何等为小人，但看每事好便宜的便是。古时有贤人临终，子孙请遗训，贤人曰：无他言，尔等只要学吃亏。

答：要吃得下，才能吃。吃不下，会吃撑了。圣贤能吃得下，一般人就得看肚子能容多大量。吃亏，有时候是目标，不是当下。有时候，是当下的受，别太在意。我有一次春节半夜在北京南站坐出租车，拼车，加价全部里程总价的20%，前面的人先到，我后到，前面的价钱是2.4元/公里，后面的路程因超过了15公里，后面是3.4元/公里，司机就说，你吃亏了。我说，我拼车，早回来了，未必就吃亏，何必太在意那点钱呢。没有吃亏的念头和想法，觉得本该如此，就无吃亏的心态和认识。

问二：有人说，吃亏便是福，但不与小人为伍。吃亏得君子赏识，但会引小人云集，该如何是好？尤其是小人得势之时，如何是好？

答：古德云，善待小人，能契大人。工作和生活中，人都有想不到、想不开，不周全的，也有相互计较的时候，或者常常因利益而计较，这就是小气、小人，遇到这样的事情和心态，要宽容、谅解、化解，不要认为对方是小人，因为自认为宽大了，宽容了，必然就认为他人小气，自己的分别心和人我心已经很重而不自知。如果彼此分别太重，则无和谐了。故老子说：善者（好人、君子、好事），吾善之（善待、喜欢），不善者（坏人、小人、坏事），亦善之（以智慧和善法处理、应对、化解），德善（这才是高尚的善，心无分别的善，解脱的善）。古代最初的君子是指官僚阶层，尤其是皇帝，后来演变了。

问三：有人说，君子肯吃亏，小人爱占便宜。是这样吗？

答：没有小人，何来君子？大家都是君子，哪里有什么亏吃呢！君子也是小人帮助他成就的，所以，要感谢、感恩所谓"小人"。小人也，非小人也。小人，可能是成就君子的大恩人，所以，不要小看小人，小气，计较，那是成就和检验自己是否真的大度、达于君子的尺子。

议论一：人在江湖，身不由己，很多时候，看似善良的人，其实隐藏得更深。

答：自心不恶即无恶，他起恶时心不记，下次相处更无己，相见恨晚自有时。

议论二：人本恶，初也！人本善，也初！老子曰：婴儿！

答：落地为人有善恶，专气致柔（如婴儿乎）去善恶。

议论三：君子坦荡荡，小人常戚戚！

答：不分君子，则无小人；心胸坦荡，则无戚戚。

议论四：君子坦荡荡，小人常狂狂；君子之交坦荡荡，小人之交常戚戚。

答：无君子，无小人，荡非荡，狂非狂，只为心中不装相！

议论五：成大事者必须至少依靠五种人，简单概括起来为：高人、贵人、内人、敌人（对手）、小人，小人如何依靠呢？

答：恭敬小人自君子，亦无君子小人心。对小人敬而远之是一个方法，还可以敬之、善之、化之。不能化，则无之。

议论六：这是对立统一，相反相成。

答：统一则不对立，对立则不统一。

议论七：废话说无用，无用说废话。

答：能废话语入高深，无之为用本无言！老子说有之以为利，无之以为用。

议论八：男女是对立，结合是统一。怎能说对立不统一，统一不对立呢？

答：统一指和谐，对立指矛盾。男女之心统一，则和谐，不统一，则争吵。理论不说男女对立，只说是阴阳，所主不同。阴阳的对立，是指状态，对面立着，而非矛盾。昼夜是对立，但不说是矛盾。

七、微博修养问题

本书的很多内容来自于微博网友的交流，从中体会很深。微博是一个大世界，让我们从中学会很多。兹将在微博上发表的对微博上如何处理相互关系的文章作为序言。也算是解决微博烦恼的一管之见。

（一）微博的利弊

如何对待公共场合，是我们每个人都会面临的。尤其是微博实名制之前，不少人用的是化名，因此可以肆无忌惮地发表言论，乃至进行个人语言攻击，所以，微博其实也是暴露个性脾气之场。而事实上，微博是一个社会，也是交友、选友之场，对于修行人来说，也是道场。因此，在这里，不能像梦中那样，好像意识可以不受约束地表达情绪，或对他人发布不合适的语言。

刚在腾讯开微博时，不知道说什么。好长一段时间，断断续续。后来跟博友交流，很受益，从中体会到什么叫从点点滴滴做起，什么是积少成多。大从小来，小从微（博）来，微从虚无来。无中生有（显著物、形、众多思想等），但要从有回归无，就难了。学会返回，能生智慧，能解烦恼。但我也发现，微博给我们带来很多便利的同时，也带给人们烦恼。一些人说话很不客气，很不尊重他人，甚至出口伤人，搞口水战。把微博变成了言论的战场，本想寻找精神食粮，得到的却是火药，想在这里得到精神的依托，但却成为火宅。有些博友，总喜欢挑别人的毛病，看别人的不足，一看不喜欢、不如意的话语，就攻击一番。有些人，很喜欢批判，甚至出言不逊，好像遇到了仇家。

微博讨论问题，有反对意见乃至偏激言论，很正常。但论讨的事情、利益与自己没有关系，也没有危害集体和国家利益，仅因自己看了不如意，就破口大骂，脏话一片。自以为埋汰了别人，殊不知，自己已经又臭又脏了。因为自己拿出的就是这些脏话、恶语，自家藏的就是肮脏。随意骂人，不是高明，是智慧不够。

批判一件事情、一个行为、一种现象可以，甚至必要，但不是根据自己的好恶用脏话去骂人，但又不说明别人不对所在。即使对犯人判罪，法律语言也没有脏话。因此，建议大家不要用脏话去说事，要有点修养。开通微博的大部分是知识分子，如果连知识分子都没有修养，这个社会再要求其他人有修养，就更难了。

（二）防止网络不良言行成为人格而自伤

微博，虽然是平等的，但是，话语无所顾忌，看着是伤害别人，其实，是在培植自己的习惯性无顾忌人格，自己不知，自以为开心、得胜。善心、尊重、宽容的人格是一点一滴积累的。恶心、脾气暴躁、喜欢吵架的人格，也是一点一滴累积的。时间越长，愤青、泄气就成为自己的人格，批判和攻击也会形成批判性或攻击性人格，而不自知。最后，会伤害到自己的家人，形成不良人格，丧失的是自己的品德。物理学的作用力和反作用力在心意场上也是存在的。

当然，特定情况下，怒、愤也必要，而且功德大，那就是众皆怒、愤时，能以怒降伏生怒、生愤之事。比如，百姓食品安全问题，药品虚假问题，领导发怒，加强管理和处罚等，也是可以的，这是有利于大家的事情。

微博，也是每个人心迹和心态的记录，是人格的堆积。微博给了人们自由，但也让自己的人格暴露无遗。年轻人处朋友，或要了解一个人，如果连续分析其微博的内容、其与别人对话的话语，可以看出这个人的品德和人格、爱好，乃至脾气。我上大学的时候，历史老师说，第一次世界大战后，美国人用 28 个心理学指标，分析苏联领导人的讲话，可准确判断苏联领导人间的关系、命运和接班人。搞文学评论的人可以把诗歌、文学作品人的心态淋漓尽致地说出。今天的微博，分析人的人格太容易了。因此，希望大家把握好自己的心，把握好自己的口。勿以恶小而为之，勿以善小而不为。

（三）如何提高在微博上的各种水平和适应力？

认识微博也是传播知识、解疑释惑的地方，甚至是政策宣传和个人心理咨询、业务咨询的平台。知识时代，我们知道的很多。但知识多了后，知识本身的疑问和矛盾成为专业和产业，此时，人们不太关心真实情况，喜欢拿自己的那点书本知识和内心涌起的疑问来推断现实，评议、建议政策。须知，失之毫厘，谬以千里。网络对现实现象和社会问题的讨论，往往都是如此。而真正的政策，科学的政策，必须依靠实情和数据，不依群心疑争而确定。如果群心疑争，政策制定者不知实情，所定政策就不符合实际，会导致问题和矛盾不断增加。因此，政策制定者要正确对待，既要接受意见，也要宣传、解释，传播知识。

博友要提高专业水平，注意修养。关键在于心情要平和，所言所说不能随意想到就说，要有专业水平，与自业相关。不做无谓的清谈客。讨论不能带情绪，熟悉了解所议。不要偏离话题和话语本意。理解错了，与话题无关的责问、提问乃至情绪化，会让人无语或不言。

微博者要有容忍和宽容心态。微博是个大千世界，什么年龄的人都有。因地位平等，语无拘束，因年龄、阅历和经历不同，历练、经验之论常被"应该如何"唯理者质疑、批判，乃至口水战。但每个人都（将）经历过不同年龄，也曾经不成熟或将成熟。微博把广长的时间全部化为空间，相互不解时，要有没有微博前的平静心态。可以不赞成你的意见，但不剥夺你发言的权利。语不伤人，话不刺心，论不愤情。年长者，要理解和谅解年轻人，我们也有过年轻，不成熟，最好能够引导他们，为他们作出榜样和示范。而年轻人，要学会尊重，敬重，要清楚理论知识和实际的差距，清楚阅历差距带来的认识水平和境界差异。大家最好能做到心大气和。何谓大？庄子说：不同而同之谓之大。何谓和？忘我、无我，合于境，则气和。《金刚经》说：应无所住而生其心。道家高人曰：怎如事事休休忘，虚无境内觅清凉。

遇到争执、语言攻击，要大度。要能忍能饶，忍过饶过，自有功课；嗔不报嗔，愤不报愤，心平气和。遇到矛盾，口水战的事，不一定去寻找对与错，一定要寻找一个避免对骂和打架的方法。忍过去，或把他的话看得很淡。忍一时，风平浪静。理解他，他已经那样了，再去计较，自己不也水平低了？当然，相互能够自觉，进行自我批评，那就是进步。有道家高人诗：

性似澄潭水，心如大地平，草莱生即铲，风过碧波清。

把握好心念。一念起即万念起，故话语出口一定三思，缓慢一些，想想一定不能随意伤人。别人一个小小的错误，一句无意的话，就大骂一番，实在有失心态。如果记恨，就总也不能忘怀。解除的办法就是告诫自己，一定要看淡这些，日久见功夫。一念善起，万念助善。持续不断，把握自己的信念，就如同做专业，从不熟悉到熟悉，从熟悉到驾驭，利己再传人。一个人若期望脾气、性格有所改变或进步，不需别人帮助，自己就是最好的分析师。若发微博，就把最近3年微博看看，分析对人、事的认识、评价、断语等。若记日记，翻看日记，可能会发觉自己的很多认识不正确或浅薄、偏激，或不成熟等，思考如何对待当下。经常返观，可增智慧、宽容、谅解。

遵守规则，共同营造美好未来。任何社会、任何个人，都没有绝对的自由。没有任何约束的社会和团体，不可能持久下去。虚拟空间没有规则，虚拟空间就会成为战场，发微博者多为知识分子，如果知识分子的文明，都不走在社会的前列，这个空间就世俗化了。微博，就是一个社会，是现代社会生活的必需品，也是现代人的心灵空间，但愿大家共同营造这个空间，使它发出耀眼的光芒，利乐群生，利乐你我他。

微博文，似游戏，不见面，不闻音，不意时常起风云。

心浮心，难全景，风雨也引人愤心，天地何曾有人情！

意欲少回信，又忧期待讯，笑语成剑柄，可怜众人心！

自发言，成作业，都道高风清谈客，清谈难做客！

休烦恼，须自嘲，大道平宽岂不容，烟霞文字空！

第四节　个人品行修养问题

一、认清自我

议论一：我们再也回不去了，不可能再有一个童年、初恋；不可能再有从前的快乐、幸福、悲伤、痛苦。生命是一场无法回放的绝版电影！

答：生命不是童年，不是初中，不是初恋，不是从前，谈何绝版！是什么？参！本来无所有！

议论二：活过多少年，认识多少人，走过多少路，经过多少事，看过多少书，写过多少文章，才成了现在的我？

答：年非我，人非我，路、事更非我，书籍、文章，迷了几多！何时出此众窟囚，返我本源头！

议论三：演戏久了，我们就会失去自己。面对自己的时候发现是多么的陌生，你觉得呢？

答：处处陌生处处远，本来面目在对岸！

问：马英九是个政客，还是个演员，或者每个政客都是演员？

答：人性，本来什么都没有，大家都是一样的。从事企业，成为商主，从事科学，成为科学家。从事演艺，成为演员，这些都不矛盾呢。美国总统也有演员出生啊，关键看为民众、社会做了什么！

二、常修心修口

祸从心生，祸从口出。无论在家还是单位，都要守好自己的心，把好自己的嘴。是非、矛盾、善恶、怨亲皆从心生，从口出，心生厌恶，则口出恶言，出不尊重言，心生怨恨，则口不遮拦。这就是祸从心生，祸从口出的道理。不要以为相互的斗嘴能够有什么收获，如果要说能够得到什么，一定与你自己期望的相反，事与愿违。

生活和工作中，都要注意保持团结、安定、和谐。心无是非，心无人我，心无高下，心无嗔愤，心无怨怒，心无所疑，心无所贱，心不住矛盾，不住善恶。这就是和谐，就是吉祥！一个人，嗔怒多了，恶心就逐渐增长，对恶就不以为恶，甚至作为乐，常恶意待人、待事，最终会毁灭自己。

一个人的成败，与行为有关，也与口德有关。语言上要重视，一言兴人，一言废人。对别人是这样，对自己也是这样。要知道口的重要性，话语不要随意出口，出口都要让别人高兴，安心。见骂者、呵斥者、嗔者，智慧不够时，默受不语，心不怀恨，不以怒制怒，不以嗔制嗔。与同事相处，相互遇到矛盾，要不举人过，不求人短，不出他人罪过虚实。于怨亲中，其心平等，善恶众生，慈心无异。利不利者，恩于恩者、无恩者、不知恩者。

《华严经》八地菩萨进入第二地时，能够做到：性不妄语，乃至梦中，不忍做覆藏之语。不喜、不乐离间，不作不说离间语；不恶口，所谓毒害语，粗狂语，苦他语，令他嗔恨语，现前语，不现前语，鄙恶语，庸贱语，不可乐闻语、闻者不悦语、嗔恚语，如火烧心语，怨结语，热恼语，不可受语，不可乐语，能坏自身他身语，如是等语，皆悉舍离……常作润泽语，柔软语，悦意语，可乐闻语，闻者喜悦语，多人爱乐语，多人悦乐语，身心踊跃语，善入人心语，风雅典则语……

作为世俗的人，可以把这些作为目标，作为戒律，时间长久，自然有功夫。在生活中，要多赞扬、表扬、鼓励他人，多宣传他人的好处、好事，善于说些让他人开心、愉快的话语，对他人有益、有帮助、有启发的话语。

三、坚持不盗

出家人或修行人戒律有要求，不盗，但真正的不盗，要求很高。我们看一个故事。

河南乐羊子的妻子，不知道是谁家的女儿。乐羊子曾经在回家路上，捡到一块金饼，回来交给妻子。妻子说：我听说有志之士不饮有主人的泉水，廉者不受嗟来之食，何况路途拾遗求利，这不是玷污自己的品行吗！乐羊子大惭，又把金子扔到野外。

又一回，邻居家的鸡误入自己家园，她的姑姑偷偷把鸡杀了，并煮熟给她吃，而乐羊子妻子对着鸡肉不吃而哭泣。姑姑奇怪，问怎么回事。乐羊子妻子说：我们家虽然贫，但我心很悲伤，因为吃的是别人家的鸡肉。姑姑听了，就把鸡肉给倒掉了（《后汉书列女传》）。

修行人，心执著所在物，也算心有盗意。比如，花香，喜欢，特别喜欢闻，就不解脱。已经有家庭，心喜欢他家女人、男人，无婚人喜欢有婚、恋的人，已婚人喜恋未婚人，这都是盗。偷窃感情、婚情之盗。

四、学会不争

争论和争夺包括争气争理都会有。其实，很多问题看开，就解脱了，遇到争论的事，涉及利益，谦让一下，也许问题就解决了。否则，小事演变为大事。

涉及话语、感情的，心情大度一些，就没事了。而心胸狭窄，可能害了自己，也害了别人。《金刚经》中须菩提得无诤三昧，这是修行境界。

这里，摘录两个故事，期望有所启发。故事是地界和财产之争的。

清朝时，安徽桐城县的张廷玉在多位皇帝身边任官。家人与邻居争地界，官司打到县官那里。家人写信，请他写封信给县令。张则回信说：千里修书为道墙，让他三尺又何妨，万里长城今犹在，不见当年秦始皇。家人见书后，立即撤回官司，让出三尺通道，邻居一看，也明白了，也让出三尺通道，成为六尺通道。

这个故事也可以用到一些小的领土争端，或者其他事情争端。要看得过，不去争，心胸宽广一些。有些问题的争端，几十年几百年都没有解决，条件不成熟，都要从大局出发，相安无事，不要太过争端，增加烦恼乃至争斗和流血。

高风，字文通，一介少年书生，专精诵读昼夜不停，成为名儒。邻里有争财产者，相互手持器械而争斗，高风去劝解，不能停止。于是，高峰脱下头巾对双方叩头，说：仁义谦让，为什么把这都丢了呢！于是，争夺财产的人被其感动，放下器械而向他道歉（《后汉书·逸民传·卷113》）。

争夺、争论等很多利益、感情、话语问题，只是一念的问题，一念转变了，就平静和谐了。

五、学会不贪、能舍

鲁穆公时，公子休为宰相。有客人送鱼给宰相，宰相不受。客人说：听说您特别喜欢吃鱼，何故不接受我送给你的鱼呢？宰相说：因为特别喜欢吃鱼，所以，不能接受你送来的鱼。今天我当宰相，自己能够买得起鱼。如果接受你的鱼而被免职，谁再来给我送鱼呢！所以，我不接受你的鱼（《史记卷119，循吏列传第五十九》）。

为官不贪，就不会犯贪污受贿罪。当今很多官员乃至高官，因为贪污受贿而进入监狱的很多，值得警惕。而作为修行人不贪，那是因为这些都是身外之物。

当然，不贪，不是正常的利益都不争取，都不需要，而是要分辨哪些是自己的劳动所得，哪些是权力所得。

不贪，能舍，也是成就大事的重要品行。书籍记载，大梁人尉缭来劝说秦始皇：观察秦国之强大，诸侯就像秦国的郡县之君。但如果诸侯联合起来应对秦国，秦国就会像智伯、夫差、湣王等所在国一样灭亡。希望大王不爱财物，送给那些有实力的豪臣，以打乱他们的谋划，这不过花三十万黄金，则诸侯就不会对秦国构成威胁了。秦始皇接受了其建议，而且以高规格礼仪对待尉缭来，与尉缭来同吃同住（《史记·秦始皇本纪》）。

这个故事，可见秦始皇成就秦国的统一大业，有大度能舍的心境。

同样汉光武帝也是如此。王莽末年，天下战乱，刘秀也起兵，与其兄刘伯升一起进攻长聚，打仗胜利后，因为军中财物分配不均，众人皆愤恨不平，想反攻刘姓各部，刘秀将宗族成员所得到的财物全部收敛起来，全部给了非刘军队，他们才高兴起来，一起与刘秀进攻王莽的军队（《后汉书·光武帝传》）。在这里，大度能舍，避免了内部的战争与祸害。

六、不轻易用杀——刘邦如何对待杀？

汉元年十月，刘邦的军队先于各路诸侯达到霸上。秦王子婴素车白马，封了皇帝的玉玺和符节，用丝带系着脖子在车道旁投降。将领们有主张说杀了秦王，而刘邦说：当初楚怀王派遣我，是因为我能宽大容人，秦王已经投降了，还杀死人家，不好（不吉祥）。又召集霸上各县的父老豪杰说，你们被秦朝的严刑酷法害苦了，诽谤朝政的要灭族，相聚议论的要在街市处斩。我与诸侯约定，先入关者为王，我应当称王关中。与父老豪杰约法三章：杀人的处死，伤人和抢劫的要刑罚相当，其余的秦朝法律全部废除。百姓高兴，支持刘邦，惟恐其不为王（《史记·汉高祖本纪》）。

生活中，人与人之间，要少用打杀，多用智慧和观念去开导和教化，那么，在家庭关系和人际关系上，就会相互更安全，和谐。

杀，不要认为是杀人，内心起了恶念，希望和诅咒别人死，骂别人早死等，都是一种杀意。要知道，心生恶念，首先伤害的是自心，在自己家族中种下伤害的基因，危及自己的子女和家庭。

七、男不邪行，女无妒忌

（一）男不邪行

男人花心，也会带来众多烦恼，乃至性命之忧。

过去皇帝娶第二个、第三个妻子，虽然合法、合权，但并不合理、合情，因此不能阻止因为情理不服所产生的嫉妒和恶行。皇帝在正妻之外娶妃子，其实就是邪行，因此而产生皇宫内部的种种矛盾，乃至危及国家和自己家庭。

如刘邦为亭长时，娶妻子吕后，生孝惠帝。刘邦做了汉王，在定陶县得戚姬，非常喜爱。生子赵隐王如意。孝惠帝为人仁义软弱，刘邦因孝惠帝"不像我"，常常想废太子，立赵隐王如意为太子，认为"如意像我"。戚姬因为皇帝宠爱，常随皇帝到关东，日夜哭泣要立其儿子为太子。而吕后因为年纪大，与皇帝见面少，逐渐被疏远。

刘邦去世后，吕后最怨恨的就是戚姬和她儿子，因此囚禁了戚姬，又设计让如意饮鸩而死，而后将戚姬的手脚砍掉，让她住在厕所中，称为"人猪"。

（二）女无妒忌

女人对爱的嫉妒，非常突出。这无论在男女或家庭内部都存在。女人对一个人的爱无论是公开的，还是内心的，往往都有独占的私念，有另外一个人闯入，就视为侵占了其占有的爱，因此而心生忌妒，乃至有时候付诸行动。女儿对父亲的爱，单位男女同事之间，也都存在独占的心念，见他人生爱，就会妒忌。夫妻之间也是如此，妻子见丈夫与她人多言语，也会心生妒忌。

隋文帝的妻子独孤皇后，对女人受宠则好妒忌，乃至很残忍。一次文帝在仁寿宫见到尉迟迥的孙女，她很漂亮，因此宠爱她。皇后趁皇帝上朝的时候，偷偷把她给杀了。文帝大怒，单骑入山二十里路。高颍、杨素等追及。皇帝叹息说：我贵为天子，不得自由。高颍则说：陛下岂以一妇人而轻天下！皇帝因此而宽心些。独孤皇后听说高颍说自己是一妇人，怀恨在心，后来劝说文帝罢免了高颍。这个女人50岁就死了。[①]

妒忌心害人也害己，而且遗传，在家族和同事之间增加摩擦和矛盾，因此，心态要宽。

（三）知妒忌、仇恨之害

一念起即万念起。妒忌之心一起，就总也不能忘怀。解除的办法就是告诫自己，一定要看淡这些，日久见功夫。一念善起，万念助善。持续不断，把握自己的信念，就如同做专业，从不熟悉到熟悉，从熟悉到驾驭，利己再传人。这样，可以磨灭自己的恩仇。

古人云：大道无亲，常与善人。天地无亲而亲一切，从无计较，不做好坏分别，善恶同度。

不要因为小小的争执、怀疑、妒忌而远离、伤害了你的至亲好友，也不要因为小小的怨恨而忘记了别人的大恩！法无亲疏，慈而无执，能降众魔！施恩而无恩想，如天地之予以众，不求回报，乃是大慈大恩。

要常做到：心地无非常忘己，不见他过即是对。重要的是行为上少观或不

---

① 《隋书·文献独孤皇后传》，二十四史卷三，661～663页，光明日报出版社，2002。

观他人之过，少求或不求人短，常观他人之长处、优点。学习他人的长处、好处，而不是妒忌、仇恨。

嫉妒和仇恨、邪行是一把刀，会伤害别人，但也伤害自己和家庭。望远始知风浪小，登高乃觉海波平。心境有了，遇事、遇情能够保持这样的心态，才生大智慧，才得持续成功。就可以不被男女私情而困，更不会作出出格的事情。

八、心无怀疑

有人说，自古胜者为王，败者为寇，可是为什么我胜利了心里却不是那么开心，是什么让我觉得怪怪的？

自己对自己的胜利都不自在，就是自心生疑。生活中，人们不仅自己怀疑自己，更重要的是怀疑别人，并因此产生众多是非、矛盾。使单位、集体、家庭或朋友之间失去了和谐。

因此，修行人要做到：不疑自，不疑人，不疑事，不疑心。心无是非，即无是非。庄子说：心将迷者，先识是非。是非不尽，心岂能安啊！

心疑，是因心不定，主意和选择多变造成，需要修行、修心。修到对人对事、对人无疑虑和怀疑。尤其是对人的感情、利益等问题不疑。一个人怀疑和疑虑心多了，不是好事。尤其是在感情和利益问题上，会使自己作出错误的决策和不当行为。因此，即使有疑虑，也不能表达为语言，乃至行为。最好正面去理解他人的语言、行为，缺乏确凿事实根据时，不要从反面、矛盾的方面去理解事情和语言。尤其是下对上、外对内时，因为了解的信息少，心量也小。

这里讲两个关于怀疑和不怀疑的故事。

秦始皇的不疑。李斯游说秦始皇成功之后，官拜客卿。诸侯害怕秦国强大吞并他们，派间谍来破坏秦国战略计划。韩国人郑国建议秦始皇大修灌溉渠道，这样，秦国就没有兵力来源了。秦国人后来识破了这个阴谋。于是，秦始皇的宗族大臣都建议不要用外国来的人，说这些人都是来离间秦国的，应该将他们全部驱逐出境，包括李斯。李斯上书秦始皇，列举秦国强大用了很多外国人，要求废除逐客令，秦始皇接受了（《史记卷八十七·李斯列传第二十七》）。

朱元璋的多疑心与文字狱。朱元璋渡江以后，收用了地主阶级的文人。建国以后，朝仪、军卫、户籍、学制等制度多出于文人之手，因此，越发重用文人，认为治国非用文人不可。文人得势了，百战功高的淮西侯集团的公侯门不服气，认为武将流血打的天下，让这帮瘟书生来当家，多次向皇帝诉说，都不被理会。

于是他们商量了一个主意，向朱元璋告文人的状。朱元璋说：乱世用武，治世宜文，马背上可以得天下，不能治天下，治天下非用文人不可。

有人说：您说得对，不过，文人不能过于相信，否则，会上当的。一般文人好挖苦、诽谤，拿话讽刺人。例如，张九四一辈子宠待文人，好宅第，高薪水，三日一小宴，五日一大宴，把文人捧上天。作了王爷以后，要起一个官名，文人替他起了一个名字"士诚"，朱元璋"好啊，这名字不错"。那人说，"不好，上当了"。孟子书上说：士，诚小人也，也可以读"士诚，小人也"，骂张士诚是小人，他哪里晓得，让人喊了半辈子小人，到死还不明白，真可怜。

朱元璋听了以后，查了《孟子》，果然如此。从此以后，就比较注意臣下所上的表笺，只从坏处琢磨，看到许多地方上报有和尚贼盗，好象是存心骂他，越疑就越像，有的成语，转弯一揣摩，也觉得是损他的，于是，把做这些文字的人，一概抓起来杀了。如"作则垂宪"，"垂子孙而作则"，"圣德作则"等，朱元璋把"则"都念作"贼"，睿性生智的"生"念作"僧"，遥瞻帝"扉"读作"非"，取法象魏，念作"去发"，于是下令把作这些文字的人，全部杀掉。[1]

这里可见，朱元璋原来信任文人，但后来被人挑唆，自心生疑，大兴文字狱，害死了很多文人。

以上两个故事也说明，领导用人，既然信任了，就要无疑心，不被其他利益人的谗言而动摇，不疑人，不疑事。做决策要多做研究和思考，不能主意多变，造成很多工作麻烦，翻烧饼，民众就怨恨，也使自己失信。

生活中，男女之间，夫妻之间，都要注意不疑，怀疑会带来很多麻烦，在工作和决策中形成矛盾或严重后果。

当然，不疑事，不疑人，不是不能怀疑，在科学研究和市场开拓中，包括理论和实践中，对前人的知识和理论，仍然需要怀疑，怀疑了才能有新的发现，才能有发展，有进步。

九、从大局角度看忍辱

蔺相如完璧归赵后，赵国因为其功大，官拜上卿，位置在武将廉颇之上。廉颇不服气，说我是赵将，有攻城野战之功，蔺相如以口舌之劳位居我上，且蔺本出生下贱，我一定羞辱他，不能忍受位在其下之气。声称：我见相如，一定羞辱他。而相如每上朝，常称病，不想与廉颇争位序。出门看见廉颇，也尽量躲避。而跟随蔺相如的门客说：我之所以离开家人亲戚而跟随您，是仰慕您

---

[1]　吴晗：《朱元璋传》，270～271页，人民出版社，1985。

的高尚品德和正义感。现在，您地位与廉颇一样，而廉颇恶言相待，您却害怕、躲避，心中极为恐惧，连庸人都羞耻的事，何况将相呢！我们无能，请接受我们的辞职。蔺相如制止道：你们看廉将军比秦王如何啊？门客说：不如。

蔺相如说：以秦王的威严，我都能当庭叱责他，羞辱其群臣，难道我怕廉将军吗？我想，秦国所以不敢藐视和侵犯我国，因为我和廉将军哉。如果两虎相斗，国家则必不能生。所以，我是考虑国家的安危而不是个人的恩怨。廉颇听到后，负荆请罪说：不知将军心胸如此宽广。两人成为刎颈之交（《史记81卷·廉颇蔺相如列传第二十一》）。

其实，在家庭和单位，处理事情和问题，都需要有一个大局观，大事讲原则，小事讲风格。要注意，相互的行为代表和影响家庭，也代表和影响单位的形象，乃至给其他人带来终身的不好印象，因此，要注意忍过、饶过。

第五节　关于心情健康问题

一、保持好心情、好心境的四个方法

在网络社会，交往、联系频繁，人们的心情和心境往往也瞬息万变，或开心，或抑郁，或觉无聊，或觉寂寞，很多时候突然不开心，情绪失控而发怒，起妒忌，怀疑。虽然大部分时间心里没事，但心总要追寻什么，不看电视，则要看报纸，或者上网，等等，因此而产生家庭矛盾。真得片刻清闲，反而觉得不自在。因此，开心和安宁持续的时间不长，担心、顾虑，纠缠，放不下，不断波动、变换心情和心境成为常态，心理承受能力因此大大降低。这里，介绍几个保持好心情、好心境的方法。供参考、试用。

（一）让心念趋向统一

我们的心情是多样的，变化不定，乃至自己都无法把握，也更难以琢磨透他人。而把握自己心情和心境的一个重要途径，就是把自己的心念、心情趋向统一。心情和心境的统一，是指心境界达到和谐、安宁、安详，无执，不是指心的认知外相以及思考问题认识、观念的统一。即无论做什么，想什么，说什么，心情都很平静，很安宁。

有什么方法？那就是持续念一句话，或者几句话，或者是对自己的要求、目标等。持续不断，每次达到半小时，甚至更长。

比如"恭敬尊重，谦恭礼让，平等欢喜，语言柔和，音声和雅，看淡看空"，这二十四个字，可以反复念，每天持续半小时以上，或者走路、坐车等，都去念。再比如"鼓励表扬，关心爱护，不怒不妒，不恨不仇"也作为咒语，反复念。

对待善恶、恩亲、小人、小气，可以念"善者我善之，不善者我也善之，德善；善者，不善者之师。不善者，善者之资。善大人，也善小人，是为平等。恩于恩者，无恩者，不知恩者，是真施恩；见小气人，不贤人，起救护想，度化想，他已迷惑，我岂再迷惑。"

有些人愿意念佛、菩萨名或咒语，也可以。

自己发声反复念，一是可以集中心力，提高记忆，增加智慧。二是延长情绪稳定、安宁的持续时间，提高控制情绪的能力。念佛、念咒或念话语、经文等的时间达到1～2个小时，保持同一平静、安宁的心情或心境，就可以减少情绪的波动，提高心理素质。三是可以提高心理抗干扰能力，宁静的心情多了，控制情绪和心境的能力就提高，抗干扰和适应能力就提高。

需要指出的是，持诵要没有矛盾、怀疑意识，乃至带着慈悲、爱护的心态持续不断发音念，会背诵了，随时想起了，再默念，默念发音念交叉进行，遇到考验时，突然想起、念起，就管用。

哪些话语可以重复持续念？每个人也可以根据自己的爱好去选择，乃至自己编辑。也可到佛家、道家经典中寻找自己喜欢的话语反复念，念到其他念头不起，心无杂念，唯此一念。当这些句子成为自己的心念和人格，就会发挥巨大的作用，自己就可以受用受益，家人和身边的人也会受益。

（二）扩展心量

心情和心境多变情况下，心量是非常小的。我们的心，能大能小，能变能化，大可以包容大海，包容天地，小可以不容一句话，一个表情。那么大的心，何以不能承受一句话、一个表情，一件事情？原因在于大心没有成为人格，心总是执著在小上，因此而不解脱，多变。若心量总是广大的，就能包能容，不被外境所迷惑，也不会被情绪牵着。为什么遇到紧张、烦心、情绪乱时，到大自然中去忽然觉得舒服了呢？因为进入大自然，开阔了我们的心境，舍忘了原来的烦恼。

因此，要有好心情，好心境，就需要扩展心量，把我们的心胸扩展到像大地那样能包容，像大海一样宽广，像宇宙一样深厚。

如何扩展心量呢？可以根据自己的喜好，选择一些境界，持续不断回忆、感悟，扩展记忆库中的这些信息。或者采用意念法，去观想。

比如阳光普照，或太阳初升。注意回忆自己所经历的所有感觉阳光灿烂的日子，太阳初升的美丽，尤其是那个时候的心态感受，把这些信息集中回忆，这种反复训练，训练到睡觉起来后，立即想起，然后放下。遇到心情、心境不好的时候，去回忆，就转了当下心情。

另外，有月光清凉，满天星月的夜晚；清澈的止水，美丽的自然风景区、公园，山颠观景的把握全局，海滨观景的开阔等，成片的油菜花、桃花等境界，时常回忆这些，回忆进入到随时可以调出，而没有其他杂念，心境的开阔和心量的扩展，就算初步成功。

这个心量扩展的方法，观想、回忆自然，是色法；观想太阳、月亮是光明法，观想水是清明透彻、柔软法。往后，可以观察大地、月亮、太阳、太阳系的品质、特点和境界，再观察银河系、虚空、宇宙等，这样，心量逐渐扩大，最后达到天人心量合一的状态。当然，观察的心量扩大时。最后想一下，这些都最后缩小到自己的心和当下的我那么大。

这个方法可以增加智慧，控制情绪，改善脾气和性格，使自己具有创造性、创新性，工作效率会提高，思维会敏捷。

扩展心量，可以大大提高心理适应和承受能力。

（三）常做利益他人的善事、善行、善言

心念的统一和心量扩展，是自己做的，没有外界环境。只有在与外界的交流中保持了这个境界，才算真正得到了。我们每天都需要与社会接触，与人打交道，稍微不注意，可能被外界的矛盾、情绪牵引而破坏了心情和心境，乃至因此而大怒。因此，在生活、工作和事业中，特别注意把握自己的言行和事。

如何把握呢？要把好自己的嘴，嘴巴不要乱说，尤其是对家人和身边的人，不要轻易、随便，那样很容易伤人，给自己的情绪带来压力。游戏、玩笑，也要给人快乐，不能引起矛盾。要如持诵的内容那样来把握自己的嘴，常出善言善语、他人欢喜语。出语要恭敬尊重，让人觉得谦恭有礼。语言柔和，音声和雅。多用鼓励、表扬的话语去表达，批评和建议也不带怨恨和不平。

常做善行善事，至少不伤害他人和社会，不违背国家和社会法律，不违背道德和伦理要求，利自己，利他人。

这实际是做功德事，是修德。政府官员则修为人民服务之政德，企业则修事业之德，家庭则修道德伦理之德。

唯有善事，心无烦恼，行而无忧，人不指责和怀恨。只有这样，才能巩固自己统一心念后的心量、心情。

（四）运用一些方法，保持心境的稳定

一是开发一个适合自己的固定活动。比如唱歌、跳舞、游泳、散步、爬楼梯、爬山等，只要一个活动每天坚持，长期坚持，就有利于身体健康和心情舒畅，但千万不要迷恋其中而另生烦恼。

二是对治一些过量活动。过量活动带来心情或家庭不和谐的，就要适当减少。比如现在饭局太多，喝酒太多，身体健康下降，心理承受能力也下降。因此，有人说，管好嘴，迈出腿。摊子太大，头绪太多，收缩战线，减少头绪。

三是注意控制脾气。心境统一和心量扩展后，生气、发脾气的能力会超越心情、心境散乱时的力量，带来的不利影响也很大，因此，对事对人要慈悲，理解，遇到矛盾、困难、问题，积极去解决，而不烦恼，解决了，也心不执著。

四是运用体悟法，改善自己心质。如体会大地的包容、承受一切，体会水

的柔弱而无求，体会日月之功而不求回报，体会万物之贡献而无我，这样，可以把心量扩展和统一持续巩固并延伸。

五是世俗之见颠倒颠，观一切如梦幻泡影。世俗追求的一切，生不带来，死不带走，何必为活着的这段而烦恼、痛苦。人在这个世界，不过是来旅游一趟，或出差来完成任务，既然是完成任务，就要设想好自己的任务目标，任务完成了，什么都带不走，就不必和世俗人一样，为其苦恼。因此，遇到矛盾、问题，舍不得的，要放得下，看得开，不可陷入其中。

注意，上述方法是对自己的要求，别人在生活中，没有这样对待自己，不要感到不公平乃至觉得吃亏。那样，就会让自己的心情和心境失去和谐、安宁。但自己把这些方法和体会告诉别人，就是相互影响，起相互加持的作用，是正面的作用。这就是近朱者赤的道理。

二、改变不良习气的六个方法

生气、发脾气、妒忌、仇恨、抱怨等是我们每个人都会有，也经常遇到的，有什么方法可以改变吗？兹介绍一些方法，供参考。这些方法也是笔者自己常用的，受益良多。

（一）要有改变自己的心念和愿望

要认识到自己存在着不足，人无完人，何况自己还不是圣人。如果总觉得自己是正确的，是完美的，发生矛盾、隔阂，吵架、发脾气、事情处理不当，都去责怪别人，这样，就无法改变自己，只能让自己在恶劣脾气、情绪中经受煎熬、难受，乃至累计一段时间后生病。

（二）制定提升自己的目标，不断提醒、警戒自己

有了正确的自我认识，就需要不断提醒自己，不要生气、发脾气，不要以恶劣的态度、心情来对待人和事情。这个提醒的方法：首先要给自己定一些戒律和要求，作为自己的目标，把这些写下来，放在自己经常看得到的地方，如办公桌玻璃板下，床头灯边，时常温习一下。其次要不断告诫自己，遇到矛盾、冲突保持克制，尤其是不能动气动怒，不能随意伤害他人；最后要清楚不良脾气、情绪、心态的危害所在，不仅伤害别人，也伤害自己，甚至伤害集体、家族，成为遗传基因，更重要的是影响和损坏自己和家庭、集体的形象。尤其是要清楚，这些不是解决问题的方法，只能使问题和矛盾加深，是缺乏智慧的表现。

（三）学会忏悔和道歉

有时候，控制不了情绪和脾气，事后知道错了，应该敢于道歉，尤其是当面道歉，如果不敢、不愿意，说明自己不肯承认自己的不足，要改变自己就很难。如果不能当面道歉、承认错误，那就在自己内心真诚期望对方原谅，觉悟自己不当、错了。道歉和忏悔最好能够公开，公开也是给自己一个约束，也有利于消除对方在内心的不满、怀恨。其实，自己内心不解脱，别人也不解脱，相互都记着，没有消除怨恨、仇恨，下次会寻机报复的，不仅外人如此，家庭内夫妻之间、亲戚之间也是如此。忏悔和道歉后，要注意下次不犯，如果继续犯，那就没有信用。即使犯，也要立即道歉，或态度、情绪比上次减轻了。

（四）用语要给人带来快乐，不以怒制怒，以妒制妒

话语出口要有所思，要让别人高兴、安心。在生活中，要多赞扬、表扬、鼓励他人，多宣传他人的好处、好事，善于说些让他人开心、愉快的话语，对他人有益、有帮助、有启发的话语。

经云：常作润泽语，柔软语，悦意语，可乐闻语，闻者喜悦语，多人爱乐语，多人悦乐语，身心踊跃语，善入人心语，风雅典则语。

见骂者、呵斥者、嗔者，默受不语，心不怀恨，不以怒制怒，不以嗔制嗔。与同事相处，相互遇到矛盾，要不举人过，不求人短，不出他人罪过虚实。于怨气中，其心平等，善恶众生，慈心无异。利不利者，恩于恩者、无恩者、不知恩者。这样，可以培养自己的宽容心和谅解心。即使发生一些口角、矛盾，要从正面理解，觉得是在考验自己，帮助自己。

（五）常怀感恩之想，感恩的快乐和欢喜胜过得到获得的快乐和欢喜

感恩天地。没有天地人类无法生存，人类也没有吃的、住的和穿的等。感恩组织和集体，没有组织集体我们不能聚集做共同事业，也不会有工作和岗位获得生存的来源；感恩群体中的每个人，工作是链条，若有矛盾不协调，群体就无法出成果。有了群体合作和谐，事业才能做大、顺利完成。众人皆受益。

感恩家人。感恩父母，给予自己生命，给予自己生长、成长无限的心意关爱，而父母自己往往承受诸多心灵乃至经济的苦楚；感恩夫、妻，相互带来快乐，相互支持和合作，使爱和家成为安心处；感恩孩子，让自己心灵纯净，再次受到教育。时时感恩家庭和家人，可消争吵心、嫉妒心、怀恨心、嗔恚心、越轨心。

感恩能够改变心态，增加心灵健康，增加和谐。吃饭感恩，让自己少些挑剔；做事感恩，提高认识，提高责任感、使命感；感恩他人的一时小气，可改

善自己品行，开阔自己的心胸。有了感恩，才能善待别人，工作起来才会主动、自觉回报家庭、社会和群体，回报国家和时代，逐渐培养一种与人为善，和睦相处的情怀和心愿，以及行动。

（六）无我、忘我

一切是非矛盾，皆因为有"我"，老子说，贵大患若身。人命无常，在天地之间太短暂了，常作自己很快死去、不存在想，或者与历史、宇宙比较，自己太渺小了，没有必要发怒、发脾气，去损害人。从地球、宇宙本身来说，不因你损害谁，地球和宇宙就有了什么变化，人本土、水、风、火合成的，死还归还土、水、风、火，没有必要为这些小事烦恼，弄乱了自己的心。知自己空，忘我，就可知他也空，知他心念起处也空。心本无心，他也无心，一切如泡沫，不为迷惑。知念起处空，本无所有，自己如此，对方如此，何必陷入语言、是非的争执和争斗，破坏了自己的心境。这个方法的目的是培养自己大度，提高自己的心理素质和能力。

当然，提高心理安定能力的另外法门就是念经、念咒、念佛。

三、六类情绪低落和烦躁的对治方法

一是自然和环境引起的情绪

如天气和环境因素引起的情绪低落，有些人在天气阴沉或闷时情绪也会低落，或不开心。有两种方法对治。一是遇到阴天、雨天观想回忆好天气、晴天等，而在晴天观想回忆不好的天气，注意保持心境平淡，这样训练几次，适应了，天气和环境变化对自己影响不大，就不必去观想了。环境同样如此，遇到差些的环境，当着好的环境对待。好的环境，也要比较差的环境，这样，会有感恩想，或改造想。二是与同事交流、叙述心情，说出来，就消失了，总放在心中，会形成自我暗示，低落的情绪就会被自我强化。三是看一些高兴的画面、照片，或听或唱一些欢乐、开心的歌曲对治，每当出现情绪低落时，注意进行对治，数次以后，也许可以改变这种自然性的情绪。当然，也可以通过人与人的交流，通过给予微笑，或营造一个愉快的氛围环境来对治。总之，可以采取各种对治方法来解决天气或环境变化引起的情绪低落、不愉快等。

二是生理性的情绪

如生理周期或情绪周期产生的情绪，男性女性都有，甚至在家庭内相互影响。女性在例假前几天，往往容易烦躁，稍微有点不顺气、不顺心的话语或事情，就会有过火反应，引发矛盾。男性也会有周期性情绪波动或低落，周期性情绪有时会强化，也可能淡化。需要记录自己的情绪周期，提前把握，提醒、警戒自己，并采取一些方法去对治。其中，关键是自我引导或寻找一些愉快的话语或主题。周期性情绪的调节和对治比自然和环境引起的情绪需要更长时间调整，它几乎成为习惯性基因了。如果注意了，尤其是在群体中，注意把握，采用反向情绪对待家人、他人和社会，则有利于消除。这是因为好的情绪可以相互激荡和回馈。通过空间的扩展，来消除时间过程的某些弊端。这是时空转化、转换。

三是人际关系性的情绪

比如家庭成员之间或熟悉人员之间引起的低落情绪，比如，与自己关系矛盾的人，发展得更好，乃至成为自己的领导；自己的同事、同学，比自己升职快，因比较而产生低落情绪或烦躁，长期形成压抑、郁闷或烦躁，情绪不定。这种情绪对治，要有正确的良好心态，或者是承认差别，比上不足，比下有余，知足常乐；或者善于与有成就的同事、同学相处，谦虚学习，恭敬尊重，融合进去；或者自己发奋努力，明确和坚定自己的目标。

四是应对性的情绪

因为利益，感情，所求所得，公平问题，对事情或问题的价值判断不同而引起的情绪低落或烦躁。如领导表扬或启用他人的看法、方案，忽视或自认为排斥自己。另外，相互比较成就，觉得不得志，缺乏成就感而引起的情绪低落、失望或烦躁；有些是因为妒忌引起的不良情绪。这些问题的对治，根本在于看淡利益、感情，看淡事情和问题的重要性，但不丧失志气，仍然继续努力，做好自己的工作和事业。

五是个性品性和偏好改变调整引起的情绪

如吸烟成为习惯，但很多场合禁止吸烟，也会导致一些情绪问题。有些是饮食偏好或自己个性偏好没有得到满足，导致情绪不畅。或因为岗位偏好但被调整，自己不能适应而引起情绪失常。

六是不明原因性的情绪

在上述原因之外而不明白原因的，这多为感应性情绪，或者是潜意识中的情绪，或者是儿童时期受到过某种挫折或家庭遗传、习惯引起的情绪等。这需要从多方面去改变和调整。

情绪低落、郁闷或抑郁的对治，需要说出来，或采用反向对治，或到无人处大声吼、大喊，或高声唱诵、朗读。而烦躁情绪需用到安静、清凉处，尤其是要用扩展眼界和心胸的方法去对治。情绪对治的重要理念在于与人为善，与事为善，心对境界、事情、矛盾、成败等要淡定。

第六节　若干问题的讨论

一、孤独寂寞、沉默问题

（一）孤独与寂寞问题

问一：曾经在某一瞬间，我们都以为自己长大了。但是有一天，我们终于发现，长大的含义除了欲望，还有勇气、责任、坚强以及某种必须的牺牲。在生活面前我们还都是孩子，其实我们从未长大，还不懂爱和被爱。老师有越长大越孤单的感觉吗？

答：经得起孤独和寂寞，是修真的人呢。录吕洞宾长词一首（后半部）：听说古往今来名利客，今只见兔踪狐迹。六朝并五霸，尽输他云水英杰。一味真庸为伴侣，养浩然，岁寒清节，这些儿冷淡生涯，与谁共赏？有松、窗、月！

问二：那怎么样才能算做是长大了呢？我们始终会长大的。只是那个心，不停地变化着却依然有自己的坚持。

见识增加，心胸宽广，能解知他人、他境，言行谨慎，能不伤人，人伤心不为恼，这大概是长大的一些内容吧。

问三：怎么才可以摆脱孤独寂寞的感觉？

答：没有经历过孤独寂寞，又怎么知道其是什么滋味呢！知寂寞者，非寂寞也。常琢磨之，则本孤本独，与天地一体。天地宇宙孤独寂寞否？

问四：万般无奈时该怎样度过时间这无情的船？

答：那就把时间送给自心，思考心是什么？什么叫无奈？研究自己的心，就有很多事情可以做了，把自己过去经历的一切，按照某个专题回忆起来，比如吃，比如同学，比如男人、女人等，植物的某个类别等，然后再分析、升华！可以长智慧吆！境界再高，空之慈之，告知其皆空，无所执著。

问五：晕，我夜夜思考却夜夜无眠，不信老师你试试。

答：你肯定是失控了，被外界牵引而旋转，一定要知道这些空，不执著，都是你仓库的东西，不要迷失在其中，要出来呢。知道了以后，要不惦记，不以为有什么，觉得这些不过是泡沫，随时会灭，只是在需要的时候，用的时候，拿出来，解决别人当下的问题、烦恼，或者给别人增加智慧、快乐等。

（二）沉默问题

问一：我问你一个问题，做服装店，怎样把口才学好啊！主要的问题是我

很内向，如何才能开朗些。

答：发音、大声、高声朗读好的文学作品，文化经典著作、文章，每天坚持 1 小时；唱歌，唱那些欢快高兴歌颂的歌曲；改变看待人的方法，能见人欢喜，看人不足也从正面理解，主动寻找话题与他人交流；请教身边善于交际与人融合的人。供参考。

问二：原来朗读文学作品也可以提升与人交流的能力啊！

答：朗读是把自己体内的气流活跃起来，把自己说话的胆量练出来，更重要的是，把内心之念发出来，习惯以后，就愿意主动说话了。不然，仅知道，不表达，就会在沉默中灭亡，而朗读是在沉默中爆发！

二、关于人生、命运问题

（一）人生的生老病死

议论一：未来的情况让我们感到纠结，很迷茫。

答：今日不知明日，明日不知后日，世本如此。若知明日、后日，明日、后日即是今日。

议论二：严格而言，人生只有一天——今天

答：一念间，人命一念间，下念是另一命了。

议论三：呵呵！这句话真没明白。

答：参悟。前念是一境，后念是另一境了。前念灭，后念起，前后念之命只瞬间。

议论四：老师，您的意思，一瞬之间就改变了？可是人的一生有多少个一瞬间，一念间，那每当变一个就是另一个命，人一生岂不是过很多世吗？恕我愚钝，甚是不解，还望海涵！

答：比如，前念是某人某事，某种情感，后念就是另外的，前念已灭，后念又起，当然短命。但如果明白，念不是我，念自生灭，与我无关，念起处才是自我，念念不执著，此命则无生死了。一念改变命运，生活中处处可见，恨、爱一人，乃至行为过激，都是一念间。

议论五：承德的普陀宗乘之庙有 104 台阶，供人踩踏消除烦恼。人有一百零八种烦恼，除了"生老病死"不能摆脱，其余的烦恼皆能抛掉。

答：是生本无生，幻中有真身；是老亦非老，人老心无老；病源乃无病，归一则去病；是死本无死，缘尽散即是。

问：如何认识人生呢？

答：人的生死犹如一次宴会，酝酿即生，汇聚则鼎盛，渐散则衰，散尽则死。本无宴会，心生聚想故，而有。宴亦非宴，死亦非死，要素化合，变化万端。

（二）关于命和运

问一：您相信命吗？

清明妙德：什么是命？命怎么信，怎么相？是物皆有寿命，寿命乃物体及动物因地球自转和绕太阳公转而形成，周而复始，物体及人之气则升降旋转，循环往复。是我之所相所信。一体盈虚通于天地，命则同天地。是我所认之命。

问二：你怎么看待命运这个词语？

清明妙德：命随地球和太阳转就是运！在阴阳升降中的众多人运行的 S 线升降缠结（即染色体图像）组合中，形成人的命运，但人与动物、植物之命同时运转。命运基本是基因展开的结果（比如女子到时天葵至），变异和突破基因需要心力去改变。

人的染色体图像是螺旋交织，太极图中间 S 线的交织，S 线是太阳、月亮在地球同一个位置旋转的图形，交织是因为气体的升降和旋转。基因决定了很多，唯有改变和突破基因才能改变很多。教学和交往、心态是改变的主要途径之一。人命如沙雕，风吹了，再雕刻，循环不息。

问三：命随地球和太阳转就是运！妙哉！往大里说，命应该是随着宇宙转即随着天转就是运！

清明妙德：正是。银河系的图形是螺旋的，因此，染色体也是螺旋的！

问四：太深奥啦，能不能说得简单点儿。您觉得我们应该相信命不？

答：相信命运，不唯命运，以善心善力，为众为国而升华改变命运。而修行人则认为，相信命运必须先了解命运，了解命运必须先认识因果法则，认识因果法则才会因势利导掌握和改良命运，小至一人大至一国乃至宇宙，无不如此。

根据历史书籍记载，东汉王莽面相是大嘴，短下巴，露眼赤精，大声而嘶。身高七尺五寸。有个在黄门等候召见的方士，有人请教王莽的面相。他说，王莽是人们所说的鹰眼，虎嘴，豺狼声，故能食人，亦当为人所食。有人告到王莽那，王莽派人把方士给杀了，后来王莽果然被杀斩首，分裂莽身。①

《史记、秦始皇本纪》记载，秦始皇三十六年（48 岁），有坠星在东郡落

---

① 《汉书王莽传》，见《二十四史》，216 页，光明日报出版社，2002。

下，到地上就成为石头，该地有人在其石上刻字：始皇帝死而地分。始皇听说之后，遣御史去逐个查问谁写的，没有人承认，就把在石头旁边居住的人全部杀掉，把石头烧毁，第二年秦始皇就死了，果然发生战争，其地被分割。

由此可见，很多事情，似乎有定数。刘邦当年娶吕后，也是因为吕后的父亲会看相。但修行人中，也有很多改变命运的故事。因此，要不唯命运。

问五：很多时候命运总是让人很无奈的吧？

行者慧周：那是因为你还没认识它。

问六：有命有运的高调说；有命无运的背后说；无命有运的烧纸说；无命无运的方沉默。今日里你方唱罢我登场，他年后不过是为他人作嫁衣裳。休说那命有定数运无常，且只叹放不下来欲无双，甚荒唐！

行者慧周：若不明因果，命运自弄人。

问七：事在人为、莫道万般皆是命啊！

行者慧周：性格决定命运，其实关乎因果，因果自作自受，亦即事在人为。

三、关于杀生、愤青与发怒问题

问一：老师，为何昨日我杀了几只老鼠，心里却始终放不下，是我太慈悲了吗？可是对那些把我百十元的衣服咬坏的老鼠，我还用得着慈悲吗？

答：你要太慈悲，还杀老鼠啊？假如咬坏衣服的老鼠是另外的老鼠，你怎么想呢？慈悲有环境和条件、境界要求，俗无定论。事情做了就放下了，放下了就了了，了了有何不了！若有不了，下次再咬，要有智巧。

问二：老师，我想问个事情，所谓的杀生，是不杀该杀的东西吗？万物中的下类，如老鼠、蟑螂等畜，该杀否？杀之后，怎么才可放下。

答：这可是难题，世俗中难逃世俗法。出世有出世的慈悲。若为众害，杀之也是善。害一人而利一时、一事，有善巧之法可避，则可不杀。即使众害，有智慧转化，亦不杀。无智慧善巧之技法，不知反不为碍。是故，有时，多知为败。想做：放下屠夫，立地成佛？不那么简单。

杀与不杀，与自己的智慧，所处位置和职责关系密切，不可一概而论。有司杀职者，能不杀吗！不能，所以说，不杀，是指不妄杀、滥杀无辜！

杀生以生生，比如战争，不是一般修行人可以解决的。因此，修行中涉及杀的事情，一般指涉及自己职责范围内的事情，用智慧善巧去对待，或杀或不杀，超越自身力量的杀，不能不杀。比如军人在战场，不能不执行命令。而佛教的杀生，虽然涉及面广泛，为口食之杀说得多些。

问三：修行人是否可以愤青、发怒？

修行人，达到一定境地之后，愤青发怒都很正常。虽然心不著善恶，但仍然要去恶扬善，将混乱民怨的秩序，改变为清净平等的秩序。否则，社会秩序之乱，就难以治理了。佛门有金刚愤怒，道家也有护法神。

修行人，不是世俗理解的不关注人间事，如果不关心人间事，还修什么呢！但前提条件是自己有能力，没有能力则不行。但没有能力时，如同世俗中的青年，也不能说就不能犯错误。修行人也会出差错，因此，也需要原谅、宽容，用智慧去引导和救护。

为众不平菩提心，见有乱象生风云，云起只为除乱象，方得世界有清明！因此，对修行人、出家人，有愤青了，只要是为了社会的，为了民众的，就不可轻他（她），轻他之时即自轻。

见他人不足，善意提醒，不能抓住不放，其实是自心不解脱。以高标准要求别人，往往会忘记用高标准来要求自己。放下这些，自心解脱。君子不观人过，不举人短，唯自找不足。

如果得首楞严三昧，外怒而心实无怒。比如，我们生活中，如果看话语很怒，但在语气表达上，你不觉得是怒！出语之心境非常重要。

老师批评学生，心带慈悲和体谅，期望其好，批评之怒，学生则心无仇恨。若带怒恨和仇恨，甚至拳脚相加，乃至伤形体，是怒带深恨，学生必然记仇，伺机也会报复。

不到地时不妄论，言语要知话语境。有伤只在自心知，若藐他人即成过。为众不平是善行，个行众行当别论。

四、关于出家问题的讨论

议论一：你该出家了？

清明妙德：何为家？随所在处即是家。一脚踏着无数家，哪个是我家？文字是我家！什么是出家？随所在处心无住，即是出家。若心有住有著，出家也是在家。或者心不染物，念中无相，在家即是出家。人我是非不断，好坏总在分别，不能解脱和应对烦恼，出家也是在家。

议论二：在哪里都修行，出家和不出家有什么区别？

行者慧周：但得离尘垢，何时非出家？

议论三：总之就是出即入，入即出是也！

行者慧周：自在何须出入，三界本来无门，大千处处是家，究竟空无一人。

议论四：何谓在家出家？

行者慧周：家者，枷也。家者，烦恼生死束缚也；家者，是非人我对待诸法也。出者，离断自在也；出者，不染也；出者，空也；出者，无着也。

议论五：世有男女，繁衍后代，魔鬼的计谋就是使人死。

清明妙德：此个家，非常家，自身形，是为家。故老子云：贵大患若身。若无身，有何患！道家真人也曰：知身亿劫是我囚。世俗之家是道场呢！行者慧周已明言家的另外含义。

行者慧周：佛学中家多为引申义。或因责任不堪，家成烦恼，其实皆智慧不足所致，若修福慧命运任汝。离婚未绝尘，依旧苦恼人，轮回不打破，焉能见法身。无家无数家，无处不是家，无数家非家，处处无所家。

议论六：烦恼是家，三界是家，生死是家！

清明妙德：此个家，亦非家，随心在处都是家，一心住着无数家，哪个是真家？真家是无家！

议论七：想去如来家，如来家，亦非家唉！没有办法，只得先离恶家，进个好家。

清明妙德：呵呵！正确！

行者慧周：无离亦无粘，岂有好与坏，心好一切好，心恶一切恶。无心无去来，离善亦离恶，离也未曾离，进也无处进。阿弥陀佛！

行者慧周：无来亦无去，如来本无家，非好亦非恶，佛家亦非家，何来进出者，非汝亦非他！南无阿弥陀佛！南无观世音菩萨！

五、如何认识佛法

议论一：佛法无边，君一意修佛，不知何为？

答：佛是嘛东西？可别把他修坏了，修坏了，不值钱呢！（笑）

议论二：佛是妈！东如西。

答：可别真修坏了啊！有东有西皆非如，即东即西也无如！

议论三：如如不坏。

答问：啥是如如呀？

议论四：吗，你出一口；妈，我出一女。此一如也！如（来）何坏？

答：一口一女，女子无口，口不言女，是谁？出一即如，你一我一，如如无如，出出即如。如即一，一即如，允称一如，一如也无。拆字合字，只为方便，游戏其中，难得出离。拆合不住，允得如如。如如不住，是为真土，字字笔笔，本是真如，真如真无，如无无如。

议论五：陈先生，方便时请来舟山，普陀山佛教学院修学蛮好的。

答：什么舟呀？什么山呀？

议论六：渡无边苦海之舟，得道于须弥之山。

答：这舟可不敢坐，无边苦海，谁愿去那玩！这须弥山听说很高很大，大而无边，爬不上去呀，也不爬！

议论七：一看就是假佛家子弟，成天空谈悟道。

答：确实都是假的，千万别当真！

议论八：哈哈，那陈老师又算个什么？连假的都不是？

答：你真具慧眼，我连假的也不是！什么都不是！

议论九：你是不是佛家弟子出身？100 条信息 90 条是有悟道的！

答：这个你可理解错了，我也不是什么你说的佛家弟子！悟什么道啊！学点方法论，让自己解脱一下，工作更有效率、效果。你可看我博客：传统文化的妙用。帮助我们去创新思维、思路。

议论十：哪个朝信了佛，那个朝就离完蛋不远了。民族需要尚武精神，佛不能从虎狼口中拯救你。

答：你说得很对啊！皇帝信佛拜佛导致朝代更替，值得引以为戒。过去的皇帝包括武则天，不知谁是佛，对政府和国家官员来说，人民群众就是佛，所履责、事对象就是佛。政府要以民为大，这是政府佛道。皇帝不修自己佛道，人民群众岂保他江山。真修佛，乃引导人民安心安宁和谐，一切为了人民。

民众信佛求佛，因为自己遇到解决不了的事情、矛盾和困难。期望从中解脱，寺院可以承担部分心理安慰。每个人的工作、事业，为了国家、民众、社会，做好了，就是修佛。这些也需要探索道理。而这些探索佛理的人，出家人在做，世俗也可以啊。

佛不是图像、庙内佛像，而是自己的心，心就是佛，找回自己的心，让自己的心安宁，和谐，在遇到、处理问题和矛盾时，有智慧，让自己、社会和民众心安，家庭、社会和谐，这才是佛的真义。集众怒而怒之，集众武而战之，是善。一切以民为上为大，尊民敬民爱民！但无战而挑战是自战，警惕自心不和谐！军人应该以武为佛法，才能真正保家卫国。如果军人也到寺庙求佛，如果不能悟彻其理，那么，军人就失职了。官员以民众和事业为佛为法，舍此而另求，如缘木求鱼。

每个人岗位职责不同，所求之佛不同，但根本只有一个：心的和谐、安宁就是佛。

心不安宁，不和谐，有矛盾，这就是烦恼，有了烦恼，寻求一个方法去对治，这就是佛法，佛法在矛盾和问题中，在烦恼中，在不解脱中，在心不安宁中。

作为官员和领导，处理矛盾和问题，规范社会秩序，这些就是佛法。纪律要求和行为规范就是戒律。

以自己的职责为佛为法，为而不执著，不求回报，这是天职，这就是修佛，让心时时回到本来，则是得佛，成佛。

行者慧周：瑞士中立不尚武，莫非已亡很多年？大宋崇道今何在，元朝尚武二世颠！兴衰成败有因果，何干信佛不信佛！

清明妙德：亡国不是因信佛，只为自身找错佛，尚武无道被武灭，多助行道为国民！

六、关于上师问题的讨论

缘起：若与金刚上师有特别严重的矛盾，尤其是过了三年仍未忏悔，那么，念四十万遍金刚萨埵心咒也难以还净。在一切密宗誓言中，上师与弟子的关系最为重要，这方面大家务必要注意！——《事师五十颂讲记》

行者慧周：是乃弟子善根福德因缘不足业障现前所致，亦是上师法缘障碍表现。上师失去一弟子于道业进阶成就时速或有影响，于弟子则是无量罪过报应难以想象，是故当倾其所有于根本上师座前至诚忏悔不惜粉身殒命肝脑涂地，否则罪报势难免除必堕三途恶道，往昔善根福德因缘因之损失殆尽。

清明妙德：言语认重重更重，方便法门有多种，若然遇得大善缘，禅定罪消心无烦！

行者慧周：分别假真假亦真，法门无量各随根，遭遇追随当信受，不违师道报宏恩。

清明妙德：真师育人心不师，言传身教人格赐，更教依经本义法，自然（智）无师智（乃）大智。

行者慧周：人师教育几多真，无格离言不用心，究竟菩提微妙法，百千万劫岂能闻。若遇根本上师，定当舍命奉献！

清明妙德：哈哈！根本无上师，岂有命奉献！（一语多义，根本，无上师；根本，无，上师；根本无，上师。）

行者慧周：归命根本无上师，成就圆满大菩提。

行者慧周：根本无上师，释迦牟尼尊，三德施无尽，遇缘即现身。

清明妙德：根本无上师，遇缘即现身，则当舍命奉献！不违师恩！

行者慧周：上师灵觉真常性，性命皈依入法堂，见证如来真实义，同身一体众魔降。

清明妙德：不说是心，不说是佛，不说是灵觉，也不说是根本上师，但言礼拜之，万物皆归之，还可？

行者慧周：本来无一物，无归无所归，如来真实义，究竟离是非。

礼敬真诚勤奉献，感恩维护见奇功，如法坚持依教住，何愁不见九州同。南无阿弥陀佛！南无观世音菩萨！

清明妙德：道家真人报师恩诗：不僧不道不温柔，九百人前不害羞，觉性一时超法界，知身亿劫是我囚。

行者慧周：非僧非道甚温柔，万物临前皆害羞，觉性已然超法界，此身坏灭再无囚。

清明妙德：大恩已报，学者钦之！

行者慧周：涅槃究竟恒安乐，拙衲有余待尾音，棺盖虽无警未除，世缘犹在报宏恩。南无阿弥陀佛！

行者慧周：无恩可报但随缘，离念死心堪保全，执有丝毫多障碍，静观三界俱蒙冤。

清明妙德：无恩可报，则当恭敬！

议论一：上师乃自性，识性即见师。

行者慧周：自性真如即是佛，上师与佛本无差，解空入道菩提证，把臂同游废我他。

议论二：识性是否认识自我？

行者慧周：见性明心离自我，上师身命大如天，供养皈依勤侍奉，齐修福慧利无边。

七、关于禅的讨论

议论一：禅的文化不是来自印度，也不是埃及，而是来自中国。禅不是神的传说，也不是道教，而是宇宙万物的一体。禅是悟道、悟空、悟性、悟出。禅的含义是：面对万物皆为空，感恩众生！禅是面对困境逆境不浮不燥，微笑面对。禅是不恨、不悲、不哀、不傲。禅是悟出人生的真谛，不在乎是否得以舍。禅是平安。

答：历史上的禅宗，是法王的禅让、传递。徒弟得师心法后，得立门户说法，或师隐去。也有师父不隐而培养禅师说法的，则大家都得禅真意，为普贤也。

议论二：很多人都说，禅是印度传过来的。

答：达摩西来传心印，禅封禅让《史记》载。

议论三：老师对禅的悟性很深，向您学习！我悟道六年有余，至今只学会

微笑，还有很多没有悟开。

　　答：道无年份无大小，学得微笑弥勒要！

　　议论四：我悟空、悟净，心中有太阳。感恩一切，拥抱众生，保留心中一份净土。

　　答：语言文字也无相，空净拥抱不模样。

　　议论五：太深奥了，人活着，会生活在不同的环境里，会有喜怒哀乐。除了修行的人去禅悟，去禅坐，去禅行，普普通通的人是做不到的。禅的文化就是来源于我们中国。

　　答：那就换个说法，禅是内心的安详，禅是内心的和谐，禅是内心的无净，禅是心如止水。

　　议论六：人天天能做到吗？

　　答：坚持则能，比如世俗的职位和职称，努力了，一定会实现。

　　议论七：禅就是不悲不喜？不哀不悲？那还叫人？改成机器吧……人生没了喜怒哀乐还是人生？

　　答：这正是中庸的状态！见《中庸》。年轻时不觉得，越往后，就知道了。喜悲等七情多或情重，累积多了，就病了，重病时就无法治了，而这些越少，越平淡，人则越健康！

　　议论八：禅是一种心境，拈花一笑是禅，当头棒喝是禅，获得内心的安静，万物在你心中不变，则禅在心。好像是理解了万物心生？

　　答：对我们来说，应该是万识（记忆、印象、思想等）心生，心不是识。识不是心，离心无识，识本是心，心识不二，不被识迷，自可控制心境、心情。

八、关于幸福问题的讨论

　　缘起：凡事顺遂并非就等于幸福，在追求幸福的途中，或许才是最幸福的时刻。用心创造幸福，用心经营幸福，用心感受幸福，用心欣赏幸福，用心随喜幸福，用心品味幸福，这些都是幸福。甘于平淡，尽享人生。

　　清明妙德：幸福从心来！

　　议论一：我们说不要因为外物就欣喜或悲伤，但是不用心去感受，哪里来的幸福呢？这不是矛盾吗？

　　行者慧周：范（仲淹）不以物喜，不以己悲，乃大儒公，天下大我之仁。学佛者则更进一步，心不随境界变幻迷乱执著，常保明智清澈，不致妄动妄为，以免徒招业果牵缠。诸法缘起故，感恩一切。幸福盈怀，待人若己，平等关爱。

　　清明妙德：幸福不是简单的对外感受，更多是价值判断。比如抽烟，有人觉得幸福，另外人则痛苦。同样的事件，为什么感受不同？幸福的本质是内心的习惯性价值判断得到满足或者得到时的内心满足。小偷开始偷东西时内心害怕，以后再偷一次，未被抓，则有成就感、幸福感而不是负罪感。

行者慧周：若违因果法则绝无真正幸福，公众利益、普世价值、他人感受皆世间善恶标准，佛说因果缘起，颠扑不破也！

清明妙德：大幸福处无幸福之想，本然如此，永恒安详。

行者慧周：无上幸福即究竟圆满，诸佛如来一切具足，无言离想不执著，法喜安然永和谐。犹大爱无言，大象无象，大富无钱，幸福亦然。

议论二：幸福是一个微笑，一个拥抱。

行者慧周：凡人幸福感源于暂时满足，真正幸福基于知足感恩，持久幸福因为无私奉献，究竟幸福必须离贪解空。

议论三：我心依旧！

行者慧周：我心依旧空明住，法界含藏俱所珍，远离与夺无常念，安享菩提福慧深。南无大慈大悲阿弥陀佛！南无千手千眼观世音菩萨！

议论四：离贪解空有了知足感，但似乎又少了追求？如何进步呢？

清明妙德：不舍追求，不著追求，追逐进步，但不为进步所系缚。

行者慧周：所谓追求进步，实为幸福感不足，危机感逼迫，若已真实拥有，恒久美满幸福，则追求进步只是一句闲谈。是即所谓随缘尽力也！尽力自然进步，无心而有成功，随缘不以为苦，安享理性自在，如是幸福成功兼具，人生不亦乐乎？

议论五：似乎每个人都不可能拥有恒久美满幸福，贪婪无处不在？

行者慧周：此即凡夫与智者之别，故当依佛说，勤修戒定慧，熄灭贪嗔痴，果能如是，则恒久美满幸福。非不能也，究竟圆满幸福，成就无上佛果亦可能也！

议论六：有幸福，就会有痛苦！

行者慧周：世间所见俱相待，凡有所求皆凡夫，无私无漏即无苦，寡欲少贪向正途。体空入灭，究竟解脱。

议论七：以平静的心境去感知，越是追逐，反而会让自己离幸福越远！

行者慧周：感恩诚敬，尽力随缘，知足常乐，看破心安。

议论八：幸福的感觉是什么，有爱的人吗？还是被人爱呢？感恩是不是就是很有爱呢？

行者慧周：幸福即是无怨无悔，令需要者获得真切满足。爱一切有缘，将身心奉献，乃无上幸福。感恩之时清晰，蒙爱幸福满怀，随缘尽力报恩，将使幸福更加美满持久。

议论九：幸福不是你得到了什么，而是你付出了什么！

行者慧周：幸福是问心无愧，幸福是和平安乐，幸福是温馨稳定，幸福是如意吉祥，幸福是应需要而付出且实际利益他人。

议论十：夫人修福，不与罪合，不共和故，要须方便，令得罪灭。帮忙解释一下，谢谢你！

清明妙德：福者，百顺之名。古人有认为安利之谓福，或把寿、富、康宁、攸好德、考终命作为五福。世间之得分福、禄、寿。福是禄寿之外富贵、安宁，没有生气、受辱、嫉恨、灾难等。得福要无罪，不伤人。有些集体所做之福，可能伤害他方利益而有罪，要得不被牵连，不沾罪，要有方便法，才能灭罪，不被牵连。

九、关于爱情

缘起：很多时候，爱你的人近在咫尺，可让你柔肠百转、牵肠挂肚的却往往是另外一个人。你为他流泪、为他悲哀；只讲付出、不要一点回报。你以为这是爱情，其实这只是出于人的本性：得不到的，就是最好的。轻易得到的，往往不懂珍惜。爱，本来就是一件百转千回的事，说不定有那么一瞬间就会翻然悔悟。

答：问世间情为何物，不过是几滴水雾。问爱是啥，几人能答？迷转山中，不在顶峰！爱，实为自意起伏，心被迷不能出（或定）。

议论一：女人好比梨，外甜内酸。吃梨的人不知道梨的心是酸的，因为吃到最后就把心扔了，所以男人从来不懂女人的心。男人就好比洋葱，想要看到男人的心就需要一层一层去剥！但在剥的过程中你会不断流泪，剥到最后你才知道洋葱是没心的……没办法埋怨社会，只能祈祷像中奖一样，遇见一个好人恰好是你的另一半。

答：她心即自心，心多有矛盾，不知谁是心，不知是谁心，祈祷中奖公，要在心念同！她心即自心，要在心念同！

议论二：不觉一日了，终无一事成，蹉跎岁月！爱我的人我不爱，我爱的人不爱我，感情空白！大师，我以宽恕之心对待欺我之人，为何他们仍要咄咄逼人，朋友都说我傻，难道真要以狠报狠吗？

行者慧周：蹉跎岁月念无休，世事纷纷不见头，爱情虚拟随缘看，知足感恩少怨愁。诸法无常四大假，是非人我俱非真，平等见空烦恼断，执迷不悟永沉沦。看破放下自在，慈悲平等清净。

清明妙德：爱与不爱，都是自心异念折射，自然心不休；岁月蹉跎，念念无仇，爱也不求，则能得自由！

议论三：这个世界上还有一种女人她很傻，他明明知道这个男人没有心却还死心塌地的付出，只因曾经深爱过。

答：不是她心傻，只在情缘他。风起人尽知，风过影不思，若然知情（乃）风，明月也动容。

议论四：为啥男人没心呢？

答：英雄难过美人关，此心何地来生产？也是攀她情，（男）心（女）心不舍心！若知心（作出生解）心者，自然无情韵。

议论五：我只知道秋梨膏止咳，润肺；梨蒸川贝治咳嗽。金圣叹写绝命词，有绝对上联："莲子心中苦"，下联："梨儿腹内酸"。

离（梨），高（膏）！连心苦，离而酸！

议论六：朝朝暮暮情未了。生死如梦，情债难酬，缠绵望断归路，两情依他不悟，三界何时把头露？

答：此情不了也是了，心中无之即逍遥。情债本是真金物，不用露头把界出。

第二章

心地法门

第一节　关于修禅的几个问答

一、关于无念、无行、无修问题

问一：最近迷上了禅语，简短几字，蕴涵无数哲理。不论你何时何地去感悟，都有不同的道理。今天看到一句话："悟道在拈花一笑之间，一念可以成佛，一念可以成魔。一念愚即般若绝，一念智即般若生。"虽然不能完全领悟个中道理，但是很美，很喜欢。可以讲解一下吗？

答：全句的核心，就是念，"念"，上"今"下"心"，合起来为"念"，甲骨文"心"是象形字，中间没有点，加点表思、念、想等。"今"即当下所触、见、听到的外境、外物、人、语言、图像等一切，把时间微分到无穷小的霎那，外界与自心合起来的相转为文字，为念（要完全理解这个问题，参看《关于禅修的几个汉字解释》）。

为什么要细分到无穷小，因为即使一秒钟，人们也会产生很多念头和联想，只是自己不很清晰。而这不是念，而是想、忆等。唯有霎那的外景与心合，起了一个识，为念。

而"心"在接触这些外景、外境之前，心本无相，如镜子，外相也不念"心"，不见、不知有我。为什么见、听外景、外境之后生念？因为心能知、能觉。但人往往被外景、外境牵引，因此而产生喜欢、爱好、厌恶、反感等情绪，把外界当做自心，把自己的爱好、讨恶等情绪当做自我，这就是丧失本心、本真，或者说不能回归到本心、本我的状态。

如果知心本清静，如镜子，而不染，不沾，不生情绪，则念念皆本来，一切外景都随时可以运用，而不被其迷惑，这就是一念成佛。佛是指心回归本来，清净不染，什么相、想都没有，不是我们去寺庙看到的佛像，也不是具体的人，那不是佛，"若见诸相无相，即见如来"，"若以色见我，以音声求我，是人行邪道，不能见如来"。寺庙的佛像是一种方便法门，让人们起庄严心、高大心、稀有心、赞叹心、尊重心、恭敬心、供养施舍心，等等。

心无所染，无所著，不被外景、外相迷惑，就有大智慧，就是般若生。般若，按照慧能和经典之说，就是大智慧，大智慧是指能包容一切而不被迷惑，不迷失于其中的智慧，不执著文字、语言、聪明等的心境，随时放得下、能舍弃的心境。

问二：念无念念，行无行行，言无言言，修无修修。能解释一下吗？

答：简单法，明白了上述什么是念，就好解决这几个问题了。

简单地说，就是"什么都不想"。事情过了，心情来了（微分到霎那，积分到无数），能够如"雁飞长空无踪迹，事如春梦了无痕"。"念"指外景进入而起相，"无念"就是无心的状态，心如镜子，心如止水的状态，一切外相、外景，外界的一切事情来的时候，都能很好应对，处理到位，自心没有疑惑、顾虑，别人也无疑虑和顾念，自心回归如静水而无物象。这就是人们常说的：如镜中花，水中月。这就是"无念"。这个过程就是"念无念念"，这是被动状态的。主动状态的，是自心起念，有念（世俗社会的概念，借用），如水起波浪而生形态，实际是无念（水浪的水也是透明的，没有形状），心无念，如镜子中实际无花，水中无月，花、月变化（心念），而心本无，一切心意化归清净。这个过程，就是"念无念念"。

这样，念起时（外相进入心，包括音声、语言、文字、图像和事情，尤其是他人的情绪等），心不被迷惑，因为本自无念，话语说出来了，也不执著，认为我说了话，有一个话的存在。方法告诉了别人，也不觉得有一个法的存在，而念念不忘。因此，佛说，四十九年说法，不曾说一个字（见《五灯会元》卷一）。若言如来有说法者，即为谤佛（见《金刚经》）。这个状态，就是念念无念，念念皆真如，念念皆佛，这就是无念佛。

"行"，是做事情，实践所说。做了也不认为有一个"行"的存在，就是"无行"，事情做了，就没有了，看不见，摸不着，如同声音起，一会儿就消失了。这个过程，就是"行无行行"。

修无修修，也是这个道理。修，本是指去掉心中的执著和各种习气，正如老子《道德经》所说，"为道日损"。损之又损，乃至无为。去掉各种执著和习气的过程，也不认为有，就是"无修"，修无修的整个过程，就是"修无修修"。

二、空心问题

问一：修行修的是慈悲心，那善良之人有了慈悲心修的是什么呢？

答：慈而无求回报心，不以为功心，不索取心等，有慈而不以为有。

很多人，在认识和改变自己的过程中，尤其是修心之后，觉得自己在修慈悲和善良，觉得不杀生了，对人好了，就是善良。但是，看到别人杀生，则很不高兴，心情不愉快，有些时候，还去阻止。有些人，见乞丐和残疾人或贫困人，立即起善心，去怜悯人家，乃至给钱。还有人，看到网络上说的一个贫困报道，求帮助的，就去援助，这些确实是善良。但如果听说这些是假的，从此就再也不信任了。或者有些人，自己能够这样做，看到别人不这样做，没有像自己那样善解人意，换位思考，就觉得这个人不行。这样，在修行过程中，在修善和慈悲的过程中，与外界处于矛盾之中，不能解脱。其实，这本身根本就没有跳出善恶的循环圈，自心生善的同时，也生出了很多的恶，而不自知。所以，不少信徒，很盲目，说是修行，但自心并未解脱，乃至身体更不解脱。修行不是修一种价值观判断的心，而是不执著的心，无我的心，既然不执著了，知道心本来无，为什么还陷入是非、好坏的对立判断呢？这就是修行方法出了问题，心未解脱。因此，无论修什么善法，都要心不执著，不以为有一个善法的存在，慈悲法的存在。也就是要"无我相，人相，众生相，受者相"，这样，"修一切善法"，才能"得阿耨多罗三藐三菩提"（见《金刚经》）。

问二：风花雪月一场梦，到头只是一场空，故而不必太执著，得过且过度一生。这是一种随性，还是一种堕落？人生怎么过才叫积极？

答：执著空而认为一切无，那会消极。只有空、有不著，相互妙化，才会积极，适应，推动社会发展。但为而不恃，功而不居，功成身退。

这个问题太重要了，问得非常好。很多修心人，开始很积极，越往后，与社会不相融合，自己在社会、群体中的心理承受力逐渐变得很脆弱，乃至对很多事情很消极，认为一切空，就仅仅做一些善事，但自己因为消极对待事业、工作，收入也不高。因此，很多修心人，也内心不平，怎么那些没有修心的人，还那么富有，还管那么多人，最后大概只好用"前世福报"去解释，前世人家大施了。

其实，这是自我安慰和自我解释。所谓的空，不是没有，而是指心的状态，一切事物的本来状态，但在所谓"活"的这个阶段，这个"有"，对心的本态来说，也是"空"。比如，两个物体碰撞产生声音，声音本来空，本来无音，是因为力的作用，相互碰撞了而产生，因此不要被其迷惑，力可以表现为各种形态，但音就是力，是力的形态表现，音是真实存在，可以解决很多问题。同样，我们对待财富等问题，对事业等问题，也是本心的一种幻化形式，其中有本心，比如矿中有金，不能认为空是绝对的无，认为没有意思，于是，消极对待社会和生活。还是要积极去应对，而不执著，只有这样，才能利乐众生，才算是发菩提心。

宗教讲出家，修心的本来，那是专修，可以与世隔绝，这是一种方法，但修成了，仍然要回到社会去化缘，利乐众生，不然，不能成就无上菩提。

因此，一定要正确理解空，不能消极对待社会、生活和事业。该干什么，需要干什么，而且，要积极去做，有理想、有志向地去做。

特别需要指出，修行人说的空，是方便法，指心境。真实心境，按照古德所说，不以思念和想知。以科学来说，这种空——心境，是极端微细物、不可分物的连体，这个微细物可组合、变化一切，据说纳米技术已经可以空中直接合成多种材料，进入夸克，就更厉害了。

问三：有的时候，人为什么而莫名地空虚呢？悟字是这样的状态吗？可为何又觉得怪怪的呢？

答：这不是空，而是精神习惯于有一个对象物作为寄托所在，如果没有了，就觉得空虚，乃至可怕。关键是认知，念、相、像在自心是如何起的，起处是什么？那是真。不可害怕，否则，就如画师自画魔鬼而害怕。

问四：人生在世，苦乐都有，为何总是莫名地空虚袭来？一阵阵地让我害怕……

答：对空虚的害怕，不是进入了真正的心空境界，而是因为平常精神习惯于有一个对象物作为寄托，喜欢热闹，如果不热闹了，就觉得空虚，乃至可怕，觉得无聊，觉得生活没有意义。

在这种情况下，不适合去修空。应该在生活中，该干啥干啥，心向善而不执。让每天的自心安详、安宁，气柔音和，与众人相融合，得快乐。然后，慢慢去体会，热闹和安静的差别，然后再捉摸自心。

捉摸自心，关键是认知、把握或了解——念、相、像在自心是如何起的，起处是什么？那念起处是真，不因外界形态变化、生灭而变化、生灭。观看或追究心念起处，有什么，把握那个，守住那个。在守的过程中，不断应对外界，保持自心的本态。时间长了，热闹不觉得热闹，入万人之境如无人，清闲不觉得空虚，万物皆是活物。而心不被沾染，不随外界波动。

这样，可以做到心不在焉，视而不见，听而不闻。

三、心空的境界

问：空手把锄头，步行骑水牛。人从桥上过，桥流水不流。有物先天地，无形本寂寥。能为万象主，不逐四时凋。这是《传心颂》，如何看？

这是很妙的心境写照！"空"指自心的先天境界，表明心空了，心也无手，但有手之用，因此而称"空手把锄头"，步行是指形体走动，"水牛"借指心境，骑是指形体在心中，心如止水而不动，清澈透明，因此而有桥流水不流的感觉，"桥"乃实指，但桥会变化、毁坏等，已经得到的如止水般的心境则不会坏，是永恒的。

在天地之先的物，是指能够生育天地之本，它是无形的，本自寂然，没有生死，没有或不随季节变化，这才是万物之主。正如《太上老君说常清静经》：

大道无形，生育天地，大道无情，运行日月，大道无名，长养万物。

　　心到不动地（菩萨第八地），就没有世俗的心动了。若论牛，这里也可以是铁牛！表心不动。心境不动，不是无念，是不被外迷，水牛是心如水明，起心如波，风过波清，外境如镜中花，水中月，内实无花无月，因此而心不动。

四、关于空性问题

　　议论一：很多人认为空性是什么都"没有"，但实际上恰恰相反，空性是什么都"有"。万法如果不空，就不可能有无常变化，就像一颗种子，不空的话，它永远无法结出果实。正因为是空性，才会随因缘而变，才能衍生出形形色色的大千世界。

　　答：若空性是指本心，则正确。如果不是指本心，单论空，则不符合实际。无常变化，与空无关。种子若空，根本不可能有果实。如果把"空"理解为什么都有，那么，虚空则可以产生一切，虚空为什么不能自行产生一切？所以，空，就是空，不是空衍生出一切，而是因为有我心或觉体在那，才能衍生出一切。

　　议论二：妙就妙在空性无我，反而可以妙有生万法，一有所住即是障碍。

　　答：妙有之妙，本指变化，而非指空，妙有生万化，仍然是从有生有，而不是空自生有。说无我，已经涉及我，我、空一体，是本我在起作用，而不是空自身起作用。

　　问：四大皆空的"空"作何解？

　　答：四大皆空，指四大无常，不永恒，其本源空，生出四大的本体乃永恒。比如物体相碰，产生声音，本来无音，因此而说，音本来空，音空。音空，不是没有音，而是音无自性，音很快消失，音不能自己产生，四大也是如此。

第二节　关于禅思的几个汉字解释

汉字有特殊的意义，其每个字的造字，都具有特别的含义，这对我们理解很多事情，很有帮助。对参禅，进入不思议状态很有帮助。这里，把涉及禅修的一些汉字拿出来做解释，供大家指正。

一、悟、误之别

问一：佛心似我心，这样境界是不是就悟了，最高境界也是如此吧？
答：差不多误（悟）了。
问二：到底是误，还是悟呢？
"误"，左为言，右上口，下为天，口在天上，言过于天，合则为误——说话，言过于天。
"悟"，左为心，心本无，什么也没有，这是指自心。右上为五（行/德），口在下，表示言则称赞，谦恭在下，表无我、谦让的意思。心与吾（即自、五行、五德）合，合起来为悟。合起来是什么意思？无我、无心，就是悟。也有人说，悟，就是"吾心"，明白了自心是怎么回事，这也正确。为什么呢？刀可以砍柴，也可以杀生，还可以切菜、削水果等。所用背景不同，字的含义或解释有所变化，这是汉字的奇妙之处。
总体来说，上述"佛心似我心"这样的表达，并非是开悟的状态。

二、佛字的解释

有人说佛是人和弗，组合的意思是人不能成佛。另外举例，"仏"、"伏"与"佛"都是通假字，按照汉字解释，"仏"，人和厶组合，就是自私，怎么成佛呢。人和夭组合，是半人半妖。
其实，佛，是人、弗组合，可以作"不是人"解，或者说，人，非（人）也，意思是说，佛是人也，亦非人也。而不是不能成佛。人、厶组合，古字也同佛，"厶"表示"私"，人与私组合，两个含义，人与外界的私合，就不再是人，也不是私，各自把自己消失了吗，就是佛。若看庄子和道家经典《阴符经》，私至极点——至私，和公到极点——至公，是一回事，就是一合相，比如宇宙，对自身来说，就是自私，对人来说，对一切生命来说，是至公，人、私结合，就是我与天地、宇宙并列，或者说，我即宇宙，宇宙即我，这样解释"佛"字也没有错。

夭，查百度，本义是瘦弱、弯曲、卷曲的意思。

夭，念袄，或妖，由人、夭组合而成，古同"佛"，"夭"意思是茂盛、美丽，人与茂盛、美丽在一起，组合起来，就是生机，可以解释为佛。"夭"的另外意思是"死"的意思，人与死在一起，是死人的意思，与"佛"意可以通的。生机或动是佛出世的表现，死是佛的圆寂，两字组合，是新字，原来的生、死都没有了，就是不生不死，生死一体。字义本身是弯曲，做人要弯曲，不错。

三、念、思、想、相、像

"念"，上"今"下"心"，合起来为"念"，表示当下在心中，是被动态。或者心活动，产生出当下对象物，如说话、发声等，念文章等。这是主动态。甲骨文"心"是象形字，中间没有点，意思是"心本空，什么也没有"。加点表思、念、想等，不是念。随着文字的演化和发展，我们对这些字运用方面也拓展了，但每个字的含义仍然有所不同。修行理解这些字，有利于去把握自己的心意。

"今"即当下所触、见、听、闻等六根作用于外界或外境、外物、人、语言、图像作用于六根的当下图像、印记、听知等，没有第二反映。比如镜子照图像，仅仅是图像。如果看到、听到什么，超过霎那时间，头脑中就已经有了很多念头乃至联想。

念也可以作为动词，但也是当下的念人、念物、念事等，这就是我们平常所说的挂念等。

而思，则不同了。上面是田，田表示可用于种庄稼、造房子等，有选择问题，比如种什么好呢？有没有收获？或者那田干什么用？这种有取舍、决策选择的事，就是思。"田"内的"十"古体写法是斜的，表示深、通，表示有沟渠通过。因此，思，也表示深入、深透而能通。我们遇到不能回答的问题，也说思考思考，思考了，这个问题就解决了。但思考问题不能说"念"问题。

想，上面是一个相，相是指外界一切已经进入自己的眼中、耳朵中，进入鼻子、舌头等，在心中留下（犹如雕刻）的印象或记忆。遇到事情，遇到问题，运用过去的念、相等知识、信息等来解决，或把过去的知识和记忆等搬出来，或回忆、联系起来，就是想。

相，是眼睛和树组合，就是一眼所见，为相。耳朵一听有声音，就是声相，舌头一尝，有味道，就是味道相，相是定的，不动的。类似于念，是非常短的时间形成的东西。

像，是指人在头脑中的印记，或者是画出来的人等。

"念"与"相"的区别在哪里？"相"是不做分辨的，也不作文字分别。比如，中国人看到汽车和外国人看到汽车，汽车是"相"。而"念"，就是把"相"转化为文字、语言、图画、声音等。中国人看到汽车说是车，英语国家的人，看到就说是 car，但时间都非常短暂。

"想"，是对记忆库中的"念"和"相"进行运用、组合、类比、转化、转换等，来解决当下的问题，或写文章等。往往不做更多的取舍、抉择等考量。

"思"和"想"的区别，"思"多为对未来不确定性的考量，而"想"是运用头脑和记忆库中过去的东西。这两者结合，思想，面就更大、更宽了。

思、想能够组合念、相、像等。但何以能思、能想、能念和能相、能像？这就是本来的功能，本自具有。能够变化、组合一切，但这些变化、组合的一切，并不是自心、自性的本来。比如面粉，可以成为馒头、饺子、面条、面包等，但这些不是面粉。比如树木，可以成为桌子、板凳，成为家具等各种形态，但不是树木。但是，没有树木，不能成各种形态。

心本无思，心本无念，心本无想，亦无相，无像，心也无文章，无书籍，无历史，但被外界牵引入心后，就认这些为自心，自我，从此而迷失其中。

心可小，可大，大包宇宙天地，与天地宇宙同心，小到不能容一粒沙子。大小都不是心，心无大小，遍布一切而无所有。修心、修性，其实是要回归这个本来。

一切说法和教法等，都是方便，不是究竟。说贪、嗔、痴，说戒、定、慧都是方便法门。

如果一念，念念，回归本心，就不做这许多分别之说。

四、关于恼、怒

烦恼人人有，如何去烦恼，需要方法，也需要明白字义，从字义上去琢磨解决烦恼的方法。

恼，左边为心，右边上面是盖子，下面是凶，凶在里，上面盖着，没有表达出来，心与凶合，在心旁体现了，则为恼。恼，有几种情况，一是自心生凶，因此而烦恼、恼怒，如看到一个人，或一件事不符合自己的心，就生气，生嫉妒，不高兴。这是自心生恼；二是心与凶为伴，"凶"中间的叉，也表示矛盾、纠结，这些盖不住，进入自己的心了，因此而烦恼。

怒，上奴，下心，从主动来说，奴在自心的上面，当然，不高兴了。奴的地位很低，却跑到心的上面了，奴隶奴役自心，则发怒就是"奴役你的心"。二是心被奴役，自己不知道如何把握和控制自己，心本来光明正大，但被小事或各种矛盾纠缠，心不为大，而被小事情占据不解脱，因此而怒。因此，恼和怒都不是什么好的境界，表示自己的心的地位下降了。而不恼怒则和谐、安宁，得受尊敬。

第三节　与修行人的禅话应对

一、菩提心问题

话题一：我们平时接触的人当中，难免有一些暂时因缘不具足，感化不了、转变不了的。但要发誓发愿：等自己将来成佛的时候，一定要度化他。发愿了，就跟他结上善缘了，这也是对他的一种摄受。

行者慧周：发菩提心固然可贵，正菩提心首在自知自觉自修自证。自度即是度众生，自性不觉佛即众生，一朝成就众生即佛。

清明妙德：菩提者，自心念起处即是，是乃自菩提。知众心起处空，众心空，是普贤也，普觉也。

话题二：发心也有对错，慈悲也有善恶，少动多静，少背因果。没有认识因果，灾难是永不停息的。明因识果才能使你觉悟，才会让你离苦。

行者慧周：发心有正邪，果报无错谬，慈悲需智慧，真假受不同。

清明妙德：发处无正邪，心有是非碍，果报作空解，大悲又自在。

二、忍耐与正念问题

话题一：学佛没有忍耐决定不能成就。人为地加害、嫉妒、诽谤、侮辱、陷害，或诽谤、侮辱我们的父母、亲属、老师、同学，这种要能忍，不生嗔恚，决定不起报复的念头。要若无其事、心平气和。特别是我们对别人好、善意，人家回报是恶意，更要忍。小小的侮辱、陷害不加以理会，他就会有大成就。

行者慧周：嫉妒、诽谤、侮辱、陷害，皆妄心所生烦恼，当起惭愧心，忏悔业障；父母、亲属、老师、同学，与一切平等无别，同自己身心无异。遇有违缘逆境即作如是念，忍辱行不难成就也。

清明妙德：嫉妒诽谤本来空，罪福祸夭源一同，认有认无皆挂碍，陷害惭愧本自在。

话题二：佛教少起妄念，生活做事岂能不起念？如何判定正念妄念？

行者慧周：起念需正而不著，随缘尽力不勉强，拿起放下皆自在，是为智者所应行；正念不贪著，于自他无害，若能不起念，胜于起正念。

清明妙德：念念不住是正念，善恶是非本无谱，行行不住是正行，我行众行皆一（无）行。

行者慧周：念念无念无间断，念念相继念念同，念念无住无留恋，念灭圆成毕竟空。善恶强分非正智，行离欣厌已安全，人我圣凡一合相，敦伦尽份但随缘。

话题三： 从佛相僧容里，见到自己本来面目。从花草砂石内，认识三千大千世界。

清明妙德： 僧相是何相，本来从何来？花草即自在，大千同尘埃。

行者慧周： 僧相绝尘无挂碍，本来清净自空明，花草随缘常自在，大千万类永和平。

三、烦恼与超越

话题一： 佛经说："人生有八万四千种烦恼。"小人物有小人物的烦恼，大人物有大人物的悲辛。唯一的方法就是"化烦恼为菩提"，不被烦恼所障碍，在烦恼中觉悟，才是人生里烦恼的真义！

行者慧周： 勘破烦恼即菩提，沉迷不觉苦不堪。

清明妙德： 时人不识普贤遍，欲做救苦太一尊，文殊在旁呵呵笑，一笑笑倒观世音。

行者慧周： 今人弃置普贤尊，自诩大悲观世音，唯恐流芳不久远，文殊转世塑金身。

清明妙德： 普贤非普贤，观音无观音，流芳自长久，文殊亦观音。

行者慧周： 普贤真普贤，观音未观音，文殊文殊智，芳臭俱由心。

清明妙德： 普贤！普贤！普贤非普贤！

话题二： 超越我执，全心全意为他人奉献，即是菩萨行的精髓。行菩萨行取决于心，而非显露于外的行动。

行者慧周： 菩萨行取决于心，体现于行。内心菩提自受用，言行直接他受用，直接感知堪立信，觉行圆满无偏废。

清明妙德： 无处可超无处越，只在心念起处抉。自若明时即明他，我人众人共一家。

话题三： 我们要推翻的，并非外道或无神论的观点，而是要推翻自己的执著。自己的执著一旦消灭，任何外道的论点都无法伤害我们，不论他们说得如何天花乱坠，对已经证悟的人来说都是徒然。能彻底推翻这些执著的方法，就是出离心、菩提心，以及至关重要的空性见。

行者慧周： 此时，已无所谓外道或有神无神论矣！阿弥陀佛！

清明妙德： 往何推？往何翻？自推自翻处，何用去推翻！

四、行者慧周与清明妙德的禅境对话

话题一：关于西方佛东方佛的禅话

缘起：念佛就是止观，止一切境界，都要放下，息一切妄念，就是定。念佛就是把纷繁的念头统一到一句佛号上，这就是转境界。最后，念佛这一念脱落，无念而念，往生无忧也。

行者慧周：念到无念究竟平等，体证空性当下西方。

清明妙德：西方东方有何别？十方世界何差别？

行者慧周：南北东西皆妄念，往来苦乐空费心，一朝顿息无谓事，诸佛圣贤与相亲。

清明妙德：诸佛圣贤若相亲，众生幻化亦有份。金沙在眼亦为病，观音弥陀成二身。

行者慧周：金沙与眼无别，牛奶哪堪沾衣，观音弥陀何异，诸佛岂关东西？深浅一时幻觉，息心逐渐圆通。

清明妙德：正是：观音弥陀无异，诸佛无东无西！

行者慧周：无念而念，足下生莲，打成一片，果证金仙。南无佛陀，南无达摩，南无僧伽，南无室利。

话题二：关于水、碗问题

缘起：佛陀指着一碗水问阿难说：碗里是满还是空？

阿难：世尊，碗里满是水。

佛陀指示阿难把水全倒去。佛陀拿起碗来倒持着问：现在这碗是满还是空？世尊，它现在是空的。阿难陀，这碗已不再满是水，但它却满是空气。"空"指什么？"满"指满是什么？现在的情形，碗里是空无水，但满是空气。

行者慧周：若将空气抽尽，剩下即是"真空"？似乎究竟为有？此有何益之有？

清明妙德：自是水有水无，碗则装空装有！

行者慧周：碗水空气本无异，佛陀真意几人知，以妄破妄方便法，究竟平等岂有私？

清明妙德：正是，赞！水碗空，本不二，众妄念，本相同！

话题三：关于法的问题

行者慧周：正法圆满广无边，如来心智照大千，善根福德因缘聚，自见世尊极乐天。

清明妙德：正法邪法本一同，如来心智世俗通，极乐无天无世尊，相见不是运用功。

　　行者慧周：正邪皆应分别见，如来心智何用猜，极乐非天尊平等，足下习惯紫金台。

　　行者慧周：证果之人定非凡夫印证，行人得道皆是自性清明。

　　清明妙德：证果人有凡夫见呀？

　　行者慧周：证果之人如饮水，自知冷暖细微行，更有导师勤呵护，一日千里圣道成。岂是凡夫堪窥见，更非下人能乱猜，上圣慈悲传授记，学人有幸步金阶。证果之人凡夫见，岂是凡夫可知见，若非果人亲教师，焉能轻断出妄言。

　　清明妙德：如此！敬佩！顶礼！

　　清明妙德：几次对话，法师境界高深。尚有几问：您几次表述圣法和圣境中，是圣对凡言，公开场合当如此。但圣贤境中，说什么法？如何待众生、凡夫？您说定境中，有果师教护，《金刚经》说从燃灯佛那无法可得？得而无得与您所说果师教是何关系？

　　行者慧周：南无阿弥陀佛！南无观世音菩萨！圣贤境界各不同，因果无违本相通，殊途原来是一路，十方世界一念中。一念掐断归何处，离念绝心证虚空，究竟平等无二相，当下绝相自超宗。凡夫众生皆幻化，妄心分别不应当，平等恭敬随缘事，无异诸佛坐法堂。

　　清明妙德：自超宗，法不同，悲悯众生心不空，方便多门期他懂，究竟平等一念中。

　　清明妙德：另外您说一日千里，是出神游，与一般人心念出动收回法区别是什么？谢谢！

　　行者慧周：诸法真空无可得，一丝不挂有何执，吾师呵护夙缘在，不异自他故随时。一日千里为进境，神游大千非有形，即空即有非怪异，朴素平常自然成。

　　话题四：关于禅宗和净土对话

　　清明妙德：是禅即宗，是净即土；禅净混合，宗土一物。互涉互入，不住活脱，直指人心，方便多门。即禅即净，即宗即土，禅净不二，允传心土。

　　行者慧周：禅若不净岂是禅？净若无禅非真净，禅净从来非二姓，不染一尘是清净。

第四节　念佛的效果——阿弥陀佛在哪里

一、佛烦人念他吗

净土宗门以念阿弥陀佛为重要方法，也就是依靠和仰仗佛力来获得解脱和修行的进步。但是否真的修行有效，还要看具体情况。

我们看两个小故事：

有和尚座主念阿弥陀佛名号①，有一小法师就喊和尚名字，等和尚回头时，小法师不回应、不看，连续四次都如此。和尚怒叱：三番四度喊，有什么事！

小法师说：和尚你要多少年，才能念到阿弥陀佛来呢？我才喊了你几声，你就发怒了。

同样的念阿弥陀佛，说的是母女俩的事情。

母亲在家念阿弥陀佛，女儿在不远处就喊：妈！母亲没有理睬，继续念阿弥陀佛。女儿再次喊：妈！母亲继续念佛，连续几次，母亲回头说：老喊我，什么事，烦不烦！

女儿问：我才喊你几声，你就烦了，你念那么多阿弥陀佛，阿弥陀佛不烦吗？

有人问念阿弥陀佛能进入西方极乐世界吗？六祖曾说：东方人有罪，念佛求生西方，西方人有罪，念佛求生哪里呢？

所以，很多人没有明白其含义。

二、专心的作用和效果

自己发声念佛，别人干扰，不能保持心的平静，乃至心烦，就说明念的方法不对，意念没有集中。意念集中或专心念佛有什么效果呢？

（一）集中心力，提高记忆，增加智慧

平常我们的心是散乱的，不集中，记忆力也不好。只有当学生的时候，相对集中，老师要求背诵，经过努力学习和背诵，就可以记住，能够背诵。为什么能够背诵，记住，因为学生心不杂乱。

专念一个名号，把所有散乱的心，集中到一个名号上，实际是统一自己的

---

① 《五灯会元》中，卷六，354 页，中华书局。

心意识，提高自己注意力的集中程度，这样，无论是做事情，还是思考问题，效果都比较好。专念名号，达到一心不乱，乃至能保持境界不丢失，心就统一了，统一了以后，烦恼就少了，就自在了，记忆力提高，智慧增加。然后去做事情，传播，就具有了影响力和定力。如果自己心不统一，在与别人的交流沟通中，在传播中，很容易丧失境界。

有人说，心中有佛，又何必时时口中念佛呢？其实，念佛，是一个方法。这是集中心念的方法，而一般人的心念是散的。比如演出，一个人的服装颜色不会引人注目，三个人穿同样的服装感觉就不同了，更多人穿同样的服装，成片了，会有震撼力吧？春游时看成片的油菜花就是如此。修行是把自己的心念统一了，都无执著，产生了心力，就可以自己控制情绪，摆脱烦恼。

（二）延长情绪稳定、安宁的持续时间，提高控制情绪的能力

每个人的情绪也是多变的，在 1～2 个小时内保持同样安宁、和谐心境并不容易。而念佛念咒的时间达到 1～2 个小时，保持同一平静、安宁的心情或心境，就可以减少情绪的波动，提高心理素质。其中的原理在于师父传法或集体念咒、念佛时是安静的，自己单个人念佛念咒时的心也是和谐的，频率比较固定，没有矛盾。念多了，和谐、平静的心念就多，控制和把握自我情绪和心境的能力就提高了。世俗人之所以不能把握情绪和心境，就是因为情绪和心境多变，不统一的心念太多，力量大，因此，遇到事情和矛盾就跟随波动而起念。

遇到事情尤其是矛盾、心情不好时，随时念咒和念佛，就是把当下的不平静的心拉回到平静，这样，就可以用平静的心态和智慧来对待矛盾和情绪。

（三）提高心理抗干扰能力

持续念佛、念咒的另外效果就是心理抗干扰能力提高。我们的心敏感性比较强，平常微小的突发音声或突然出现某人，会有害怕、受惊的感觉。比如，人在马路上走，或开车，后面的人突然大声鸣喇叭，心中则有惊吓感。某人突然大声喊叫一声，自己无心理准备，也会受惊。如果在这个时候，心中是默念咒语或念佛，实际就如发射电波，外界有干扰时，就不会有受惊吓的感觉。因为念咒放波，与外界的声波对冲了。当然，念佛念咒，还有其他心理效应，需要自己逐渐去体会。

（四）坚持信念不动摇，念咒要没有矛盾意识

有一个小故事，说的是念六字真言咒的。一个修道的人，路过一个地方，定中看到一个老太太在放光，不知道她是做什么的。于是，他去看望她，老太太告诉他念六字真言。道人就说，你念，我听。他一听，这六字真言，前面五

个字的发音都对，但最后那个字的发音不对，于是，他告诉她，你念错了。老太太很诚实，也很老实，于是，就按照道人告诉她的去念。但道人在定中再观察，老太太不放光了。于是，回头去找老太太，老太太说，念起来，没有原来那么顺了。道人说，我刚才说错了，你还是按照原来的念，原来是对的。老太太继续念，果然光芒又出现了。

为什么会出现这个情况？因为改变了一个发音，念咒的心就不统一了。

三、阿弥陀佛的含义和见佛条件

念阿弥陀佛，会有什么效果？首先，我们要知道什么是阿弥陀佛？

《佛说阿弥陀经》中，佛问舍利弗，你知道那佛为什么叫阿弥陀？因为那佛光明无量，照十方国，无所障碍，所以称为阿弥陀。那佛寿命，及其人民，都是无量无边阿僧祇劫，所以叫阿弥陀。

因此，念阿弥陀佛，一定要观想其光明、寿命无量，国土众生无量，这样的效果才能不同一般。不是一般地在佛像前念，那样是难以产生定力的。

如何念阿弥陀佛才能见到佛？佛说，若善男子、善女人，闻说阿弥陀佛，执持名号，若一日，若二日，若三日，若四日，若五日，若六日，若七日，一心不乱，其人临命终时，阿弥陀佛与诸圣众，现在其前。是人终时，心不颠倒，即得往生阿弥陀佛极乐国土。

特别注意，这里的前提条件是善男子，善女人，这个善，不是自己认为一生没有做什么坏事，自己认为是一个善人，而是指修行至少是十善业的人，至少能够持一定戒律的善人。其次，是听说了，不仅是简单的名字，前面的含义要明白，然后执持名号。这个执持，是一种状态，就是拿着不能放下，不能丢掉。心念佛时，没有别的念头进入，只有阿弥陀佛的光明和境界想，形象想，这叫执持。一心不乱，就是心不被外界干扰，外界干扰来了，也能够执持不受影响，才能临终见阿弥陀佛及诸圣众。

有人问我：南无阿弥陀佛，是什么意思呢？

依我个人之解，若不把阿弥陀佛作为形象去对待，就每个字的含义来说，我解读如下：

阿——以音声光冲破一切有，

弥——遍布虚空无边无尽，

陀——慈寂不住，

佛——无（否、不）。

合起来的意思：心意回归入音声光，冲破一切有，遍布虚空无边无尽而慈寂不住，这也无。这里，要特别注意慈，心要慈，慈而无慈想，无慈相——不住。

念阿弥陀佛的窍门在于：所念要有观想，观想一个自己喜欢的佛像，因为佛像比人的生命长。但最好是观想放光的恒星比如太阳，这符合光明和寿命两个特征，同时，可以扩展自己的心胸，意念境界广大，又想这些光照耀大地一切众生和生命，日久也许就有效果。此外，要注意让自己观想境界中的一切物体、生命体，随着自己同步发音念佛，自己像老师带着他们，乃至把自己过去的意识、境界，拉出来，一切发音念佛。这是一个普觉的境界。如果心容太阳系，就可以让太阳、月亮、地球及其地球生命，一起念佛。

当然，最好的观想法，是按照净土宗经典《佛说观无量寿佛经》中的观想要求去观想，观想只是方法，最后也要不执著。

为什么要知道阿弥陀佛的含义？因为知道含义，就能扩展心量，使心胸广大无边，就能容一切，小事小利，就不会去计较了，就会有大目标，大的感应和大智慧。不知道含义，念念不集中，心量不大，就会被别人的刺激性话语而打倒。

四、进入阿弥陀世界的条件——无上菩提心

是否仅仅上述条件就足够了呢？我们再看《佛说无量寿经》中的要求。

佛告诉阿难，十方世界诸天人民，有心愿生阿弥陀佛所在极乐国土的，凡有三等。

上等人，舍家弃欲而出家，发菩提心，一向专念阿弥陀佛。而且要修诸功德，此等众生，临寿终时，阿弥陀佛与诸圣众，现在其前……

中等人，虽然没有出家，但大修功德，发无上菩提之心，一向专念阿弥陀佛，随己修行诸善功德，奉持斋戒，起立塔像，饭食沙门，悬缯燃灯，散华烧香，以此回向，愿生彼国。其人临终，阿弥陀佛化现其身，光明相好，具如真佛，与诸大众前后围绕，现其人前，摄受导引。

下等人，假使不能作功德，但能发无上菩提之心，一向专念阿弥陀佛，欢喜信乐，不生疑惑，以至诚心，愿生其国。此人临终，梦见彼佛，亦得往生。

无论是哪等人，要进入阿弥陀佛的世界，必须有无上菩提心，而且专念无疑。无上菩提心，就是要灭度一切众生，要断一切烦恼，学最上乘法门，发愿成佛。可见，阿弥陀佛世界，不是那么好进入的，有门槛条件。

知道了阿弥陀佛的含义，以及念佛需要的前提条件，这样修行净土宗，念佛才能产生实际地效果。

其实，专念佛号的过程中，需要心意慈悲，慈悲而不认为是慈悲，想着为别人念，功德给他人，最高回向心念起处，佛号音声的念、音起处，则效果不同了。这些是方法，窍门。不知道如何用，念佛号，虽有效，大有大小和执著深浅之分。唯念、念无念，声、声无声，才是究竟——解脱。

五、关于业识和天堂地狱问题

问一：净土念佛法门说是可以带业往生，什么叫做"业识"？

答：即专业知识，及眼耳鼻舌身意发生作用产生的印象、记忆、思想、行为等。即：由本自的功能——知，而产生的识。知如镜，识如镜子中物。知不是识，识是知转化的形式。比如面粉，转化为馒头、饺子、面条等种种形式。比如黄金，可以做各种有形物，但自身是金子。修心是转识回知（或叫如来智），明白识就是智，如同金马不是马，而是金，金不是马，是马即金，是金即马，金马一物。就是心不住，不著，所有金子则打成一片，心胸境界广大，则得大智慧。

问二："酒肉穿肠过，佛祖心中留。世人若学我，如同进魔道"这是道济禅师所说。常常听说前两句，却忽视了最后两句。或者也可说"学我者下地狱，谤我者上天堂"。两句之间，意思差别很大，一个是天上，一个是地下？

答：酒肉穿肠，对有功夫的人来说，可以立即转化，就像掌握了处理垃圾技术的企业，可以变废为宝，而一般的企业，则会被垃圾所害。道济可以度化所食，令其解脱，而世俗人不能，因此，只看形式，盲目学习和模仿，就会着魔。

以世俗来说，单位领导说话，就具有号召力、指挥力，别人就得照办，而普通人所说，虽然正确，人未必去做。这是地位和能量不同的差别。再比如，官场或单位领导，上级可以当面严厉批评下级而心无颤抖，下级要严厉批评上级就不能做到那样的心态了。这是因为所处位置的势能不同。

功夫高的人和没功夫的人，不适用同样的话语和境界。世俗是地位差别，世外是心境差别。没有心境，就去用，会自伤。比如武功高的人与一般人，挑同样 300 斤的担子，凡人则受伤，武功高的人很轻松。

学我者下地狱，是指学习其形式，饮酒吃肉，那就坏了，因为没有定力。而谤之，就是不赞成，自心坚定，不被酒肉所迷，不被形式所迷，不学其形，就是谤之，就是明白了其话语的本义，就是天堂之路。

第三章

传统文化的认识与运用

第一节　对儒家思想的认识

一、孔子在老子面前承认自己不足

儒家思想或法门的核心著作不是《论语》，而是《大学》、《中庸》，《论语》是孔子话语的编录，对孔子在不同时期的重要语言的编纂。孔子在见老子之前，尚未彻底悟道。

《庄子·甲子方》记载，孔子见老子，老子刚刚沐浴完，正在晾干头发，像木雕一样站着。孔子说：我眼睛花了吗？先生果然如人们传说的那样。先生形体笨拙如槁木，又似无人处的孤立物。

老子曰：我游于物体生命之初。

孔子曰：什么意思呢？

曰：心懵困而不能知，口张着而不能说，尝试为你解说一下吧。阴冷到极点没有生命，阳热到极点光芒四溢，冷从天出，热从地起，阴阳升降相交而万物生，时间悠长不见其形，呼吸无所不在，一暗一明，日改月化，日有所照，却不见其功用所在。生命都有萌芽，死也有所归，一生一死而不见起点，不知终点，不是这样吗？谁是生命万物之源呢？

孔子曰：请问，怎么样才能进入这个境界呢？

老子曰：进入这种境界，美而无美之想，乐而无乐之相，心无美想而进入无乐之相，这就是所说的"至人"。

孔子曰：请告诉我达到这个境界的方法。

老子曰：喜怒哀乐不入于心。天下万物都归于（居住于）一，于一同身，则四肢百骸如同尘垢（如海中浮沤），生死、终始就像昼夜一样变化，哪里会在乎得失、祸福呢！（贵族们）舍弃一个奴隶像扔掉泥塑一样，因为他知道自己的身体比奴隶高贵。（而我）之贵在于不被变化所牵，一切万物之变化都没有始点，没有极点，心哪里会有牵挂呢！这就是已经修道的人对此的解释。

孔子曰：先生德配天地，但犹能以不言（之道）来修心，古代的君子，哪能有这样解脱啊！

老子曰：并非如此啊，就像泉水涌出，没有人去作为，自然而然，本来如此，至人之（道）德，本自具有，万物也没有开过，就像天自高，地自厚，日月自明，哪里用修呢！

孔子出来后，告颜回说：我对于道，如同沾醋的鸡肉，老子之论颠覆了我的看法，我对天地了解太不完整了。

二、《大学》的中心思想

孔子后来又见老子，后彻底悟道，然后传道给曾子，曾子再传给子思。孔子的"一以贯之"心地法门应该在《大学》、《中庸》中去寻求，而且，首先在《大学》中寻找。

《论语》开篇学而，结束篇为尧曰，编书的目的在于让人们求学成尧舜。孔子弟子们内心的追求是"官"道，而《大学》、《中庸》的思想则不同了。《大学》提出的重要思想，首先是"大学"，其次是其亲民思想，再次是至善无善的思想，无论是《大学》还是《中庸》，都体现了心地法门，那就是心不在焉、格物致知、中和。

而《论语》中没有经典的开悟句子，论语中没有完美的开悟话语。大多是对现实问题的议论和解决方法，提出一些伦理道德要求。而《大学》、《中庸》并不涉及这些，或涉及不多，因为一旦悟道了，在现实中，如何做，是很自然的事情。心不在焉、格物致知、中和，是儒家心地法门，其本源在道家。

（一）"大学"之道，在明明德，在亲民，在止于至善

什么是大呢？庄子说，"何谓大？不同而同之为大"。就是说，能够包容和接受一切差异，而不是求同存异。这才是大，如同天地，好人、坏人都活在其中。

学，指什么呢？应该指一切学问，为政、经商、修道，都是如此，都要做到"大"，这样才是"大学"之道。

第一个"明"是动词，作弘扬、光大解，第二个"明"与后面的"德"是组合词，即"明德"，秦朝时还有"明治"，意思是大家都明白的意思，不做光明解。

德，初意通"得"，个人、集体乃至国家都追求"得"，"得"包括利益、行为、评价和意识、观念、内心感受等。

德是指所"得"被他人乃至社会尊重、赞叹、赞成、赞扬、歌颂、认同、推广等。

"亲"，就是亲近的意思，这是修道人的深刻体会，对民众的感恩，对生命的亲切，同体大悲的感觉。因此，不应该把"亲"理解为"新"，如果首先理解为新，不符合修道人对民众的认识。同时，如果第一义或唯一义就是"新"，就

不应该用"亲"，而应如《大学》中所说"新"。亲近民众的修养者，也确实会感化和教化民众，从这个意义来说，就是"新"的意思。因此，为政、经商有时也存在改变人们的思维习惯、生活习惯等，包括思想观点。但这不是重点，真正的"新"的重点是在为政者自身、经商者自身，需要根据时代变化而革新的意思。

亲民，最重要的是心中想着人民，正如中国共产党所说：想人民之所想，急人民之所急。"权为民所用，利为民所谋，情为民所系"。亲民，不需要"新"民，民自然会跟随新，真正需要"新"的，是利益集团观念和执政者体系内传统的思维方式需要新。

"止"是指到达的意思，"至善"按照庄子、老子等对"至"的解释，就是"无"，意思是"善"是本分，应该做的，不求回报的。至善，就是无善之想，行善而不执著善相。

这段话的意思是：能够包容、接受一切差异的学问之道，在于弘扬人人明白的道德，在于亲近百姓，在于达到行善做善而没有善之想的境界。

（二）格物致知

《大学》提出格物致知，谁人会呢？当年王阳明参悟这个格物致知，格竹子，格出了病。当代也没有多少人用这个方法。我看了诸多修行人对这话的解说，也多为语焉不详。

这里的物，是指外界的一切，包括景色、音声、人物、光等，也包括人与人之间的一切。"格"是隔开的意思，如"打格子"，划格，就是隔开了，不能进来。"致"是动词，达到的意思。"知"，这里是名词，而不是动词，是"不动地"的"知"，如同老子说的"物之初"，生出万物的"一"，在人表现为没有分别、没有差别的"知"、"觉"、"听"的本源状态。

人心如镜子或水，外界的一切——客观存在，包括情绪，利益追逐、有形物，等等，都是"物"。这些东西进入眼中、心中，要保持没有的心态，如镜子中映物而实无物，此时，唯知觉在，不被境、情、事等"物"牵累，应对自如，平静得很，这样算是把物"格"开了，格了物，就进入"知"，"知"如镜子之照、映，心无物，就是"格物"，就"致知"，进入这个境界，外界一切进入以后，自然生出智慧来应对，有时可以主动去做。

能够格物，在家庭中就可以处理好夫妻关系，不执著夫妻相，不计较对方的言语和态度，能够理解、包容和接纳对方的一切言行，因此，必然也能处理好与子女、父母的关系，可以做到无矛盾、无冲突，有矛盾有冲突，也能随时化解如初，因为心中可以无物，必然可以不被情绪左右，存在的就是智慧，解决问题的智慧，这算齐（安定）家，这也许是君子之道造端于夫妇立论之所在。这个方法再用到工作岗位，能格物，则必能容能守，而后再格——化解社会矛盾，满足民众需求，保持国家的安定和长治久安，乃至可以运用于国际关系。这就是齐家、治国、平天下的道理。

（三）心不在焉

心不在焉。语出《大学》，多被误解。闻一多考证，甲骨文的心是象形文字，像人的心脏，中间是空的，上面开口，中间加一点，就不是"心"字，而表示"思、念、想"等。焉乃语气词，意思是心没有了，心中无执，无牵挂，无恐惧等，就是解脱，以此心来对待所遇一切，化解一切矛盾，故有宽容、慈爱等。而心念不能放下，不能自我化解心理矛盾，就是心有所执，有牵挂，有计较、争斗等，甚至设计陷害等，就有了烦恼。

心不在焉，也是儒家修行的方法和境界，常用此法，把心中的无数点（所见所听等，各种烦恼、情绪、思念、脾气、记忆等一切）能够格出来（即格物），便得解脱，无纠结，可治失眠、神经衰弱、抑郁等；如果意识到自我心中的那些点，也是（对方）心，与自心同体了，也空之，这就是推己及人，则心胸广大无烦恼。

（四）视而不见

平常会用此成语来批评一些现象，虽然接近这个意思，还差很远。比如，我们每天骑车、开车上班，见太阳、马路两边高楼，人流、车流，一切都历历在目，但心不著，亦不思、想，过后也能说出所见。而见该做的事没做，该履行的职责未履行，前后都是有思念的，乃至思想斗争，不是本意的"视而不见"。

视而不见的真实状态，应该与格物致知是一样的。

（五）听而不闻

同样是儒家修行的方法和境界，与佛家闻思修的方法接近。这里的"闻"，应该理解为听到的音声以及因此产生的记忆、思念、联想等，乃至种种烦恼或心起波浪。不闻，是指听后不为烦恼、联想、思念等，能随起随灭，不为所烦。因为听性本身没有生灭。

寺内树有鸟叫。一人问僧：听到否？曰：听到。鸟去，再问僧：听到否？

僧曰：听到。

人们问，鸟叫，听到了声音，鸟飞走了，怎么还听到呢？僧曰：声音有无是一回事，听性与声音起灭无关。鸟叫，听到声音，鸟不叫，听到无。听性不因鸟声有无而有无，若鸟不叫，听不到，不就是耳聋了吗。所以，自是声音或生或灭，非关听性有为无为。

（六）食而不知其味

也是境界，也是方法。论语中说孔子闻乐礼，数月不知肉香。章太炎夜读，其姐送年糕和糖给他吃。他专心于书，手拿年糕，蘸着糖吃，等吃完了，书看完了，才知道蘸的不是糖，而是墨汁。这就是食而不知其味，心不在味呀！无味道之分别。老子说"五味令人口爽"，而食不知味，就是境界了，也不会挑食、挑味，故不会因吃的味道如何而生烦恼。

三、如何认识儒家核心思想

（一）视、听、味、心等的关系

有人问，食而不知其味与食不知味都是一种境界，这种境界应该归于哪一方面呢？其实，眼、耳、鼻、舌、身、意，这六根，就是一根，都在心。与外界对应的色、声、香、味、触、法这六尘其实就是一尘，这尘也在心，根、尘同源，若无心，就没有六根，也无六尘。

（二）儒家的心地法门是境界、目标，也是过程

说亲民，并不容易就做到。网络微博上分析了我国社会目前的一种现象：有老人倒地或孩子在眼前被碾压，路人说：俺怎么没看见呢？大学校长说：同学们上啊，俺给你撑腰；明星说：俺也给你撑腰；政府说：谁救俺表彰谁；媒体说：谁救俺表扬谁，谁不救俺谴责谁；律师说：谁不救俺建议判了他。都说得好，但事实上就是无人去救。

可见，知行合一，言行一致，多难啊！

原文化部长、作家王蒙曾经讲中国传统文化，提出无论是道家和儒家文化，对个人都提出了超越个人心理压力的道德要求。每个人在其位置上，仔细体味确实如此。因此，从个人解决烦恼来说，谁又能做到格物致知，心不在焉，乃至视而不见呢？做不到，只能作为目标、方向、过程，而真正做到了，就是境界。说亲民，是目标，是要求，也是境界，也是过程啊！

因此，唯大修行人能持之以恒去实践。

（三）儒家的这些思想是否是无情

有人说，心空（心不在焉）则会无情，无情则冷漠。是否会对民众的呼声、

痛苦视而不见、听而不闻呢？

　　首先要说，儒家文化是最关心生活秩序和社会治理的，因此，把儒家文化的心地法门理解为世俗的无情——冷漠是不对的。无情，不是冷漠，那样，就是断灭情。断灭情了，哪里会有儒家的济世、治世观呢！

　　其次，心地法门的境界确实是无情。庄子说，我说无情，乃无是非之情，无烦恼之情。非不为事、不为民。苏东坡参禅，进入实际，非常体贴民心，为民众办实事。故不可以"知"来推论。心无一切，遇境必解，这就是为民为国办实事，而不为个人，而且为而不功（至善无善）。

　　无情，是指个人不执著情，能够不为情烦恼，有烦恼事，随时知化，而不被牵陷，不能自拔。鲁迅说：无情未必真豪杰，怜子如何不丈夫。

　　无情，是不被情累，不被情伤，不因情而生恨、生妒等。也就是做到在俗心不俗，尘里不沾尘，则闹市亦山林。

　　无情，对于修儒的人来说，知道：情生于心，心本无，情亦无，故遇情、有情皆无烦恼。

　　一个心无烦恼的人，遇到百姓的需求和事情，就成为烦恼，因此，一定会为民众着想，但不为个人想。

第二节 传统文化方法论的妙用

一、传统文化的本质特征之一是方法论和认识论

中国的道学、佛学、阴阳学和易经学，不是迷信，而是能够开拓、创新的方法论和认识论。现代科学，如果在各种理论、科技、技术、学术、派系等研究上，包括医学研究和应用上，停步不前，或出现了争论，长期不能突破，回头去看我国传统哲学思想尤其是方法论、认识论，就会有莫大的帮助，这就是学以致用，但如果停留在这些学问的知识、概念，甚至认为其是迷信，则难有收获。

当西方人发明英文电脑输入法时，曾经宣布汉字的生命结束了，说汉字无法输入电脑。但我国搞汉字电脑输入法的人，用中国的传统理论重新认识汉字和汉字的结构，发明了汉字电脑输入法。电脑二进制的发明和使用，起源于中国的阴阳学说。当代中医的突破，都与传统文化的运用关系密切，耳针、腹针的应用是很好的例子。

有一位老中医，医治肾癌，其中开了一味药，谁也不敢开，就是尸毒。病人用药后，很快得到治愈。有人问，运用这味药的道理何在？尸毒是尸体腐烂后渗透到棺材板下的东西，它属于腐烂物。中医认为，腐入肾，尸毒是毒，癌也是毒，以毒攻毒，因此而有效。可见，中国传统文化学说的威力。但不会用，终究是知识，或者觉得古人的东西是迷信。

再以《易经》为例，一个阴阳八卦布阵，什么意思呢？其实，就是宇宙物象或太阳系物象的布阵。阴阳鱼表示地球昼夜的运转和变化，太阳和月亮阴是阳鱼的眼睛，也表示阴阳对称，乾表天，坤表地，其他表自然现象。

道学和医学都认为，人体与天体是对应的，一体盈虚，通于天地。人体也是对称的，阴阳对称。八卦阴阳布阵，可用到人体上进行疾病诊断。中医认为，脏腑有病，在人的外表会体现出来。用布阵图，可以研究哪些脏腑和部位出问题。宇宙本身的运转是有规律的，人体的气血也跟随这个规律运转，不能跟随运转，就生病了。如确定人体的某部分，如头脸部，按照八卦布阵，左右脸对应身体左右，鼻孔附近对应胃等，两腮发红，肺热。如果是胃下垂，会经常出现脑门心疼。胃火旺，鼻孔周边发红。如果子宫肌瘤是恶性的，那么，患者头顶心常疼。脑门心和顶门心疼的原理是上下对应，下淤滞凝结，气不能上通，不通则痛。

　　中国腹针发明人薄智云，运用腹针治疗效果非凡，并建立了运用技术标准。他说：我一辈子搞针灸，做了40年针灸，最近20年医书看得很少，看什么呢？看中国古典哲学，里面有我需要的答案，从那里去寻找。原来读《内经》、《难经》，做临床后发现不行，走不通，于是回到中国传统文化，好好地研究，后来又看欧洲古典哲学，进一步增强了我的思考问题的能力。中学为体，西学为用。运用得好的，用得明白的没几个。谁是大师？徐悲鸿。一次，薄智云骑车路过徐悲鸿纪念馆，进去参观，那儿有他的书，一句话就吸引了薄先生。什么话？"古法之佳者守之，垂绝者继之，不佳者改之，未足者增之，西方绘画之可采者容之"。这就是方法论的变通和运用。[①]

二、方法论的妙用

（一）避免是非争论

　　禅宗的方法之一就是回到未生前，参悟父母未生之前你在哪里。这是很重要的认识论和方法论，寻找源头，寻找一切问题、事物、事情、问题的最初源头。很多理论、学术、科学问题的争论，如果回到问题产生之前，争论产生之前，看不同流派、理论、学术产生的理论和事实、经验、标准依据等，回头观察各自的发展过程，就可以发现其思路的差别所在，各自发展的不足所在，然后就可以有新的思路和思路的突破，找到创新之路，这就是继承和创新、发展。因此，学传统文化的关键在于运用到工作、事业、研究中，用以创新，而不是作为知识。

（二）避免陷入烦恼之中

　　什么是回到未生前，就是回到问题、矛盾、感情纠缠没有产生之前，回到没有我，我没有出生之前，最重要的是心态回到心念未起之前。一旦知道，之前什么也没有，就知道现在陷入矛盾、问题之中，陷入情感的纠缠之中，心情不愉快，郁闷，肯定是自己执著了外界的一切，事情的是非，功劳得失、多少的争辩和自心争辩之中，但人不知，都埋怨和责怪别人。我用一个词，叫自心争论、争辩而论争、辩争他人。其实，一切烦恼和矛盾、问题，只要自心没有，自心解脱，别人也就解脱。自心安时他心安，对待矛盾、感情纠纷，双方自身都需要正确的态度去对待，尤其是在平常的相处中，要注意看淡，看重了，日后解脱就费劲了。

---

　　① 　田原：《深入腹地》，213～214页，中国中医药出版社，2010。

比如失恋。

一女子拟投海自杀。一小伙看到，问：为什么想自杀？答：我恋爱的人不爱我了，心里太痛苦了，生活没有意义。小伙说：没恋爱之前，你过得好吗？答：那时过得很好，也很自在。小伙说：你失去男友，这不正好回到未恋爱前的状态吗？你应该高兴，干吗为失恋自杀呢？女子恍然大悟。遇烦恼回到烦恼前，是解脱方法。

（三）进行创新

如果我们要搞理论和实践创新，就一定要多用佛家、道家、阴阳家和易家的方法论和认识论，以及各家哲学思想，孔子儒学主要用于管理，不能用于科学和技术，因为按照等级和权力、地位来做事以及对待科学和技术，科学和技术就不能发展，就无法说真话，科学和技术的发展，需要平等，需要鼓励探索，需要鼓励不同意见。

传统哲学的认识论和方法论，可运用到任何工作中去，如果我们看每个学科、技术的发展史，就会发现，大的突破，都有哲学方法论和认识论的突破，都是运用前人的认识论和方法论的突破。可以说，就哲学的方法论和认识论来说，古代哲学已经很圆满，我们在当代更多需要做的，是运用这些方法论、认识论，通过或实践加以完善、丰富更技术性的层面，解决当下的问题。从而为人类服务，为社会的进步服务。

（四）与实践结合，与时俱进

比如说，《金刚经》的核心思想，耕耘禅师说是无住，南怀瑾说重点是善护念。

这两个思想归纳起来，前者是说，不要停留在现状，而是要不断适应新的需要和变化，始终不认为已经走到了尽头。后者意思是说，遇到矛盾、困难，要寻找解脱的途径，解决问题和困难的途径，不能因害怕或者陷入是非争论，而忽视了问题本身。在研究领域、科学和技术领域，医学领域等，工作中，遇到矛盾和争执的时候，要放得下，不被争论迷惑，这样，明晰争执所在，寻找途径解脱，就有思路突破，就会有创新。

老子说，圣人常无心，以百姓之心为心。科学技术和研究，就是要能容纳和接受不同看法和认识，明晰其道理所在，不强求统一看法，否则，科学就无法发展，技术就无法进步。

以笔者来说，我提出规避美元风险的根本途径：推进主权货币的国际结算和投资，本币的资本账户开放。这一观点的创新，来自禅宗的思维方式，回到问题未生之前。我们今天遇到的很多金融问题，汇率问题，经常项目可兑换和资本账户可兑换等问题，都是美元不再与黄金挂钩而产生的问题，是黄金不再作为世界货币，美元替代黄金成为准世界货币（储备货币）而产生的问题。而在黄金与纸币挂钩的时代，所有纸币的地位是平等的，纸币都可以在国内履行货币的基础职能。当今金融开放的风险，实际上是因为不能印刷足够的美元而产生的风险，是因为储备货币金融资产太多，投机性太大而产生的。但是，如果我们回到纸币地位平等的观念，就可以放弃对美元依赖的思维缺陷。我们可以在所有主权货币国家履行货币跨境的基础职能，并非只有美元具有。从这个角度，推进人民币或其他货币的国际化，就可以规避美元金融的风险。

就专业来说，笔者感到，很多专业观点要创新，需要不断深入学习和体会传统文化方法论和认识论，并结合现实的理论和实践。社会科学领域的很多问题是相通的，掌握了这个方法，可以大大节省研究问题的时间，提高工作的效率和判断的全面性。掌握了传统的认识论和方法论，也可以时刻保持创新的心态，不执著的心态，就不会出现一种创新出现形成派别以后，就不能再创新的情况。

我国传统文化博大精深，不同的人，都可以从中深入，获得方法论和认识论的智慧，从而服务于工作和事业，为社会发展服务，为国家和人民服务。

当然，传统文化的认识论和方法论，有其独到的高效之处，如果结合现代科技发展，效果则更好。比如中医望、闻、问、切，诊断很快，是否会产生错误呢？运用现代科技设备，多次重复检验，就可以检验，哪些认识对了，执行中不足，哪些是认识错了，执行更有问题。

三、传统文化的本义是自用，而不是要求他人

传统文化是要运用的，不是当做知识而高谈阔论的。也只有用了，才能体会其真实含义。笔者体会，道学、佛学和中医学的根本出发点都是让人解脱的，而不是让我们拿其中的理论和方法来衡量哪个人的思想、行为如何，是否符合这个理论和方法。如果这样，研究和修习道家、佛家文化，就会有烦恼，自己就不能解脱。

比如，禅宗的方法，要求回到未生之前，不是拿这个标准，来要求现实按照过去的要求来做。比如说，圣人无心，以百姓之心为心，是自己去运用这个方法，不是去强制别人用，甚至用来衡量别人的行为，那样，实际是拿古人的方法论和认识论去规制别人，这是错误的。当自己拿这个方法去规制别人的时候，衡量和评价别人的时候，自己就已经陷入了争论，不能解脱，因此，难以

创新。

就修行来说，同样如此。比如，出家人或在家人，修不杀戒。你不能因此去阻碍别人和社会杀生。因为你接受了一种价值观，觉得杀生不好，看到动物被杀很难受，而别人未必如此。甚至他们没有觉得杀生在自己心里成为障碍，他的心理是解脱的。同样，修不嗔，不是对别人的评价和要求。有不少人，修行所谓的戒律，与社会现象处于矛盾之中，见与自己行为不同的，不能相处，甚至内心很不高兴，这就是没有包容，也没有修到不染，就难以解脱和创新乃至与社会和谐相处。

传统文化的方法论和认识论，包括理论和说教，不是手电筒，不是让我们照别人的，更不是来对待社会的，而是自用的，用来解脱自我的，如果没有自我解脱，就是没有学好。因此，修行和修心，只有与工作结合了，与事业结合了，从中解脱，又能创新、发展，为社会和民众服务，能够利益民众，但又不迷惑在其中，才算真实用好了古人的方法论和认识论。

王蒙曾经说过：文化这个东西，是用来进行个人修养的，不能随意用来治理国家。治理国家和社会，仍然需要其他制度和规则。因此，无论是修行，还是用方法论和认识论，都是对自己的要求，是自用。自用解脱，有收获了，才传给别人，影响别人，乃至领导和影响一个群体或组织。

当然，道学和佛学的另外重要作用，是解决人的生死问题。在这方面进行探索，对个人的要求就更高了。

第三节　如何摆脱纠缠与烦恼——修行与摆脱迷惑

一、佛道两家的修行含义

世俗和出家人都在谈修行，什么是修行？不同的人，不同的社会阶层，对此理解不同。道家和佛家提出修行，是要解决生命的长生不老和摆脱生老病死的痛苦，不是我们现在一般人理解的宗教概念。

按照道家观念来看，修行就是让自己的心回归本来，返璞归真，返本还源，使性命归于一，归于真，达到长生不老，回归到众妙之门。

按照佛家来说，就是摆脱颠倒之见，回归自心、自性的本来，从而达到不生不灭的状态。本质上，道家和佛家的认识基本相同，只是切入的方法不同。道家从控制和把握、珍惜自身的精气神开始，让人们明白人生苦短，恩爱纠缠，要赶快从中抽身修行。佛家从观察生老病死开始，认识到这些无常，然后从十二因缘探索，发现了解因缘就可解生老病死，然后从人体的看、听等功能出发，告诉世俗人，我们对外界和自身的认识，都处于颠倒之见中，外界的这些都是虚幻，唯有自心、自性是真，但需要修正自己的心意识和行为。

那么，什么是修行呢？有人说是修正错误的言行。对不对呢？修正错误的言行就能够达到道家和佛家所说的长生不老和不生不灭状态吗？能够回归自性的本来，或接近生命的本源吗？可能远远不够。因此，所谓修正错误的言行，那是最初的，刚开始的，而且，这个正确与错误的判断，是以道家和佛家修行的认识论、价值标准来看问题的。比如，道家提出顺则成凡逆则仙，世俗人追逐利益，修行人不能追逐利益。世俗人追求男女恩爱，而道家要求断情割爱。如"断情割爱没忧煎，绝虑忘机达妙玄"，再如"割断爱缘尘不染，自然洒落得清闲"。王重阳提出："心逐有情伤气火，意游攀爱害神刀"，世俗人追求人情，而修行人说，"大道人情远"，要求"人情浓处急抽身"。佛家为让人们修行，提出了很多的戒律，这些戒律在世俗人看来，也是非常难做到的。如出家人不能有男女之爱，在家修行人不能有婚外恋，要求不贪、不嗔、不痴等。以这些为标准，把在世俗中的这些行为、意识、习气、言行都消除掉，把这些错误的言行改正过来，符合佛法和道法的要求，这就是修行。

入了修行门，并不就是达到很高很好的修行境界。修行的首要问题是心的解脱，按照修行境界来说，就是首先要心安定，意识要无执著，然后，再进入气定，脉定，再进入灭尽定（四禅）。对于我们来说，心安和心定是首先要解决的问题。从这个角度来说，什么是修行呢？要回答什么是修行，也要问：修什么？行什么？

修，就是修心，心常不安，不定，思绪混乱，意识众多，心不专一，注意力不集中，记忆力下降等，这都是心出了问题。修心，就是让心安定，让心专一，注意力集中，记忆力提高，心无杂念，能生智慧。心本来什么也没有，如同镜子，修心就是让心回归到无住（不停留）、无染、无沾、无受的状态，不被世俗的物质欲望，特别是男女私情所染，所牵引，心无执著，无住而生心，生心而无住。

行——如说而行，行无住行，行心无住，行而不住。即行而不以为功，行而不求回报，行而不作期待，行而不生愤愤不平，只问耕耘，不问收获，即行如如不动行。

修行即是：心行无住、无染、无受，行而心无住、无染、无受。

二、摆脱是非，不被二法所迷

从顿悟的解脱态来说，修行不是指"修正错误的言行"。分辨了正确，必然有错误之争辩。比如，出家人修戒，如果认为持戒是正确，有人破戒时，就会觉得其破戒了，就有破戒之想和相，而之所以产生破戒之想和相，是因为有了持戒之想和相。

因此说，正确、错误是二法，是分别意识，在心中会起正确和错误之想和相，就有分别识，这不是解脱的状态，在世俗中，仍然可能陷入是非的争执。当然，真正的解脱，不是没有分别，不能分别，而是有分别，心不执著。比如镜子，能照男、女，但镜子本身不会陷入男女概念中，即照即不染。如果不知差别，就会闹出很多笑话来，会走向歧路。

迷和悟也是二法，不是一法。悟了，也会有悟相，只是解了迷相，非解脱态。

苦乐、简繁、生死、有无、得失、成败等，都很容易让人们心中起相、起想而不解脱。如果能不被二法所迷，才能真正解脱。

什么叫不被二法所迷呢？我们举空（无）、有等几个例子来说。

世俗人执著有，被有所迷惑，因此追逐物质利益、名声、色相等，从中获得快乐，但快乐无常，很快带来痛苦。比如，追求婚外恋，导致家庭矛盾，自己的前途丧失，乃至发生人命案。贪求金钱，贪污受贿，被双归了。这些都是有带来的痛苦。因此，要人们不要追求利益、名声、色相等，要空之，要把它当无。

因此，有人说，空是人生的最高境界。修行就是达到空，对不对呢？理论上说是对的，因为被"有"困惑、折磨的时候，"空"、"无"是解脱"有"之困惑、折磨的方法，但是，世俗人用了，不过是从一个极端走到了另外一个极端，执著空，什么都不干，什么追求都没有了，也没有创造了。一般人不会，更觉得空虚，生活没有意义，因此，真让人空，没有几个人愿意去过这样的生活，还是觉得有好，热闹好。有，很多时候是快乐的，没有带来痛苦和烦恼。因此，人就在有、无之间转，很多时候通过事情来体现，很多时候，通过时间和空间来体现。比如，老干工作，累了，就烦，于是换一个工作和话题，觉得轻松了。这个地方和环境让自己不高兴，离开这儿，就没有烦恼了。或者烦恼的事，放着，过段时间再说。这些，都是转换法，本质上没有解脱。

三、无（空）的本义

因此，有和无都不是我们一般理解的状态。什么是无（空）？无（空）不是指绝对的无，而是指无为，无想，无相。我们看《佛说大乘同性经》中如何说。

佛问楞伽王：你宫殿园林中有阿输歌树，微风或大风吹过，众花香气你闻到不？

楞伽王：我闻到了花香。

佛：你能辨知花香特别不？

楞伽王：能。

佛：此花香气，你说知道，看到香有大、小吗，有颜色吗？

楞伽王：我没看到香有大小颜色。香气之相，无色无现，无碍无相，无定处，不可说，所以不见大小形色。

佛：如果看不到香气的大小，不就是香气断绝相（空无）吗？

楞伽王：不是香气断绝（空无）。如果香气是断绝相（空无），就没人能闻到香味了。

佛：对，对。如果识有断相则无生死而可得知。识相如是本清净故，无边、不可捉、无有色染……汝虽得是众生实相，亦莫舍此生有旷野。

这个故事告诉我们，空、无不是绝对的无，而是心不执著。

无为者，非不为也。若不为，社会不能发展，天地则无物产。无为，乃指为而不以为功，为而不为牵挂，只做不怨，不求回报，不做期待，觉得是完成自己的目标和志愿或理想，是自己的本分，应该做的。比如，工作，贡献很大，心无贡献大想，也不记着自己功劳大，觉得事情是应该做的。

何为无想？何为无相？如陌生人聚会，未见新人前，没有思念、联想某人相貌、音声、脾气、性格等，也没有印象（相），没有记、忆。就是无想、无相，连概念也无。等见了，就有了印象，记忆，然后有思、有想。若不为烦恼，回去后仍不记忆，亦不思念、联想。下次见，便说认得。起烦恼时，能否回到未见前？

有成绩了，要无成绩想和相，则无过分喜悦，也不会因功高业大而企求回报，没有回报也无失望，也无不平。失败了，无失败之想和相，则不被失败所烦恼。

四、如何是无相和执著

怎么做到无为、无想、无相呢？关键在于认识论和方法论。

一是"回到未生前"的认识论和方法论。从前什么都没有，为什么要被有而迷惑、烦恼呢？生不带来，死不带走，为什么被中间的有而产生很多恩怨呢？因此，当我们学会了一种回到从前的方法，就可以解决烦恼。

有些人，感到前途、事业迷茫，如果回到产生迷茫之前的心态，还有迷茫吗？

其次，要学会放下，舍得，忘记。就是不执著。什么是不执著呢？

我们看佛经中对佛祖说法理解的执著与不执著。①

佛说：善男子。我于处处经中说：一人出世，多人利益。一国土中二转轮王，一世界中二佛出世，无有是处。一四天下、八四天王乃至二他化自在天，亦无是处。然我乃说阎浮提阿鼻地狱乃至阿迦腻（ni）吒天，我诸弟子闻是说已，不解我意，唱言：佛说无十方佛。

我亦于诸大乘经中说有十方佛。善男子，如是诤讼是佛境界，非诸声闻、缘觉所知。若人于是生疑心者，犹能摧坏无量烦恼如须弥山，于是中生决定者是名执著。

迦叶问：什么叫执著？

佛说：如果有人，如从他闻，若自寻经，若他故教，于所著事，不能放舍，是名执著（也就是说，听到的，看到的，从经书上看到的，乃至听佛说的，都要能放下，舍弃，如同禅师扔掉手中的拂尘，但需要的时候，可以拿起来，拿起来干什么？说法帮助别人解脱。或者说"事如春梦了无痕"，"雁过长空无踪迹"。这是一种境界）。

接着，迦叶又问：这个执著，是善耶，是不善耶？

---

① 见《藏要·大般涅槃经·迦叶菩萨品第十二》，35～36 页，二册，上海书店出版社，1991。

佛说：如是执著，不名为善。何以故，不能摧坏诸疑网故。

迦叶问：这人本来不疑，为什么说"不能摧坏疑网"呢？

佛说：善男子，不疑者，即是疑也（因为有了一个对应的概念存在，这里的执著就是疑，疑就是执著，后文中迦叶说，佛所说疑即著，著即疑）。

佛经中又说："菩萨施已不住心，住心即名众生相，有见有念名著相，非是菩萨之回施"。[①]

知有知无而无烦恼，则不名为执。

五、几个故事的启发

（一）木匠道士的法相之执

盘山王真人，一次出外说法，庙内有一修道的人，大家都称他为张仙，做木匠，不曾逆人，谦卑柔顺，未尝怒形于色，众皆许可而常赞叹，遇到真人，真人说，没有试过，都不能肯定。比如黄金，未曾炼过，不知真伪。一日，令其造榻，应声而作。工未毕，又令作门窗，亦姑随之，已有愣意。工未及半，又令作匣子数个，其人便不肯，遂于真人前辩证，欲了却一事，更作一事。真人乃云，因为大家都说你不逆人意，不曾动心，今天试试如何，修行之人，至如炼心应事，内先有主，自在安和，外应于事，百发百中。何者为先何者为后！从紧处，应粉骨碎身，唯心莫动。至如先作这一件，又如何先作那一件，又如何?！俱是假物，有什定体！心要死，机要活。只据目前紧处，应将去，平平稳稳，不动不昧，此所谓常应常静也。[②]

在这里，木匠对很多外在的东西已经能够不执著了，能够顺应众生了。但是，对于自己的专业，专业法，在内心深处，还是有一个我是专家，我懂，你们得按照我的要求（法）来做的念头。而且，这个东西根深蒂固。我们很多专家也都存在这个问题，在很多事情上很谦虚，但到自己的领域和专业，就不同了，如果稍有不尊重，未把其位置放好，就会在心态和心情上表现出来。

（二）法我之相执

修行知道不执著自己的肉身，但修法之后，可能执著法身，其中有法我之身，也会执著。

相传苏东坡也修佛法，而且修养很好，与镇江金山寺的佛印禅师经常往来。

---

① 见宋西天译经三藏明教大师法贤奉诏译：《藏要·佛说佛母宝德藏般若波罗蜜经》，7 页，五册，上海书店出版社，1990。

② 见高鹤亭主编：《中华古典其气功文库10册》，194 页，北京出版社，1990。

有一次，他忽然觉得来了灵感，写了几句诗以表达自己的心态。

稽首天中天，

毫光照大千，

八风吹不动，

端坐紫金莲。

天中天表示佛，稽首是磕头的意思，大千是指我们这个世界，八风是指毁、誉、利、讥、衰、苦、颂、荣，对这些都能够不动心，不在乎。让手下人立即过江把这个感悟送给佛印禅师看，佛印禅师看了一眼，立即批示"放屁！放屁！放屁！"苏东坡看后很恼火，也不服气，我写得如此好的诗，禅师怎么能够这样评价？太不恭敬了。于是怒气冲冲过江来与佛印禅师理论。佛印禅师料到苏东坡必然要来，等在寺院门口远远看到苏东坡的不高兴，还没等苏东坡开口，就问道，"好大的苏大学士，不是八风不动心吗？怎么被屁风打过江来了呢？"苏东坡原要发作的，禅师的话突然提醒了他，自己并没有做到。

苏东坡这里写的境界，内心非常欣赏自我所做诗的意境，就是一种法我境界，这种执著，遇到外界的打击，就会感到受伤，只有不觉得有，才能不被迷惑。

（三）打破有的执著开悟

作为修道人，固执和执著物体破碎或放弃可能会突然开悟或觉醒。

道家北七真马丹阳，一天晚上做梦，见自己立于中庭，手拿瓷碗自叹：我性命犹如一只细瓷碗，失手百碎。

言未完，瓷碗从空落地而碎，惊哭而醒。第二天师傅王重阳告诉他，昨晚惊惧，方才省悟①。

过去有一出家人叫金碧峰②，什么都不要，也不执著，能入空定。一次，阎王派来两个无常鬼带着锁链抓他，找不到他，请土地公帮忙。土地公说，这个人什么东西都可以空，但有一样没空，就是对他的水晶钵放不下，你们俩变成老鼠把玩水晶钵，就可以抓到他。果然，金碧峰在定中听到把玩水晶钵的声音，就出定，两个无常鬼就把他锁住了。这个和尚知道是水晶钵的牵挂和著相，于是，对无常鬼求情说：你们延期我7天。鬼走后，他把水晶钵摔碎，写了四句话后入定而去。

欲来找我金碧峰，犹如铁链锁虚空，

---

① 高鹤亭：《中华古典气功文库11册》，319页，北京出版社，1990。

② 见《圣一法师之心经讲解》，广济寺，1994年善书。

虚空若然锁不得，莫来找我金碧峰。

近代高僧虚云和尚，在一次参禅开静时，伺者去添茶水，不慎将开水溅到虚云和尚手上，杯子落地打得粉碎，他因此而突然开悟说①：

杯子扑落地，响声明沥沥，虚空粉碎也，狂心当下歇！

又说：

烫着手，打碎了杯，家破人亡语难开，春到花香处处秀，山河大地是如来。

---

① 见《宣化上人开示录选集》，98 页，善书。

第四章

禅宗若干公案的解析

第一节　石头碰撞竹子发声的开悟

一、香严智闲禅师的开悟

香严智闲禅师，厌俗弃亲，观方慕道。在百丈和尚身边，性识聪明，参禅不得。百丈迁化后，参沩山。一天，沩山对他说：听说你在先师百丈处，问一答十，问十答百，这是聪明伶俐，按照自意和所知来解释生死大事。父母未生你时，你试说一句看？

这一问，香严智闲不知如何回答。回到房内，把平时所看的文字翻出来，要寻一句来对答，总也找不到合适的，因此而感慨：画饼不可充饥。后来，屡次求沩山为他说破，可沩山说：我要像你那样说给你听，你以后会骂我。况且，我说的是我的，不关你的事。

香严智闲非常失望，把平时所看文字都烧了。说：这辈子不学佛法了，就做一个到处化缘吃粥的和尚，免得劳役心神。于是，挥泪告别沩山，经过南阳时，看到慧忠国师遗迹，随即在那暂住。一天，在铲草时，偶然抛一块瓦砾击中竹子，发出声音，忽然省悟，然后回房沐浴焚香，向师父遥拜：和尚慈悲，恩超父母，当时若给我说破，哪会有今天的事呢！乃作诗①：

一击忘所知，更不假修持，动容扬古道，不坠悄然机。

处处无踪迹，声色外威仪，诸方达道者，咸言上上机。

二、音从何来？是有是无

香严智闲的开悟，在于石头打到竹子上发出声音而开悟，悟在哪里呢？难以言表。姑且解释一下。石头、竹子都不发声，内里也没有声音——本来无音（音可类比自己的各种意识、知见，乃至身法之见，即万虑，或思辨之聪明），相互碰撞（师父问，自心起念，念念相续），则发出声音（说出很多，问一答十，问十答百，类似音声），此音（我、我的知见，意识、法见等）是有，是无呢？音（知见、意识等回答）从哪里出？石头、竹子本身不发音，空中也不发音，所以，肯定声音本来无。如果说是碰撞而产生声音，借助现代科学，我们发现，在真空中，即使两个东西碰撞，也没有声音。那么，一切的自我种种聪明、智慧、回答等，也无，一切回答就是虚幻。

---

① 普济（宋）：《五灯会元》，第九卷，中华书局，1984。

那到底有没有声音，声音从哪里来？

现代科学研究的结果表明，声音的本质是一种物理现象，声音是在若干媒质——如水、空气、岩石等中振动着的物体所引起的分子有序运动。特别注意分子运动。1660 年，英国科学家波义耳做了一个简单实验，把带警铃的钟悬挂在一个玻璃坛子内，然后将坛子里的空气抽掉，大家等待警铃响起来，但是，人们没有听见铃声，而放入空气之后，就有了声音，这证明振动产生声音需要通过媒质才能传播。科学发现，声音的传播，借助于空气，与温度有关，温度低，分子运动慢，声音传播速度降低。而媒质的性质对声音传播影响更大。在温度为 20 摄氏度情况下，水上传播声音的速度达到 1480 米/秒，是空气传播速度的 4 倍，而在钢中的速度达到 6096 米/秒。由此可见，音本无音。

既然我们知道声音是分子在有序运动，而这种运动，是因为有力的存在和作用。在正常条件下，空气中有媒介，力的作用可以产生声音，而在真空情况下，力的作用则不产生声音，但碰撞力依然存在。

由此可见，无论声音有无，力始终是存在的。力是体，音是用。有媒介（有），碰撞生力，则发出声音，这个发出声音，是通过无数的分子运动而实现的；无媒介（真空），力作用了，因为没有了无数的分子和分子运动，也无音。可见，力不是音，音起于力，归于力。力能生音，能生无音。有音无音，力皆存在。

有媒介的时候，分子运动了，声音即使产生了，也不长久，随即消失。这里体现的是，一切有（音），生于无（看不见摸不着的力），归于无（力）。无是体，有为用。力是体，音是用。明白了这两个关系，再回到"父母未生前，试说一句"，按照真空中力作用无音，应该是说不出口的状态。

三、从"声"到"身"开悟的解析

我们来分析香严开悟的过程（其实，这也应该空掉）。

首先，应该清晰，香严智闲在佛法的理论认识上已经有很高水平，甚至知道回答有关佛法问题的疑问，对有无问题也能应答如流，因为他能问一答十。这也意味着他有很多佛法知识，解脱知识，自己也有种种修行方法等，这些知识、万虑、种种见解等，其实，就是分子——心、意、识分子。我们现在很多修行人也可以做到。为什么石头碰撞到竹子，发出声音，就开悟了呢？又悟了什么呢？

这里，可以分几个层来解，但香严智闲可没分层次。

第一层解决父母生自己的问题。我们知道，父母姻缘和合组建家庭，父精母血合成而生我，或者现代科学说，精子和卵子的结合，产生了胚胎，逐渐发育成形。父亲的精子和母亲的卵子中，没有我形，如果有我，就不用父母的结合。

父母身中，也不见我身。如同声音，不在石头中，也不在竹子中。父母姻缘结合而有我，如同石头碰撞竹子而开始发出声音。声音的扩展和延长，如同我的生长。

但是，我们知道音不自音，音是空气中的分子有序运动而产生（有其他物的运动而产生），因此，本质上，"力"里面并无音声的存在，但力却体现为音了（比如吹笛子，气流力本身不是声音，但通过笛膜振动和空气中的分子运动产生声音）。我也不自我，而是因为父母各自起念和行而有我（如音），音很快消失，我也很快消失（死亡、腐烂或化为骨灰），那么，消亡的时候，形体我消失了，如同声音消失一样。但父母起念、起行处，那个不因有形消失而消失，那个是什么呢？不可言表，以言表，姑且说是念起处，如同真空中的物体碰撞力，没有声音，但产生音之力存在。心念起处，不因形体的有无而有无，本自存在。而形体则如同声音，随起随灭，如梦如幻，如露如电。

所以，《维摩诘经》告诉我们：诸仁者，是身无常无强，无力无坚，速朽之法，不可信也，为苦为恼，重病所集，如此身，明智者所不怙。是身如聚沫，不可摄摩；是身如泡，不得久立；是身如焰，从渴爱生；是身如幻，从颠倒起；是身如梦，为虚妄见；是身如影，从业缘现；是身如响，属诸因缘；是身如浮云，须臾变灭；是身如电，念念不住；是身无主，为如地；是身无定，为要当死……

"身"即同"声"，但要清楚，起音之力是存在的，不因音的有无而有无，身同样如此，生出我身的父母动念处，不因我身（包括各种见解和认识）的消失而消失。假如我寿命不长，身体消散，但父母依然存在，这就是我的身体空。当然，更深入一步，父母身体也空。唯有产生我形的起念处存在。

第二层，就是自身问题的开悟。为什么我能应答如流，问一答十，问十答百？那是因为我有了种种知识、见解和物象、声音的记忆等，因此而起念。当下一念起（力），则振动其他心意分子，分子运动，表现为思维不断、语言连续，回答如流。但是，这些回答都是聪明伶俐。不能回答师父"未生之前，试说一句"的问题。

为什么不能回答？因为未生之前，自己知识、智慧、问答等都没有，如同真空中没有分子，没有媒介一样。这个时候，自我有没有？如果有，在哪里？什么样子？

更接近一些思考：在问题未产生之前，师父没有问之前，就不会有回答，如同石头、竹子不产生声音一样。而所以能回答，是因为之前自己已经有了各种知识，如同空气中已经有了无数分子，如果空气中没有分子，碰撞则无声音，先前头脑中没有准备或学习、了解到的知识，当下起念振动，没有一个分子（知识和记忆等）被振动而反应，就回答不上来，语言不连续了。回答不上来，是不是我的动念处，念生处，就不存在呢？问题到这里，停顿住了。

这个时候，要解决什么问题呢？要清楚我之所以应答如流，问一答十，是因为我与外界物（佛法、文字、物象等）相遇接触了，产生了文字、知识和智慧，但这些文字、知识、智慧和应答等都不是我心的本来面目，而是心的表象，运用。正如音是力的体现，是力的作用产生的现象，音本身不是力。心可起种种念、相，但这些无数差别性的念、相、记忆、知识等，不是心的本态。力可体现为音，也可体现为运转，或其他形态，但音、运转、行走等不是力的本态。这就是体、用的差别。各种动中有力的存在，但不是力本态，力可以体现为无数种形态。

当知道这些以后，就知道不固执于用的形态差别。时刻明白体、用不二，不可以言、音表示，但"体"本身无法看见，静态下也展示不了，必须通过行、形态等体现。这个时候，可以进入无心、意识、知识和记忆的本态，知识、印象等一切，自己可以随时运用。

所以，一击亡所知（一击万虑空，或忘万虑，智慧、应答都空），更不假修持（达于本体，进入了念起处——本来清静不染处，无须修持，如天自高，如地自厚，如地泉水自涌）。动容扬古道（言说、行动都是心的本态的运用和展现，为什么是古道呢？因为这个真身、真心早就存在了，无始以来就有，所以为古），不坠悄然机（不会落于或迷失于神秘的变化、差别性〈意识分别〉之中）。处处无踪迹（在哪里都看不到自心或自性的本态、痕迹、形象，这不仅表空间，也表时间），声色外威仪（声音、形色、外表、形象等却能体现或展现）。诸方达道者（十方真正得道的人，彻底证道的人），咸言上上机（都说最上乘的奥妙）。

这个问题转换一下，就变成：父母未生前，自己在哪里？四大解体，死亡化为骨灰了，自己在哪里？

如果说，来时无我，去后无我，中间为什么有我？在活着的这一段，为什么有老、病？为什么有种种烦恼？

心念，如同力，心念起处，如同力的产生处，是一种永恒，本自具有，变化无穷。一切意识、知识、内心的感受等，都不是本源，而是差别性，只有包容和接受全部差别性的同一性，才是本心。本心本性什么相都没有，也无病，无烦恼。有病有恼，乃是因为心执著着有一个物象，而不能化物相之缘起处，不知道心相之本也空，如同分子不被振动，不运动，就无声音，本源不染外界的这些缘，缘本来真，本无病，无恼，无执著。如同镜子，映照万物成万相，而内不染物，无相，心也如此，在同一时间和巨大的空间，都意识到这个，就是万虑空，万念空，或消化万虑，这就是顿悟。正所谓：

心无杂念，体若太虚。

一尘不染，万虑皆空。

所以，憨山和尚写诗：

云老苍松故，僧闲水石清。

坐来忘百虑，眼见一身轻。

如果明白了生命的本来，不仅可以解决和回答现代科学的生命起源问题，也可以回答宇宙的起源问题，这是哲学和现代科学的两个最大、最高、最前沿的问题。禅宗的公案，给我们开阔思维方式，提供了很好的帮助。

第二节 若干公案解析

一、和尚为什么不拜佛？

（一）临济和尚为什么不拜佛像

临济义玄禅师彻悟以后，一次到达摩塔那。

塔主问：是先拜佛呢，还是先拜祖师呢？

义玄说：祖师和佛都不拜。

塔主问：祖师和佛与长老有什么冤吗？

义玄拂袖便出①。

这个故事与上面的故事类似，但表达的意思不同。临济的特点，传法是通过棒打和高声喝而得来。自心本自清净不染，与佛像同体不二，自己不需拜自己。但塔主不仅不理解，还问话是否与祖师、长老有仇，这意味着这个和尚内心有冤仇、恩惠之分别心，因此而拂袖，表示不受话语。

（二）妙普见佛不拜歌

性空妙普庵主有首《见佛不拜歌》（资料来自腾讯网站蔡志忠的微博）。有位和尚质问：见到了佛，竟敢不拜？

妙普给和尚一掌，并问"你懂了吗？"

和尚说：还是不懂……

妙普又一掌说：家无二主！

这个公案，有人认为，学禅是使自己成为身心的主人，家无二主，即心即佛，心外无佛。甚至认为：是自己的心了悟生命的真谛，不是心中还有另一个佛存在。

其实，这样解释，虽然话语正确，但终究不是禅境的本来面目。

说家无二主，谁明白是什么意思？妙普是家主？佛像是家主？无论是妙普还是佛像，谁做主，都不是家无二主，因为心有佛像和妙普，所以是二。因此，这样理解"家无二主"，已经心有二主了。

说即心即佛对吗？这句话，本身是马祖道一和尚传佛心法的用语，如果就两个人的对话来说，完全可以用这个，是正确的。但在这里，因为涉及拜佛像

---

① 见普济（宋）：《五灯会元》，644页，中册，中华书局，1984。

问题，与"即心即佛"没有关系，也不对机缘。用此话语来解，是乱解释，不能让人明白含义。也无法体现禅宗的特色：直指人心！

禅宗的特色，就在于传心，离开语言和文字，因此，一切文字解说，有所言说，都非真谛。

这个公案的关键在哪里呢？

关键在那一掌，不明那一掌，终究不明怎么回事。语言是后补上去，让对方明白的。包括第二掌，掌、言同时进行，本身是传法，但和尚不悟，终究不能明白。

这一掌，本身就在传心。其力在于灭和尚无数的自我执著的心意识，通过无言的力量让对方受持本来心地。用语言来说，就是告诉对方，不要执著佛像，认为佛像是佛，要和尚把这个念头灭掉，打消掉，打消掉了，和尚的心与妙普的心就可以契合而开悟。开悟什么呢？后面的话，是补充的，"家无二主"，这个家，不是指寺庙，而是指生妙普、和尚、佛像等的那个物之初，指本心，或佛（无相、无想、无概念、无言说的佛、道），是指那个，自心回到这个状态，就可以不必拜佛像了。为什么不拜，自己具足佛性，即是佛，佛像、我身不二。

二、投子和尚为什么变成了油——人、物、法平等的公案

（一）投子和尚的故事

我们看赵州从谂和尚与投子和尚的对话。

大同禅师，因为居住在投子山三十年，禅林称为投子和尚。他师从翠微禅师，一日问师：不知道二祖初见达摩，有何所得？师父反问：你今见我，又何所得？投子言下大悟。

一天，赵州和尚行脚到桐城县，投子正出山，两人相遇。

赵州和尚问：是投子山主吧？

投子说：拿买茶、盐的钱布施我！

赵州和尚就到山中庵中坐，投子则买了一瓶油回来。

赵州和尚说：久闻投子名声，等来了，只见一个买油翁（意思说很平常，实际是考问投子的见地）。

投子说：你只识得买油翁（意思只知道形貌之相，表示你住相），不识投子（这个投子意思是指得以闻名的那个修行境界，即无相之投子）。

赵州和尚：如何是投子呢（实际是故意考问"投子"的意思，试探对方是否住相）？

投子提起油瓶，"油！油！"①

这一句话太高明了，不懂的人，觉得答非所问，而禅师内心都很清楚，清楚什么呢？

投子和尚说油，就是表示"投子与油不二"体现法法平等，物物平等，体现物我不二，体现"油"之心念与"投子"的心念都是一样的心，体现是油非油，投子即非投子，表示"即色即心，即心即佛，油、投子、心、佛不二"，这恰好证明投子已经证明到了无相之地，不可以言说，姑且以油来表达，告诉赵州和尚，我与油不二，形体不同，但本源相同。一切有形，都来自于无，无能生一切。天空、地上，没有粮食，水果，但经过昼夜和日月的作用，能生产出奇妙的粮食和水果。

而这个故事最初来源于老子的典故：他对人呼自己牛也行，马也行。何以如此？人的形体与牛、马乃至树或其他物、麻三升、柏树等，都是等价的，都出生于一，这是关键！圣人内心不在形、相，而在物之初。心无住，知众心乃是一心，万物皆出于一物，因此，所见不同，看到五百牛，说是五百罗汉，看到高低不平等的婆婆世界是非常平坦的莲花世界！为什么，这些话，要表达的是心境。一般人往往理解为物境，所以，难以理解。

投子和尚知道了万物一源，都是从细微处的极微细不可分物（或说心，或说性，或说道，或说佛）而产生。比如大地中没有桃子、大米、蔬菜，但经过昼夜和阳光的作用，植物各自开花结果，千差万别，但制造这些差别物的本体是同样的，是没有差别的。

为了帮助理解，我们再看两个类似的公案。

（二）佛手、驴脚的故事

黄龙慧南禅师，功夫高深，圆寂后得五色舍利。②

慧南禅师常在禅室问僧人：人人尽有生缘，上座生缘在何处？

正当回答交锋，却伸手说：我手何似佛手？

又问：诸方参请，宗师所得？！

却又垂脚说：我脚何似驴脚？！

三十年如此问，没有人能回答。

在这个公案中，禅师说的生缘，本指生命的缘起处，生出万物万有之处，

①　案例见净慧重编：《赵州禅师语录》，136页，河北省佛教协会出版，赵县柏林禅寺佛经流通处流通，佛历2536年。

②　见普济（宋）：《五灯会元》，1108页，下册，中华书局，1984。

即物、命之初。但这是不可以言表的，正所谓"处处无踪迹"，但在声色中就体现了。当然，如果真明白的人，可以有各种回答方法，相互都知道标的本义是什么。

说自己的手与佛手一样，恰恰说明手手不二，生出佛手和禅师手的本源是同一个，我脚与驴脚一样，也是说驴脚与人脚不二。

我们举这个例子，也在于说明物物平等，法法平等，人、物、法三者平等，其平等在于本源平等，无有差别，而不是指形色、外表等同，这就是禅师说话的本义。能说此话，加以运用，必须是心性达到了，才会。

（三）人、饭不二的故事

如果上述故事仍然有疑问，再看一个故事。

须菩提一次乞食到维摩诘那里，维摩诘将须菩提的钵盛满，说：若能与食平等者，与诸法也平等，诸法平等的人，与食也平等，这样行乞，才可取食①。

人心与饭如何平等？就是知道饭出于无，源于无，本来无饭，种种因缘过程而有了饭食，如果知道这一切因缘过程都是虚幻，都出于无，就达到心不执著的状态，心无一切的状态。同时，认识到自身也是虚幻，本来也无我之形，因缘和合而有我。生我之本源，生饭食之本源，是一体的，等同的。

做到这样，乞食、化缘，才是真正地化了各种缘，才是真解脱。

也正因为这样，我们在第三章第五节关于碗、水、空对话中，看到有表达：碗、水、空三不异，金沙与眼不异。其实，圣凡也不异，佛魔本源同。

三、和尚为什么水中自尽——关于传法传心的公案

船子师传心法后，自沉河底为让徒弟得净信

秀州华亭船子德诚禅师，操节高深，肚量不群。从药山惟严师父那里得到心印后，与道吾、云岩同为道友。离开药山之后，就对这两个师兄弟说：你俩各居一方，弘扬药山的法门宗旨，我率性自由，唯好山水及自乐自遣，没有什么本事。他日你们知道了我所住之地，如果遇到有灵利的修行人，介绍一个来，如果可以雕琢，将把我一生所得都传授给他，以报先师之恩。随即分手，在秀州华亭泛一小舟，随缘度日，接待四方往来之众。时人莫知其来历，都称他为船子师。

1. 夹山说法的问题

---

① 见《藏要·维摩诘经方便品》，588 页，五册，上海书店出版社，1991。

一日，泊船闲坐。有官人问：如何是和尚日用事？

船子师竖起桡（rao）子（划船的桨）问：会吗？

回答：不会。

船子师说：棹（zhuo）拨清波，金鳞罕遇（意思是拿划桨拨水，找金鳞，但不见金鳞。这有点类似姜太公钓鱼，意思是在等待有缘人来而度化）。

后来，道吾来到京口，遇到夹山和尚正在讲堂上说法。

有僧问：如何是法身？

山回答：法身无相。

僧问：如何是法眼？

山回答：法眼无瑕。

道吾听到这儿，不觉失笑，夹山便下座。

道吾在这里一眼就看出夹山讲经的不足了，何以能发现？因为夹山得到了佛心法，没有得的人，说法的心境和语言，都不能达到其地。这是境界判断，类似我们今天从事古董鉴定专家和评酒师一样，东西一到手，就知真假，酒的质地成分如何，入口即知。禅宗说法也是如此，从语言、文字可以看出是否真的得到心地法门。

上面的回答问题在哪里？法身是破世俗执著过程而形成的所谓身，不是无相问题，法本来也空，也是因缘而生，对治法按照本义来解，也离言说。要说，法身亦非身，法身无身。用无相表达肯定有问题，不正宗吗！

法眼同样是这个问题，因此，回答偏离正法。

回答偏离了正法，夹山笑了。因此而有后面的对话，说没有师承。而这一笑，夹山也明白，自己没有师承，肯定有不对，因此，非常谦虚来问。

2. 夹山与船子和尚对话中的破绽

夹山对道吾：我刚才对那个和尚的话肯定不对，令你失笑，希望您慈悲开导！

道吾说：和尚，你大概是出世之后没有师父吧？

夹山问：我什么地方不对，望为我说破。

道吾回答：我不说，你到华亭船子那里去。

夹山问：这个人如何？

道吾回答：上无片瓦，下无卓锥。和尚要去的话，得把衣服换了。

夹山换装前往。

夹山在这里追问这个人如何，也是有心里考验的。道吾的回答等于告诉他，这个人一切都无，都空了，得了心空真谛。但不是直接说的，而是借喻，禅宗

的借喻很多。

下面的对话，机锋毕露，处处抓要害，都是为了夹山能明白。

船子师才见，就问：大德住什么寺？（这里实际是考夹山，心是否有住）

夹山回答：寺即不住，住即不似。

船子师问：不似，似个什么？

夹山回答：不是目前法。

船子师问：什么地方学来的？

夹山回答：非耳目之所到。

船子师说：一句合头语，万劫系驴橛（jue，木桩子）（意思着了话语相，就像系驴的木桩子，驴子解脱了，但自己心在木桩子上）。

上面的对话，既然是不住，就不应有不似，有不似，说明画蛇添足，也说明未完全彻悟。船子师继续追问，似个什么，也是考其见地，但夹山始终绕圈子，说明未明心地法门。问哪里学来的，其回答更无师承。因此船子师说是着了话语相。

3. 船子师如何传法

船子师又问：垂丝千尺，意在深潭。离钩三寸，子何不道？

这句问话，是考夹山是否明白船子在这里做船师的目的所在。一直在等待金鳞上钩，但金鳞指人，也指本心，钓出本心。

夹山拟开口，被船子师一桡打落水中。夹山才上船，船子师就说：说！说！

夹山拟开口，船子师又打。

夹山豁然大悟，乃点头三下（为什么大悟了呢？其实，没有什么可说的。一说就打，就是告诉要灭了语言和言表，本来没有，哪里有什么要说的呢，也就是说，连个"不似"也没有）。

船子师说：杆头丝线从君弄，不犯清波意自殊（开悟后，随意运用而心自清净，心自不动，故不犯清波）。

夹山遂问：抛纶掷钓，船子师意如何（也是借喻，也表实境）？

船子师说：丝悬绿水，浮定有无之意（表示等待之中，但不问有无人来，心自清明，只观浮标看有无，内心也知可否传承）。

夹山说：语带玄而无路，舌头谈而不谈（已明白脱离语言，离相超宗，故玄而无路，此时知道不住自己的言语，悟彻了。话即非话，不着语言相）。

船子师说：钓尽江波，金鳞始遇（师父是说，我在这里，钓遍江波，才遇金鳞）。

夹山乃掩耳（表示内心没有师父所说的金鳞，因此不听，本该用"听而不闻"，这里用手掩，表示不让师父说的污染本来清净的耳朵，这是徒弟得法后的运用，也是禅宗的特色）。

船子师说：如是，如是。

然后嘱咐要找人续法，不要断绝。

夹山于是辞行，但频频回顾，船子师就喊：和尚。

夹山回头，师父竖起桡子，说：你心中觉得还有别的（法未传）。于是，把船打翻入水而逝。表示此法之外更无法，徒弟须净信。①

四、南泉普愿和尚为什么斩猫

出家人慈悲为怀，修行讲究不杀生，为什么得禅宗真谛的南泉普愿禅师却把猫杀了呢？为了便于理解，我们先看谁是佛弟子的公案。

（一）佛祖如何看待灭度

世尊在涅槃会上，以手摩胸，对大众说：你们应常观我紫磨金色之身，以瞻仰而心满意足，不生后悔。如果说我灭度，就不是我弟子，如果说我不灭度，也不是我弟子。②

佛在这里给弟子们出了一个考题，佛圆寂的时候，说圆寂和不圆寂都不是佛的弟子，那什么人是佛弟子呢？佛在这里说的意思就是：灭度，即非灭度，是名灭度。也就是说，灭度和非灭度都是概念，都是相，不应有灭与非灭的相、想。

禅宗六祖慧能圆寂的时候，也有类似的情况，对弟子说：我灭度后，莫作世情悲泣雨泪。受人吊问，身穿孝服，都不是我弟子，也不是正法。但识自本心，见自本性，无动无静，无生无灭，无去无来，无是无非，无住无往。③

（二）和尚为什么斩猫

一次，南泉普愿禅师遇到东、西两堂在争一只猫，南泉普愿禅师说：道得（说出道理）即救取猫儿，道不得（说不出道理）即斩却猫也。众人没有一人回应，南泉普愿禅师把猫给斩杀了。

赵州和尚从外回来，南泉普愿禅师把前面的问话又说了一遍。赵州和尚就脱掉鞋子，顶在头上而出。南泉普愿禅师说：你要在，就可以救猫了。④

---

①　见普济（宋）：《五灯会元》，上册，275～276页，中华书局，1984。

②　见普济（宋）：《五灯会元》，上册，10页，中华书局，1984。

③　见不慧演说：《白话佛经·六祖坛经》，77页，中国社会科学出版社，1991。

④　见普济（宋）：《五灯会元》，上册，卷三，139页，中华书局，1984。

南泉普愿禅师为什么把猫杀了？

首先，我们分析赵州和尚的做法为什么可以救猫呢？

这是禅意，话语无法表达，以行为，无言胜有言来表达。

鞋子是脚下物，以人体来说，头为上、为尊，脚为下、为卑。以心与形来说，心为尊，而形为卑。为什么？即心即佛，形体不可恋，是虚幻。但是，禅宗的境界是心形一体，不二。故不仅尊心，也尊形。东西两堂争猫，争的是形体，表明众人心有分别，不得自性，不得自心。心形有别，不能进入色即空、空即色的境界。若得心形不二，自我与猫不二，猫心我心无别，争什么猫呢！

而赵州和尚脱下鞋子这个有形物，顶在头上，表示尊，这个尊，就是自心自性之尊，也是心形合一之尊。南泉普愿禅师本义就是考众人这个问题。因此，赵州和尚在，可以救猫之命，是命亦非命。

其次，我们再看南泉普愿禅师为什么斩猫？南泉普愿禅师的心灵境界，已经不是我们一般人所能够理解，姑且可以认为进入杀生即是救生的境界，杀而无杀。据一些书籍说，密宗有此法门。

就以斩猫本身来说，东西两堂之众，在佛门清净之地起争，这佛门之地，尤其是南泉普愿禅师的境地岂有让你争执之份！

但众心有争，就得息争。给了众人方便的途径，大家不会，不知道怎么走。那么，就只能以大家明白的方式来息争，斩猫，猫没了，猫心也没了，争猫的争心也没了。和尚在这里的慈悲，是救护众修行人的心。

是斩亦非斩，斩而无斩想，无斩相。

这个方法一般人不适宜去学，类似的还有丹霞禅师烧木佛，呵佛骂祖等方法，不到境界不可用，随便用，会导致自伤，这样的事情也不少。

（三）第三十二相为什么是专杀人

与斩猫类似的有另外一个公案。有一个禅宗的故事，把不住三十二相作了演化，有助于理解不住三十二相。

南泉普愿禅师问院主：佛九十天在忉利天为母亲说法，优填王想佛，请目连运神通三转，把雕匠请来雕刻佛像，只雕了三十一相，为什么梵音相雕不得？

院主问：如何是梵音相？

南泉禅师：专杀人①。

这也是很好的无三十二相说明。梵音无相，南泉用"专杀人"是禅宗的门

---

① 见普济（宋）：《五灯会元》，141 页，中华书局，1984。

风，不是真有人被杀，而是灭人相，灭一切相。《金刚经》中，佛回答须菩提的提问如何降伏其心时就说：所有一切众生之类，我皆令人无余涅槃，如是灭度无量无数众生而实无众生灭度者。

（四）用法来源

灭度这个词语，灭就是消灭，就是杀。禅宗这里把这个词用活了。

这个用法的来源在哪里呢？在《六祖坛经》中的一个故事。南岳怀让禅师见六祖慧能师父，在六祖慧能那里得到印证，六祖慧能告诉他说：西天般若多罗预言你足下（门下）出一马驹，踏杀天下人，应在汝心，不须速说①。

这里说的马驹指后来的马祖（公元709—788年），即僧道一，有弟子百丈、怀海、丹霞等139人。"踏杀"天下人，意思就是"灭度一切众生"的意思。但是，如果不清晰《金刚经》的"灭度"，这里的"踏杀"，就不容易理解。

因此，说禅宗以《金刚经》接引和印证修行，确实如此，很多的对话禅机，与《金刚经》的本义是一致的，但方式、用语中国化了。

（五）用法扩展

如南岳慧思禅师，因人传话：何不下山教化众生，目视云汉作什么？

慧思禅师：三世诸佛，被我一口吞尽，何处更有众生可化？②

有庞蕴居士，衡阳县人，唐朝贞元初年，曾经参悟石头希迁，问：不与万法为侣者是什么人？石头希迁用手掩其口，忽然有悟。后来，又去江西参问马祖道一，马祖说：待汝一口吸尽西江水，即向汝道。居士言下顿悟佛法本义③。

这里的三世诸佛被一口吞尽，手掩口，一口吞尽西江水，都是灭度的意思，但灭度的内容不同，因为当时说话环境不同。

道家邱长春真人有一首词《黑漆弩》，也表达"灭度"或不著的意思。

侬家在鹦鹉洲边，住是一个不识字的渔父，浪花中，一叶扁舟，睡杀江南烟雨；觉来时，满目青山，蓦抖擞，绿蓑归去，想从前错冤天公，怎也有安排我处。④

这首词中的一叶扁舟，睡杀江南烟雨，体现灭度的心态。这个"一叶舟"表示一合相，或万法归一的一，而不执著外相，因此，不为浪花、烟雨所动。

---

① 见不慧演述《白话佛经·六祖坛经》，63页，中国社会科学出版社，1991。
② 见普济（宋）：《五灯会元》，上册，119页，中华书局，1984。
③ 见普济（宋）：《五灯会元》，上册，186页，中华书局，1984。
④ 见高鹤亭：《中华古典气功文库·鸣鹤余音九卷》，10册，140页，北京出版社，1990。

（六）如何理解南泉的杀生

以幻化法度众生，也是菩萨的重要方便法门，《圆觉经》中，佛祖在回答辩音菩萨提问中，明确指出修行的幻化法：菩萨唯观如幻，以佛力故，变化世界，种种作用，备行菩萨清净妙行，于陀罗尼，不失寂念及诸静慧，此菩萨者，名单修三摩钵提。

菩萨知道是幻，得幻解脱，并以幻觉悟众生，令得解脱。那是修行的成就境界。如《华严经》中善财童子第十七参见无厌足王，这个王统治的国土中，如果有人做恶事，将被五花大绑来见此王，根据其罪大小，而惩罚治之。或断手足，或截耳鼻，或挑其目，或斩其首，或剥其皮，或解其体，或以汤煮，或以火焚，或推上高山，令其堕落如是等无量楚毒发生，善财见已，觉得这是恶法，而到无厌足王家里，则大不相同。应有尽有，百千众宝，十亿侍女端正殊绝。

于是，无厌足王告诉善财：善男子，我实作如是恶业耶？如果做如是恶业，如何得到这样的善报呢？我得菩萨如幻解脱。我此国土众生，多行杀盗乃至邪见，作其他方法，不能令其舍弃恶业，我为调服彼众生故，化作恶人，造诸罪业，受种种苦，令其一切作恶众生，见已心怖，心生厌离，断其恶业，发阿耨多罗三藐三菩提心。

可见，善财所见到的那些受种种处罚的人，都是无厌足国王的变化身，犹如孙悟空变化出的各种人。

对于南泉斩猫，可以理解为菩萨的幻化之法，来度众人的争讼之心。

五、讲经和尚为什么被卖饼的婆子难住了

都知道《金刚经》重要，很多人会讲，会说。但真进入《金刚经》的境界并非容易的事情。这里，解析"过去心不可得，现在心不可得，未来心不可得"的一个禅宗公案。

（一）周金刚对"过去心、现在心、未来心"的迷惑

唐朝时，有一禅师，名德山宣鉴（782—865 年），俗姓周，简州人（今简阳县），八岁出家，依年受具足戒。精研律藏，于性相诸经，贯通旨趣。常讲《金刚般若波罗蜜经》，时人称"周金刚"。

后来他听说南方禅宗兴旺，心气不平。说：出家人千劫学佛威仪，万劫学佛细行，不得成佛。南方魔子敢言"直指人心，见性成佛"，我当搂其窟穴，灭其种类，以报佛恩。

　　于是，挑着《青龙疏钞》出了四川。到（今湖南）澧阳路上，肚子饿了，见路边一婆子卖饼，就放下担子，要买点心——饼子（饼子南方称为点心）。

　　婆子就指着其挑的担子问：这个是什么文字？

　　禅师说：《青龙疏钞》。

　　婆子问：讲什么经？

　　禅师说：《金刚经》。

　　婆子言：我有一个问题，你要是答得上，就送你点心；答不上，就到别处去。《金刚经》说，过去心不可得，现在心不可得，未来心不可得。请问禅师，你点哪个心？

　　禅师无语，没有吃上点心，只好饿着肚子走了。这是一个很值得参悟的公案。一个熟悉并讲解《金刚经》的出家人，性相诸经，都能够明白其义，为什么这个问题回答不了？

　　首先，要说，婆子的问话，深得禅意，但也是圈套，这是在考验禅师是否真正理解了什么是心，什么是非心。这个"周金刚"既然不相信"直指人心，见性成佛"，那就是意味着在其心中，心、佛不是一回事，佛是佛，因此要敬佛，崇拜佛。其次，在"周金刚"心中，不会相信，也没有明白自己就是佛，自心就是佛。因此，婆子问三心，你点哪个心，他无法回答，因为回答哪个都是错的，都在婆子问题的圈套中。只有跳出这个三心，才能有答案。如何跳出？要知道，这里说的三心，实际是指人们的心识（相），这是虚幻，而非心的本来。即三心非心，是名为心。

　　三心即非心，允得吃婆饼。或者：

　　三心即非心，一体作三分，识得真心体，婆饼自有份。

　　若以禅话回答，和尚也可反问：这个饼子是哪个心？

　　婆子可回答：一体三心，心即非心。

　　关于心与识的问题。佛在另外经中，对这个问题也作了阐述。

　　何等是心？若贪欲耶？若嗔恚耶？若愚痴耶？若过去未来现在耶？若心过去，即是尽灭，若心未来，未生未至，若心现在，则无有住。是心非内非外，亦非中间；是心无色无形，无对无识，无知无住无处。如是心者十方三世一切诸佛不已见，不今见，不当见，若一切佛过去来今而所不见，云何当有？但以颠倒想故，心生诸法、种种差别，是心如幻，以忆想分别故，起种种业、受种种身，心去如风不可捉，心如流水生灭不住……迦叶，求如是心相而不可得，若不可得，则非过去未来现在，若非过去未来现在，则出三世，若出三世，非有非无，若非有非无，即是不起，若不起者，即是无性，若无性者即是无生，若无生者即是无灭，若无灭者则无所离，若无所离则无来、无去、无退、无生，若无来、无去、无退、无生则无行业，若无行业则是无为，若无为者则是一切诸圣根本①。

（二）佛经中的类似故事

过去，弥勒菩萨为兜率天王和眷属说不退转地之行时，维摩诘对弥勒菩萨说：世尊给你授记一生必得无上菩提。这一生，是哪一生？是过去一生，未来一生，现在一生？如果是过去一生，已经灭了，如果是未来一生，你还没有生，如果是现在一生，现在一生不住。就如佛说的那样，你今即时亦生亦老亦灭。如果以无生得授记，无生就没有授记，也没有得到无上菩提，如何说弥勒授记一生呢？如果说以似生似灭而授记，一切众生也是这样，似生似灭，一切圣贤与弥勒都是一样。因此，如果弥勒得授记，一切众生也应得授记，因为似生似灭都是一样的。如果弥勒得无上菩提，一切众生也应得无上菩提。如果弥勒得灭度，一切众生也得灭度，因为佛知道一切众生毕竟寂灭，即涅槃相不再灭度。因此，弥勒菩萨，你不要以此法诱惑诸天子，实际地没有发无上菩提心的人，也没有退转的人②。为什么没有菩提可得？菩提本来就是指觉了自心起处就是菩提，而心起处无所有，无所得。

所以，三生无生，是名生；授记无授记，是名授记。

（三）周金刚的开悟

后来，德山禅师前往见龙潭禅师，到后上堂说：久向龙潭，来到以后，潭也不见，龙也不见（这个话语仍然体现其心中对直指人心法的不认同，觉得来这里，没有看到高深的佛法，也未看到龙——得真法的禅师）。

潭师问：你亲到龙潭了？（意思是你的心境和我龙潭一样？）

德山禅师没有回答上来。于是，就在此跟随师父参学。

一天晚上，德山站在潭师旁边，潭师说：更深处为什么不下去？（更深处、蓦直去，这两个用语都是禅话，指本心）

于是德山珍重出门，刚出，又回来。说，师父，外面黑！（自然现象）

潭师于是点上纸烛，递给德山，德山正准备接，潭师突然吹灭（这是禅师了解徒弟而对机说法、行法、传法——传定力、佛心法的一个方法，没有固定，随弟子心地固执而用法破之）。

① 见《藏要·大宝积经·普明菩萨会》，8 册，1077～1079 页，上海书店出版社，1991。

② 见《维摩诘菩萨品》，《藏要》，596 页，五册，上海书店出版社，1991。

德山于此时突然大悟，于是礼拜师父。

潭师问：你见到什么了？

德山说：从今以后，不再怀疑天下老和尚舌头了。

这个时候，德山明白了，禅宗的禅师们说法，见性成佛是真的。

但德山在这里悟到的是什么呢？暗自归暗，灯光自归灯光，心不是暗，心不是灯光，暗和灯光，就是当下的心识——外界物象，而非本心。心本自在，一切当前，照了自在。本自具足，不用修行。这就是见性成佛，因此而不怀疑老和尚的舌头——老和尚所说直指人心，见性成佛。

而灯光和黑暗的问题，在《楞严经》中，佛祖与阿难讨论眼、心时，就举了这个例子。后来，德山将写的《青龙疏钞》付之一炬。①

---

① 　见四川省佛教协会：《巴蜀禅灯录》，51 页，成都出版社，1992。

第五章

佛家和道家一些经典篇章、话语研读的体会

第一节　道家一些经典话句的解读

一、《道德经》第一章的某些解读

（一）全句的解读

道可道，非常道；名可名，非常名。

无，名天地之始；有，名万物之母。

故常无，欲以观其妙；常有，欲以观其徼。

此两者，同出而异名，同谓之玄。玄之又玄，众妙之门。

《道德经》第一章，是全部经文的核心，开始就道出了所要说明的问题及其本质：是在探索道的问题。但是什么是道呢？说不清楚，能够说出来的，都不是那个永恒不变的道。

这一章，断句也有不同认识。比如，第二行和第三行的断句，有些人把无与名联系起来，写为无名与有名，第三句同样，断句为常无欲，常有欲。本文这里也是一种断句方法。因为道家探索的本质问题说的道德本源，然后是"有与无"，在这个基础上展开，乃有"无为与有为，无名与有名，无欲与有欲"，但这已经属于第三层次的问题。联系第一章的开头和结尾，这里谈论的是第一和第二层次的问题。

（二）第一句的解读

如何理解第一句话也非常重要。我看到对"道可道，非常道"的英文两个翻译："The way which can be said is not the real way"。"The way that can be told is not an unvarying way。"不论怎么说，英文翻译的时候，把"道"理解为道路的道。虽然有这个意思，但是，如果没有解释，还是让人费解，恐怕外国人也不能理解其含义，翻译的人也不好理解。因为道路的道是具体形象的道，但是，这里是非常抽象的概念，他是指一切空间和时间以及一切生命都拥有的永恒不变的那个东西，是指一种永恒的存在，又变化多端。

这种永恒的存在可以说出来，表达出来，但一旦说出来，又不是道的本体了，就不可能永恒存在而不变了。比如，我们都知道空，也能够感到空，但是，当说空或感觉空的时候，已经有了"空"的概念和"空"的感受，不是空的本体，空的本体本身没有空与不空之说，这种感觉就好比眼睛能看，但眼不自见。这种状态，用另外一种表达叫"不可思议"，英文表达也许可以说"think nothing" or "think is empty, empty is think, no different betwin empty and think"。关于这一点，庄子也曾经有过很好的说法，我国的禅宗也有类似的公案，这些是符合本义的。

对于这个永恒的存在——道，在第十六章中，老子在谈"知与道"的关系时说到，"知常容，容乃公，公乃王，王乃天，天乃道，道乃久"，其中也说"道是永久的存在"，在第二十五章中，老子明确了什么是道："有物混成，先天地而生，寂兮寥兮，独立而不该，周行而不殆，可以为天下母。吾不知其名，字之曰道。"

但是，这个混成之物，一旦说出来，就不是那个永恒存在（即常）的本体了。正因为这样，才有道可道，非常道之论。

所以，"道"翻译为"God 上帝"，"Super Nature 超自然"，或"Established Substance 先天物质"之类的英文，更符合本义。

说完了道，怎么就谈名呢？其实，这"名"不是我们现在理解的名，而是给那个混成之物起的名，但是，混成之物，一旦可名，人们就会把意识落入名与相之中，因此，就不能通过名和概念进入其本源。因为语言、文字本身是方便，但是，语言、文字多了以后，其本身就成为学问，成为"物"，人们就不去探索其本来。因此，这里说"名可名，非常名"的意思是说"道一旦说出来，给予了名，就不是那个永恒的名——道。"

（三）名之道

1. 名字的妙用

《道德经》开头就谈名与道，可见道与名的重要。但是，这似乎也不太容易理解？我们还是从人的姓名说起。

我们每个人都有一个名字，如果不给名字，就知道都是人，都具有一样的觉性，都知道人能吃、能听、能看等。有了名后，说到一个人，就会想到这个人如何如何，而不是说这个人与其他所有人等同的方面。现代社会生产的电视机、手机等各种产品，都是一条生产线上的，产品出来的时候，没有差别，你拿任何一个都一样，但是，一旦给了名，给了号，那就不同了。就不是没有名（无名）以前的状态，可以任意选择了，没有差别地选择了。有了名，才有了差别，有了各种各样的特性。同样的手机，不同的号或不同的人使用，都是不同的名，这就是有名。

有名以后，产生的问题或现象很多。

比如说山，什么是山？不需要给定义，一说便知道。但是，如果你去过黄山、泰山，别人说山的时候，你想的就是这个山，你见的山很低，别人说山的时候，你的印象就出来了。如果你没有见过山，在书上有图形，那么，你知道的山是书本上的山，没有什么吸引力。但是，山究竟是什么，当给予名后，就不容易说出或感悟其本来。这是因为意思会往自己熟悉的知识和记忆走。这是理解上的误差，生活中很多。这就是人需要沟通和交流的缘故。

再比如，有名以后，存在两个现象：异物同名，同物异名。前者如兔子，有活的，有物品造型。英文 China，意义有两个，中国与瓷器。同样的国土，不同语言表达的音声不同，不同口音表达的也不同，这是同物异名。所有这些，如果没有特定的环境，往往引起混淆，便不得其本。

社会科学包括金融科学的研究，很多问题争论和分歧很大，没有统一认识，最后发现讨论不在同一空间，概念一样，但定义不同。或者概念含义一样，但理解的内容有差别。

2. 名与器或利

有名就是多样性，就是"万"。名与形的结合就是器。故有名，乃万物之母。

名与"形"结合，就会成为"器"，形与器就是利，老子曰：有之以为利，无之以为用。大凡有，都是利，是便利。凡是无的地方，才能用。因此，谈名，一定离不开名利。世间的人们，也因此有了对名利的追求，名和利也才因此有了发展和变化。

名本身也是"有"，也是"器"，而且是"公器"，大家都可以追逐和利用。因此，仅仅是有名不够，还需要成名、显名、著名，才能在更大的时间和空间范围获得利用，也才能获得更大的名利。无论是过去，还是现在，人们都知道名的价值和使用，这就是我们平常所说的"名人效应"、"名家效应"、"名牌效应"，广告和宣传以及对某事、人、行等的重视都是"名"作用的结果，利用名人或位高权重的人做广告、宣传等，都可以为企业或产品或其他事情产生利益。金融产品和企业要做广告，要打品牌，这都是用名而盈利。

当今社会，一些人为追逐个人名利，既害了自己、家庭，也害了别人。所以，白居易告诫：名为公器无多取，利是身灾合少求。当然，这都是针对个人来说的，你要是为公，为民众，不为自身名利，虽然同样都是求名，结果是不一样的。

3. 名与治事

名有义，亦是器，亦是利，但功用并非仅仅在企业，它也是治事和治国之器、之道。职称和职务就能显示其作用。

　　自从有了职称和职务分别以后，无论是参加会议、讲课或社会活动，见面大家都相互以职称、职务相称名。如见面称某教授、某院长、某校长、某部长等。几年前，一个名家告诉我，他的同学有当高官的，开始见面还直呼其名，可后来看到人家不高兴，于是也改称呼职务，对方感到舒服，自己却感到不舒服了，因为这样觉得低了一等。于是，大家见面，都觉得不那么轻松自在，而只有在高位的人倒没觉得不自在。

　　一个企业家、金融家成名了、成功了，在其早先的工作、生活圈子内，在某些场合，熟悉的人可能还会直呼其名。有些人会很不高兴，觉得把自己看低了。因为无论是他自己还是别人都觉得他已经不是过去的他了，直呼其名似乎让他处在过去的地位和状态。

　　但是，同一个单位的上级和下级之间，上级对下级要是以职务和职称称呼下属，会如何呢？经历过的人说，觉得很难受，说不出的滋味，感到有伤自尊心，觉得领导还是以晚辈或姓名称呼自己为好。有些人甚至会觉得极不自在，乃至认为是侮辱或领导疏远自己。希望最好是以比较亲近的称呼，比如姓名的后两个字或其他。这样，下属有一种亲近感。然而，下属如果反过来认为这是一种"亲"，也反过来以此方式对待上级，可能又是非礼了。

　　世间人，在成功后往往喜欢衣锦还乡，刘邦很典型。但和尚和道士修道有成就不愿意还乡，何以故？"溪边老婆子，呼吾儿时名"，而在出家人和不认识的人中，人们会称其为某大德或某上人等。

　　为什么有了地位和职务以后，就喜欢别人称呼其职务而不是其名呢？难道不应该称呼姓名吗？显然，人们把地位和职务看做是一种社会尊重、尊严，是自己努力付出获得的成果或成功，直呼姓名似乎忽略了这个尊重，忽略了个人的成就感。但有时候，在亲戚、朋友之间，不直呼姓名是觉得疏远。

　　正因为名的作用，才有了人生对事业的追求。因此，名被用于治事、理事。

　　4. 名与治国

　　"名"成为礼后，"名"就不那么简单，成为学问。但它确实不仅是学问，也是治国之道。

　　名何以成为治国之道？君可记得？孔子力推《周礼》，希望其时的社会学习周朝的制度，其后来的弟子还专门编辑《礼记》，其中，很多都是关于名的运用问题。对于以名治国，我摘录一段《资治通鉴》中语录便可知：

　　臣闻天子之职莫大于礼，礼莫大于分，分莫大于名。

　　何谓礼？纪纲是也；何谓分？君臣是也；何谓名？公、侯、卿、大夫是也。

　　礼之节不可乱也。

夫礼辨贵贱，序亲疏，载群物，制庶事，非名不著，非器不形。

名以命之，器以别之，然后上下然有伦，此礼之大经也。名器既亡，则礼安得独在哉！

又说：卫君待（邀请）孔子而为政，孔子欲先正名，以为名不正，则民无所措足也。

实际上，这里说的礼、分、名，都是"名"，不过是大名与小名的差别，所谓"礼"，就是要遵循大名与小名之间的关系，这就是君臣之道，上下级之道，就是社会的规则。也就是当今社会的干部提拔和任用之道，干部的管理之道，干部的关系之道。

在正常的社会秩序下，社会不遵循名之礼，持名者不能履行其职责和义务，予名不能服众，乱了名之节，则礼之节必乱，礼节乱，事则必乱，人心也必乱。范围大些，礼节乱，则国家乱，这就是春秋战国争霸、争雄的一个原因。"君臣之礼既坏矣，则天下以智力相雄长"。当然，到这个时候，如果仍然以什么名之节、礼之节来对待，则会迂腐。乱之时，社会必然以才智和德能、胆量、气魄以及获得民众支持的能力来重新确定名分和名分之下的新礼之节。

名分不守，则心气不服，也必有争执和矛盾。对事情、问题或具体投资决策等的分歧和矛盾也就不能取得最后的一致认识和意见。这就是名能够治事或制庶事的道理所在。但是，一个不合理的礼节或名分之道也容易产生很多弊端，尤其是对权力垄断和缺乏监督情况下的名分，很容易滋生腐败。

越过了各自的地位和名分而行事或说话，就会有烦恼。明朝初期，沈万三是全国第一大财主，被迫捐献家财修南京城，但检校们仍然找麻烦，为搞好关系就犒劳军队，朱元璋得知后大怒，认为平民犒劳皇家军队是作乱，要杀沈。后来经马皇后劝解，才免除死罪，被充军云南，家产被没收。

现实生活和工作中也有很多礼节或名分之道，处理不好很容易出问题。国家或政府管理对名的处理运用不当，也会出问题。

名，足以成就个人、企业和国家的事业，也足以毁灭一个人、一个企业和一个国家，可不重乎？可不用乎？但无论是重还是用，都要注意"名，可名，非常名"，没有永恒的名，也没有永恒不变的名，更要知道，本来无名，因心而有。所以，要重，要用，要拥有，但要不执著，要无心，要随时而变，随事而变，能持能放，不为所缚。

二、《道德经》第二章的某些解读

（一）美为何物

天下皆知美之为美，斯恶矣。

何为美？美，乃是一种主观判断和认识，包括个体与群体的，时代的。因此，美离不开意识、思念、欲望等以及因此产生的感受和产生这些思想、意思的时代环境。当一个人，一件事情，一个动作，一种声音，一个地方或风景，看上去或感觉到舒服、愉快，开拓心胸和视野，增加人的信心和兴奋的时候，人就会觉得这很美，因此而说这美。长期在城市生活的人，到远离尘嚣风景秀丽的山区旅游，一眼看去，会说，这儿真美。

社会价值观不同，个人价值观不同，美感也不同。比如，以喇叭裤为美，以染头发为某种颜色为美，以某个时代的歌曲为美，这都具有时代感。不同时代的人，对环境和色相之外的美的认识是不同的。比如，过去知识青年下乡，那个时候的打扮，在当时人觉得美，现代人不觉得美。过去穿中山装觉得美，现在不行。小时候夏天能够穿上一件海军蓝的汗衫很美。这些都足以说明美在自然状态外，是一种社会意识，时代意识。20世纪80年代，当年轻人穿喇叭裤、戴墨镜乃至穿西服的时候，很多老年人看不惯，而握手从西方引进的时候，也是异端。现在就觉得穿西服和握手成为礼节，不这样，就觉得不合适。

年龄不同，对美的认识不同。儿童对美的欣赏，在成年人看来很难说美，而儿童的动作美，让一个成年人做出来，你会觉得恶心或是幼稚。欣赏古董的人觉得古董很美，心不在此的人绝对没有这种美的感受。

同样，需要指出的是，不同的人，在同样的场合，对同样的对象物，其美感的认识不同。仍然以风景秀丽的山区为例，不在这个环境居住的人，刚开始来的时候，觉得很美。但是，要问居住在这个地方的人，这儿美吗？可能就没有人这样说。我到过新疆阿勒泰地区的牧场，一起去的人都觉得这儿太美了。当地人问我们从哪儿来，我们说是北京。我问在这居住的一个退休的老太太，这儿好吗？她反问，好啥？我又问，那什么地方好？她告诉我北京。我真吃惊。我也到过湖北十堰，哪里的风景也很好，但你问当地人，当地人没这种感觉，而是觉得闭塞。因此，美也是一种自己没有或不能享受而当下（想）拥有、享有的东西。

夫妻关系很明显。美女在结婚以前，追求她的男性觉得很美，搞得神魂颠倒，一旦结婚，时间稍长些，丈夫就没有了那种美的意识和感觉了。帅男也是如此，结婚以后，也不再帅。为什么，因为占有了美以后，融合了气质之后，就不再有这样的意识，美作为一种感觉和意识就不能仍然停留在头脑中。美也就不美了，这也许是现代人说的审美疲劳。当然，作为夫妻来说，更重要的还在于双方可恶、发脾气的一面逐渐显示，外表的美成为一种可怕。

久入兰室而不知其香，久入鱼肆而不知其臭。再美的东西和事情天天在一起，自心就不会有美感，甚至生出厌恶感。

当天下皆知美之为美时，美就不成为美，而成为坏事，或厌烦的事情。如何理解呢？战国时期，有一个齐国国王喜欢紫色衣服。由于国王喜欢，因此，这个国家的人都穿紫色衣服，不仅紫色的布料和颜色物价上涨，而且带来社会风气不正。那么，当所有人都穿紫色衣服的时候，是否还有美的感觉呢？我国文化大革命时期，也有众多人穿军装的时候，是否还美呢？

其实，当一种美成为社会的普遍行为时，很容易抹杀个性美和个性的需求，这种同一性的美的要求就会被厌恶。这是一种被动的天下皆知美之为美。另外一种是主动接受的，比如一个企业生产某种产品，通过心理分析，知道人的美感也在于一种概念的重复和社会化，那么，就做广告，或一味写赞美的文章或做赞美的宣传，这些也可以让天下人皆知美之为美，但是，这也就是一种时髦，事情一过，就没有了那种美的意识和感觉了。回头看，就觉得恶心，或者觉得落后了。做服装的流行色就是如此。这就是意识不断覆盖的缘故。意识不持久的缘故。

为什么会出现这种情况呢？原因在于美有动态和静态的美两种，任何一种状态都不能持久。更重要的在于人心不同，意思和观念也不能持久，美感和美的意识也在不断变化，因此，如果大家都认同某种美，然后去做美，这种美很快就要被厌弃了。所以，美也有时代的差别。

（二）善为何物

天下皆知善之为善，斯不善矣。

比如，对乞讨的人予以施舍，如果天下人都这样做，还是慈善和怜悯之心吗？当善成为一种意识，就不是出于本心的善，而是一种名利了，或者成为一种社会规则或义务。比如孝顺，如果天下人皆知为善，就是一种自觉行为，在一个团体或社会内部，就是一种行为准则，而不是一种善的心态，也就不为善。需要提醒的是，不善并不是恶。

善事，当大家都去做的时候，以世俗人的心态，还会产生竞争，为此而争名利，善也就不是出于真心的善，而是为谋取利益的交换。当今社会很多行贿的人话说得很好，很得体，受贿的人甚至感到这个人真好，是好人，是善人，但当自己进入监牢的时候，又省悟到这是不善，是害。

因此，美与恶，善与不善，是相对的，是相生相成的。只有在对比和比较的时候，才有这种概念，如果没有对比，就没有这种概念。

（三）对称的关系

有无相生，难易相成，长短相形，高下相盈，音声相和，前后相随。恒也。

因为有了比较和对比，所以，下面列举了有与无，难与易，长与短，高与下，音与声，前与后等对立统一现象。

高与下，地位的高低，学问的高低，职业阅历的浅薄与丰富等，这在我们现代哲学叫对立统一。这种对立或比较的概念、意识乃至状态的存在，是现实社会的存在，这些都是因为意识依赖"有"而产生概念，而作为归属。

但是，圣人不同。他们知道这种对立统一是如何产生的，如何演变。知道对立的任何一方都不是永恒的，因此，就不会执著于这些及其相互的转化。知道常无，欲以观其妙，常有，欲以观其徼。知道永恒常在是不可说的，因此，他们在行为上也有别于一般人。

就修行来说，只要心中存在一方概念，比如行善，有善之想，则必认为对方有恶，有地位高之想，有我是什么官想，就必然看低他人和平民，心不解脱。

（四）圣人之风

是以圣人处无为之事，行不言之教，万物作焉而不辞，生而不有，为而不恃，功成而弗居，夫唯弗居，是以不去。

什么是无为之事呢？无为之事绝对不能理解为什么也不做，如果这样理解，与不言之教是矛盾的，与后面"为而不恃，功成而弗居"也是矛盾的。

无为是指在心态上没有"为"的意识和欲望，类似于无心而做事的结果。仅仅是做事，但没有为自己名利、功德等而想去做，没有为表现自己去做。也可以说心无执著而做事。只有这样的心态，才能做到功成而弗居，或不居功自傲，或功成名遂身退，乃至做到功成，名不遂，身也退。

教一般分为两种：言教和身教，言教指口头的。书本和文字之教育似乎应该归类到言教，但与言教还是有区别，不如把它归类到不之言教。身教和文字教都可以叫不言之教。不言，可以理解为不说，不公开等，只做不说等。

圣人是否都是不言之教呢？那圣人之教又何来呢？《道德经》和那些宗教的开创人的教义又何来呢？因此，不是圣人不言，而是言而有时有机，对于这些对立、演变而不永恒的情况，行不言之教，去避免和化解矛盾、争执。而当时机成熟的时候，再行言教。《道德经》和佛经都是言教，儒家的经典和医家的经典也都是言教。没有言教，现代科技就无法发展，现代文明也就不存在。所以，行不言之教是有条件的。老子当时所处时代，其思想和教义是不会被一般人理解和接受的，尤其是不能被当时的人所接受，因为那是春秋战国时代，战争时期，用道义和理论是不能说服人的，力量和武力是决定性的，但这样做的时候，就不能保证自身成圣，还有可能遭遇杀身之祸。因此，只能行不言之教，像天地或自然那样造就万物而不辞，长养万物而不觉得有，有所为而不依仗，事成以后也不居功。唯有如此，才不会逝去。

可是，在现实社会的人谁能做到？有多少人能做到？居功自傲，贡献少，要求得到的多，干了什么，就要索取，这都是一般人的天性。有些人虽然做了不少，口上没有提出要求，但心里还是非常期望得到回报，哪有几人能够作到如天地对待万物那样只有贡献、给予而没有所求呢？正因为天地如此，才能长久、永恒。

三、《道德经》第三章的某些解读

不尚贤，使民不为争，不贵难得之货，使民不为盗；不见可欲，使民心不乱。是以圣人之治，虚其心，实其腹，弱其志，强其骨。常使民无知无欲，使夫智者不敢为也，为无为，则无不治。

第二章说的是圣人处事，第三章说的是圣人治国治民之道与法。

治理国家要选贤任能，要招贤纳谏。现代社会则要求使用和尊重人才，要开展人才竞争。这一切都是崇尚才能和贤士的。圣人之治何以不崇尚贤能呢？为的是不使民为此而争。有贤则有愚，心必不能平；有贤也必有利，故必有争；轻则嫉妒，重则排挤、打击、陷害等。

物以稀为贵，以难得为贵。名人的字画、物品，古代文物，珍奇物品等，价值昂贵。和氏璧曾价值连城，美女之色能倾国倾城，这都是因为难得之货价值高昂，因此，必有人生出偷盗之心，窃据之心。不仅一般人如此，一国君臣也是如此，和氏璧曾经让秦国国王动心占为己有，引发秦国与赵国的外交危机。雌雄剑不知害了多少人性命。古文物盗窃不仅导致盗窃团伙内部的内讧和杀戮，也吸引不少人犯罪。

但对难得之货不以为贵，则民不为盗。这又如何能做到呢？不让人们见到动心的东西和事情，从而保持民心的安定，使民心"思无邪"，不为世欲而乱方寸。

《西游记》中孙悟空将带来的袈裟宝贝显示给老院主看，而老院主起了贪念之心，因此而召来妖怪。所谓的妖，就是邪念和邪心。所以，出门在外，身上带了钱财，不能显露，免得贼惦记。

　　这是圣人治民的方法或对策，为什么会这样呢？原因在于圣人把握的是"道"，是永恒的东西，把握的是无为，心无执著，因此，针对世俗的毛病，而提出了治理的对策。这就是为什么不尚贤、不贵难得之货、不见可欲的道理。但仅仅这样要求是做不到的，因此，还要有圣人的修养和涵养。

　　圣人如何成其为圣人呢？虚其心，实其腹，弱其志，强其骨。常使民无知无欲，使夫智者不敢为也，为无为，则无不治。

　　何为虚心？我们先看心的含义。《四游记东华传道钟离》中，东华帝君曰：养生无他，但虚其心，实其腹足矣。心为一身之主，念其本末，洞洞空空，原无一物；自人累于物欲，而虚者始实。必却其欲，返其原，则虚者虚，而神在万物之表也。腹者精之开，究其始生，保合完固，毫无渗漏。自人得形于色，而实者始虚。必固其精，窒其欲，则实者常实，而精在不损之天。二者完全，则老者可童，少者可寿。

　　虚心大家基本理解，但真实的含义就是心不在焉。

　　实其腹，就是让人们能够吃饱肚子。弱其志，强其骨，就是消除人们的欲望，强健身体。常让百姓心不执著所知所识，那些耍聪明的人，也就不敢去做了。做到了心无执著，则没有不能治理和解决的问题。

　　这一章，说的是圣人之治，而不是君子之治。所以，对我们这个社会来说，只能说是理想社会，可以作为目标和要求，但不能期望实现。

　　《道德经》对于社会来说，是一种目标和理想，但对于个人来说，却是修身和修心的指导经典，这些经典的理解，就不是世俗的理解，而只能是借喻。

第二节 《金刚经》的逻辑和境界解读

一、经文的分段及逻辑思路

梁武帝的昭明太子将《金刚经》分为三十二品，非常好，非常微妙。其三十二品的第二品：善现启请分和第十七品：究竟无我分，都是在提问同样的问题，云何应住，云何降伏其心。

三十二品的具体内容如下：法会因由，善现启请，大乘正宗，妙行无住，如理实现，正信稀有，无得无说，依法出生，一相无相，庄严净土，无为福胜，尊重正教，如法受持，离相寂灭，持经功德，能净业障，究竟无我，一体同观，法界分化，离色离相，非说所说，无法可得，净心行善，福智无比，化无所化，法身非相，无断无灭，不受不贪，威仪寂静，一合理相，知见不生，应化非真。

笔者对《金刚经》根据经文的直接内容，根据记忆和背诵的需要，也分三十二品。第二品：利益后人和第二十品：生心灭度，心无菩提。是提问同样的问题。

三十二品具体如下：佛心平等、佛心平常；弟子提问，利益后人；灭度无相，得名菩萨；法施不住，如同空住；身相不住，诸相非相；生信无相、知法如筏；菩提无法，说法无执；七宝布施福德多，经文生佛福胜彼。四果不住，住则无果；师法无得佛土不住，须弥山身不及非身；德超沙数恒河世界宝，经文同塔应供当称名；如来无说微尘亦无，世界三十二相不住；德超河沙身命，解义涕泪赞叹；实相离诸相，无惊无怖畏；无生忍辱，利众施法；如来相众不住，语法实地当学；受持读诵佛知，身施不及受持；为发大乘上乘人说，是经即塔能灭罪业；德超佛供，多有不信；生心灭度，心无菩提，菩提无得，授记成佛；法皆佛法，法身无寿；心无菩萨，亦无佛土；五眼所见不可得，七宝布施福德无；如来无自相，有说即为谤；如来心中无法信，亦无众生及菩提；法法平等修善法，山王七宝无穷小；无念无观不断法，菩萨知之功德大；如来非去来，世界本是一；如来无见，不生法相；七言福德，说如未说；法即梦幻，欢喜信受。

笔者根据须菩提两次提问同样的问题，将《金刚经》分为两篇，前篇为去外相安心，后篇为去内相安心。是经如同塔庙，是经为佛法身。故根据经文之意和逻辑关系，也分三十二个小段，应对三十二相，但段落的标题与目前见到的分段标题差异比较大。

二、《金刚经》的境界与逻辑思路

一部《金刚经》，6000 多字，前后的问题和问答之间到底是什么关系？是按照什么逻辑排序的呢？是按照心处境界的疑问次序来问答的。全文分前后两篇，三十二品，围绕"法、说法和无住"而展开，但每次问答解决的问题不同，心境也不同。《金刚经》展现了佛十地境界尤其是后篇展示了毗卢遮那智海藏地。这是如来的慈悲，把自己所得一切都通过一部经告诉了我们。

第一品：体现了佛的平等和平常，平等体现在佛祖自己去化缘吃饭，而不是弟子帮代化缘。平常体现在佛祖自己收拾饭碗和衣服，也没有专人替他服务，这就是最平常的体现。

第二品：这种平等和平常，表明佛心安宁，心无高低，心无执著，弟子也想追求安宁。因此，提出了两个问题，一是心如何安定，二是心不安了，心有起伏，如何降伏自己的心。

第三品：针对弟子的提问，佛告诉弟子们一个方法——把握自心的方法：就是灭度一切众生。在这里，特别要指出的是，老师教学生的时候，一定是自己明白了，才能给学生讲。比如施宝，自己要有很多宝贝，才能给人。佛祖的心已经安宁，已降伏自心，而且达到不需要再降伏的境地，能够自如地把握自心，因此而告诉弟子们一个方法。告诉这个方法以后，特别强调指出：如是灭度一切众生以后，实无众生得灭度。这是第三品的重要思想。

第三品的特别之处在于：告诉弟子一个方法，涉及几个方面，一是法本身，即灭度一切，二是对象物，我们每天都面临的对象物，三是自心，四是自体，五是告诉法的老师的说法、心、体等，还有从祖师那得到的。第三品只强调和分析了法本身——灭度，以及对象物本身，而且特别指出：对象物被灭度了，要作无对象物被灭度想，其他问题没有涉及。

第四品：着重解决法本身或法相问题，是对第三品的深化。即灭度了，也不执著对象物。但对灭度本身也会执著，即对灭度法执著（相），因此而提出不住法（相）。怎么不住呢？举空为例，回到无相无住。并补充一句，告诉大家不执著，有巨大的福德（这又留下一个问题）。

第五品：解决了灭度、对象物、法相本身，剩余的就是自身和自心关系问题，因此提出不可以身相见如来，明确"若见诸相非相，即见如来"，这个如来就是自心如来。

第六品：在解决了上述问题之后，即自己明了以后，须菩提并没有去讨论佛祖——老师的说法、心、体问题，为什么呢？境界没有到。同时，佛法的对象物问题，在须菩提那里没有解决，什么问题没有解决呢？佛说的这些法，众生信不信呢？佛说：众生听到后，就能够达到不取法相、不取非法相的境界，这体现的是普贤境界，众人皆成圣贤。而且，再次强调舍弃法，也表示善护念和善咐嘱。

　　第七品：第三品中如何对待老师说法和老师的身心问题，这个问题在第七品中体现了，但要知道，这个问题不是须菩提提出来的，而是佛祖提问的，说明须菩提尚未能够自觉来问这个问题，仍然停留在普贤境界上。但佛祖不吝啬，还是把如何对待如来所得无上菩提法和如来说法问题提出来了，这里提"法"，是很自然的事，与前面的"法"相应。面对提问，须菩提很清楚，回答说没有定法可得，亦无定法如来所说。注意，这里用的是"无定法"，就是说，安心，无定法，也正因为如此，圣贤有境界的差别，这里的问答表示已经到圣贤境界上了。

　　第八品：到了这个境界，该干什么呢？又是佛祖主动提问，告诉弟子，要受持经法之义，而为他人说法。而且强调了所说经文的重要，一切诸佛及无上佛法都从此经出，体现了善护念，善咐嘱，也告诉我们这经太重要了。如果不提醒，很容易落于空，执著空，没有福德。

　　第九品：既然已经到了圣贤境界，虽然知道说法，但可能固执在圣贤境界上，因此，而提出了修行四果不住。

　　第十品：解决了师父无定法、无所说法问题，更进一步的问题有两个：一是祖师的法如何对待，修行得四果后进入菩萨境界的佛土如何对待呢？这也要不住，其实，祖师法和修行的菩萨净土，都属于法身问题。这也要不住。佛祖在这里没有把祖师法、菩萨佛土作为法身概念提出，而是用了另外一个概念：用肉身扩大到须弥山王大，这就是大身，大身就是法身。

　　第十一品：法身有了，是因为用灭度法，用空法，但佛祖再次护念，提出经文重要和说法重要，不让修行人落于空，而是"空"后进入"有"。须菩提此时觉得问题就没有了，经文到此该结束了，所以问经文的名字，但佛祖在后面又主动深入提问，问答没有结束。

　　第十二品：这里再次提问如来有所说法问题，与第七品似乎相同，但角度不同，前面实际是问安心问题的说法，因心有变，所以，安心无定法。那里提问和回答强调的是"法"的问题，对普贤境界的法的问题，因此没有定法。这里提问，是就佛"说"法，到底说没说，不强调法，而强调"说"，连佛"说"这个动作行为也要不执著。

　　而且不仅说的法空，前面说的福德，超过三千大千世界福德，尤其是三千大千世界或微尘也要空，如来自身相也要空。佛说法到这里，第三品所涉及的五个方面都说清楚了。

第十三品：得到上述境界，仍然要守持经文之义，为他人说。但这个时候境界不同了，要解决的问题不同。剩下的问题是什么呢？这个时候进入慧命或法寿阶段，因此，提出身命与慧命（法寿）的比较问题，因为前面问题解决了心的问题，肉体身的问题没有彻底解决。而须菩提到这个时候，也彻底明白了，因此而深解义趣，乃至涕泪悲泣。

第十四品：须菩提为表内心明白的境界，又说未来众生之信，这是展现其自心的普贤境界。要成佛，如果没有普贤境界，是不可能进入佛境界的。普贤境界，就是相信众生已经达到自己所明白的心境阶段。

第十五品：但只在普贤境界不够，仍然需要文殊境界，才能真正彻底解决自己的问题，这就是肉身问题，这需要依靠智慧去解决，即依靠无生、忍辱波罗蜜乃至忍节节肢解的智慧去解决。因此，第十五品，进入了一个更高层次的境界，能够舍弃身体而无烦恼、嗔恨。

第十六品：再次回到如来说诸相非相、众生非众生境界，无生法忍，忍节节肢解，这些都是真话，这意味着证得上述境界就进入如来境界了。这个时候，菩萨行此法不住，如人有目，日光明照，就是进入如来境界。

第十七品到第十九品：强调进入如来境界后，进入无众生、无相，尤其是忍辱无生后，闻说此经义、受持功德巨大，把自己以前的一切罪业都可以消除了，功德超过了佛祖以前的供养，但人多不信。为什么不信呢？这个境界太深了。

经文到此，前篇就结束了。但因为进入了如来境界，仍然有很多问题需要解决，因此，须菩提再次向佛祖提问。

第二十品：再次提问的问题，与第一次问题一样，但境界不同了。前面是大修行人如何解决这两个问题，是从外相入手，进入如来境界。后面是问，到如来境界如何解决这两个问题，是从内相境界进入如来境界。

佛祖清楚提问的含义，于是，提出，发无上菩提心者应生心：灭度一切。注意，这次的提出，是指修行人要生心灭度，第一次没有提出生心。而且，本段补充一句，没有发菩提心者。因此，这次问题，是解决灭度外相后内心相问题，乃至回到发无上菩提心本身，也不住，不著相。

第二十一品：第十品已经说到从佛祖得法问题，这里，再次提出不是重复，因为这里说的是得无上菩提法，是成佛法，这也被否认了。这一品，不仅把从佛祖那里得到的无上菩提法否认了，连法身的法寿也否定了，也要求不住。法寿问题，类比的是人身长大。

　　第二十二品：为什么说完众生后，说佛自身，然后说佛。因为前面提问是发心的人要灭度一切，灭度发心。到如来境界该如何呢？因此，后篇主要围绕这些问题展开。

　　第二十三品：我如来无得无上法，菩萨自然也应无众生和佛土，不应有灭度众生之想、相。这个问题第三品就提出了，"灭度无量无数众生，而实无众生得灭度者"，但只是提了一下，没有深入去说，属于内心的问题。而这里，开始深入细致来解决这个内心问题了。包括佛土，这里的佛土已经是法身的佛土了，不是对应外界的对象物。而且，明确指出，内心起念即错，与前面的方法不同，境界也不同了。

　　第二十四品：不仅如上所述，如来五眼所见佛世界的一切众生之心，也不住。菩萨知道不著相，福德巨大。

　　第二十五品：进入上述境界后，剩余的问题就剩如来自身和自心及所说法问题如何对待了，这是佛的境界问题。佛有十种境界，差别在于对法的认识和说法境界。此品中，佛祖提问，色身和诸福相都要否定，连自己所说法也否定了，告诉弟子们进入这个境界，如来说的法也不要执著，要无住。若言如来有所说法，即为谤佛。

　　第二十六品：回答疑问，佛祖总强调说法度众生，那这个阶段如何认识众生呢？因此，须菩提提出问题。其实，前面普贤境界已经回答了这个问题，但如来境界如何对待呢？需要再确认。如来明确说，众生即非众生，于无上菩提法乃至一切都无所得，这才是真的无上菩提法。

　　第二十七品：进入上述境界后，知一切法本源相同，因此，一切法平等，无高低贵贱，此时，修一切善法，得无上菩提，善法也不执著。为防止落于空，不住，再次要求为他人说法。

　　第二十八品：谈如来的另外一个问题，如来内心是否起念？起念去度众生？如何对待成佛必须具备的三十二福德之相及其他诸相？这些都不执著。

　　第二十九品：定义什么是如来，有经典概括。同时，用微观、宏观世界的一合相不可说，来暗示就是如来，不可言表。

　　第三十品：回到见与如来的关系，因为大家都在场，都看见佛祖在那，否定了一切，说明了如来的定义。那弟子们眼前的如来佛祖，如何认识呢？因此谈如来说有我见等，都不是见。当然，还可问耳、鼻、舌等，但说明了见的问题，就够了，知道了一结如何解，其他结也可解。佛说的一切见闻、相、文字、语言等，不过是借用世俗的概念，而内心没有。但有言说，都无实义。

　　第三十一品：再次强调说法，说法不住，这样来回循环。

第三十二品：要用有为法，要说法，用法时或说法时，知其如梦如幻如电如露，或者说如未说。

为什么说《金刚经》把佛的最后境界都告诉了我们，根据《大乘同性经》的描述，第十地佛"为诸菩萨说一切诸法无所有，复告令知一切诸法本来寂灭、大涅槃"。而《金刚经》的思想正是如此。

三、《金刚经》的若干重复处解读

（一）关于如来说法、得法问题

《金刚经》关于如来有所说法的问话有四处，第一处是第七品中："须菩提，于意云何？如来得阿耨多罗三藐三菩提耶？如来有所说法耶？须菩提回答：如我解佛所说义，无有定法名阿耨多罗三藐三菩提，亦无有定法如来可说。何以故？如来所说法，皆不可取、不可说、非法、非非法"。可见，这里的说法得法，本义在于说明，法无定法。

第二处提出在第十二品："须菩提！于意云何？如来有所说法不？须菩提白佛言：'世尊！如来无所说"。这里的回答比前面是一个进步，前面是所说法无定法，而这里无所说。进入了否定言说的境界。这里表示的境界是不住如来说法，是从外界来否定如来所说。

第三处提到在第二十一品："须菩提！于意云何？如来于然灯佛所，有法得阿耨多罗三藐三菩提不？不也，世尊！如我解佛所说义，佛于然灯佛所，无有法得阿耨多罗三藐三菩提"，这里否定的是师法，从师父那也没有得到法。而这个问题，在现实中，很多修行人难以突破这个师父法，不敢承当自己与师父本是一体而无别，只有禅宗在这个问题上，做得很到位。

第四次提说法在第二十五品："须菩提！汝勿谓如来作是念'我当有所说法'。莫作是念，何以故？若人言如来有所说法，即为谤佛，不能解我所说故。须菩提！说法者，无法可说，是名说法。"

前面是让须菩提来否定如来说法，这里是如来自我否定说法。

因此，四次涉及说法问题，每次都对说法的不执深入了一步，不是重复，而是去微细处之执。

（二）关于如来得阿耨多罗三藐三菩提

经文有六处提到这个问题，分别是第七品：须菩提！于意云何？如来得阿耨多罗三藐三菩提耶？须菩提言：如我解佛所说义，无有定法名阿耨多罗三藐三菩提。这里表达的意思是菩提无定法。

第二十一品则提出即使在师父然灯佛那里，也没有得到阿耨多罗三藐三菩提法，对从师父那里所得菩提法也不住。

第二十二品，佛进一步扩展了这个问题："须菩提！如来所得阿耨多罗三藐三菩提，于是中无实无虚，是故如来说：一切法皆是佛法。须菩提！所言一切法者，即非一切法，是故名一切法"。不仅师父那的法不住，佛还告诉弟子，所得其他一切法，也是佛法，也无所得。但没有明说，只是说法即非法来表示，意思是法也空。

第二十六品："须菩提白佛言：世尊！佛得阿耨多罗三藐三菩提，为无所得耶？如是，如是。须菩提！我于阿耨多罗三藐三菩提乃至无有少法可得，是名阿耨多罗三藐三菩提。"佛在这里肯定了须菩提的看法，然后补充一句，得了法，心不住，说无所得，才叫得法。

第二十七品则对无上菩提法进一步解释，是什么意思，那就是：是法平等，无有高下，是名阿耨多罗三藐三菩提；以无我、无人、无众生、无寿者，修一切善法，则得阿耨多罗三藐三菩提。这是菩提法心量的扩张，从法平等，扩展到无我、无人、无众生、无寿者。这都是修行的境界，每个境界的突破都不容易，修无我，再到无人，无众生，无寿者，这个过程不容易。任何一个境界的突破，都需要时间，需要微细的注意。

第二十八品：须菩提！汝若作是念，如来以具足相故，得阿耨多罗三藐三菩提。须菩提，莫作是念，如来不以具足相故，得阿耨多罗三藐三菩提。

这是继续扩展心量，解决对福德资粮的执著，就是成佛的三十二相，也要否定，这才是真得无上菩提。

（三）关于佛土庄严问题

经文两处提到庄严佛土，而且翻译似乎没有差别。是重复吗？不是，而是境界的差别。

第十品：须菩提！于意云何？菩萨庄严佛土不？不也，世尊！何以故？庄严佛土者，即非庄严，是名庄严。是故须菩提，诸菩萨摩诃萨应如是生清净心，不应住色生心，不应住声香味触法生心，应无所住而生其心。

第二十三品：须菩提！若菩萨作是言：我当庄严佛土。是不名菩萨。何以故？如来说：庄严佛土者，即非庄严，是名庄严。须菩提！若菩萨通达无我法者，如来说名真是菩萨。

两处翻译基本相同，但境界则差别巨大。在第十品之前，都是佛祖在告诉弟子们如何灭度一切众生，降伏自己的心，方法是不住。这个时候，就可以得到清净佛土。但是，这个佛土，是师父教给你的方法而得到的佛土。因此，在第十品谈佛土的时候，前面有一个问话：佛告须菩提：于意云何？如来昔在然灯佛所，于法有所得不？世尊！如来在然灯佛所，于法实无所得。

佛祖告诉弟子的法，按此去做，也可得佛土，因此，告诉菩萨庄严佛土，即非庄严。然后补充，不住外六尘而生心。这说明，这是学法而得到的自心佛土。

而第二十三品谈佛土，则不同了。第十品以后，佛祖一直强调菩萨说法，因此而形成了众生佛土，这是在菩萨说法以后的佛土，与前面的清净佛土不一样了，因此，表达方式也改变了。若菩萨作是言，"我当庄严佛土"，则不名菩萨。在此话之前，还有一段：须菩提！菩萨亦如是，若作是言：我当灭度无量众生，则不名菩萨。何以故？须菩提！实无有法名为菩萨。是故佛说：一切法无我、无人、无众生、无寿者。这一段，说的就是度众生问题，因此，这是度众而形成的众生佛土，或自己的法身佛土。

翻译名词虽同，但是，境界不同。

（四）关于发无上菩提心问题

《金刚经》两次提问同样的问题，都是围绕发无上菩提心后，心如何安住，如何降伏其心这两个问题开展的。

佛祖在经中，四次说到发无上菩提心问题，每次所提，前后也是不同境界。

第三品：善男子、善女人，发阿耨多罗三藐三菩提心，应如是住，如是降伏其心。方法就是所有一切众生之类，我皆令入无余涅槃而灭度之。如是灭度无量无数无边众生，实无众生得灭度者。就是要菩萨知道：若有我相、人相、众生相、寿者相，即非菩萨。

第二十品：善男子、善女人，发阿耨多罗三藐三菩提者，当生如是心：我应灭度一切众生，灭度一切众生已，而无有一众生实灭度者。何以故？若菩萨有我相、人相、众生相、寿者相，即非菩萨。所以者何？须菩提！实无有法发阿耨多罗三藐三菩提者。

第二次提出发心问题与第一次的细微区别在于：当生如是心，与第一次不同，不涉及生心问题。这说明灭度已经转化为灭度自己内心的众生。其次，对发菩提心的人即发菩提心也否定了。这是一个重要的循环否定。即发菩提心，无发菩提心想。对发菩提心者，也要不住。

第二十八品：须菩提！汝若作是念，发阿耨多罗三藐三菩提者，说诸法断灭。莫作是念！何以故？发阿耨多罗三藐三菩提者，于法不说断灭相。

这是针对发菩提心的人说法的心态来说的，菩提心空，法空，不是断灭，不是菩提心、法不存在，这是需要注意的。法空，是法无自性，所发菩提心无自性，发心处、法生处是真。如同声音不自产生，而是物体相互作用震动而产生声音。

第三十品：须菩提！发阿耨多罗三藐三菩提心者，于一切法，应如是知，如是见，如是信解，不生法相。须菩提！所言法相者，如来说即非法相，是名法相。这一品，对发菩提心者的境界再次深入，要无四相，如是见、信解就是无我、人、众生、寿者见。

这样的发菩提心，才是正确的发菩提心。

有关《金刚经》的解读，可参阅笔者《解密金刚经心经》（中国金融出版社）。

附录：金刚般若波罗蜜经

姚秦三藏法师　鸠摩罗什　译

前篇　去外相安心

一、佛心平等，佛心平常

如是我闻。一时佛在舍卫国祇树给孤独园，与大比丘众千二百五十人俱。尔时，世尊，食时，著衣持钵，入舍卫大城乞食。于其城中次第乞已，还至本处。饭食讫，收衣钵，洗足已，敷座而坐。

二、弟子提问，利益后人

时长老须菩提在大众中即从座起，偏袒右肩，右膝著地，合掌恭敬而白佛言：希有世尊！如来善护念诸菩萨，善付嘱诸菩萨。世尊！善男子、善女人，发阿耨多罗三藐三菩提心，云何应住？云何降伏其心？

三、灭度无相，得名菩萨

佛言：善哉！善哉！须菩提，如汝所说，如来善护念诸菩萨，善付嘱诸菩萨。汝今谛听，当为汝说。善男子、善女人，发阿耨多罗三藐三菩提心，应如是住，如是降伏其心。唯然，世尊，愿乐欲闻。

佛告须菩提：诸菩萨摩诃萨应如是降伏其心，所有一切众生之类，若卵生、若胎生、若湿生、若化生；若有色、若无色；若有想、若无想、若非有想非无想，我皆令入无余涅槃而灭度之。如是灭度无量无数无边众生，实无众生得灭度者。何以故？须菩提！若菩萨有我相、人相、众生相、寿者相，即非菩萨。

四、法施不住，如同空住

复次，须菩提，菩萨于法应无所住行于布施，所谓不住色布施，不住声香味触法布施。须菩提！菩萨应如是布施，不住于相。何以故？若菩萨不住相布施，其福德不可思量。

须菩提！于意云何？东方虚空可思量不？不也，世尊！

须菩提！南西北方四维上下虚空可思量不？不也，世尊！

须菩提！菩萨无住相布施，福德亦复如是不可思量。

须菩提！菩萨但应如所教住。

五、身相不住，诸相非相

须菩提！于意云何？可以身相见如来不？不也，世尊！不可以身相得见如来。何以故？如来所说身相，即非身相。

佛告须菩提：凡所有相，皆是虚妄。若见诸相非相，即见如来。

六、生信无相，知法如筏

须菩提白佛言：世尊！颇有众生，得闻如是言说章句，生实信不？

佛告须菩提：莫作是说。如来灭后，后五百岁，有持戒修福者，于此章句能生信心，以此为实，当知是人不于一佛二佛三四五佛而种善根，已于无量千万佛所种诸善根，闻是章句，乃至一念生净信者，须菩提！如来悉知悉见。是诸众生得如是无量福德，何以故？是诸众生无复我相、人相、众生相、寿者相，无法相，亦无非法相。何以故？是诸众生若心取相，则为著我人众生寿者；若取法相，即著我人众生寿者。何以故？若取非法相，即著我人众生寿者。是故不应取法，不应取非法。以是义故，如来常说，汝等比丘，知我说法，如筏喻者，法尚应舍，何况非法。

七、菩提无法，说法无执

须菩提！于意云何？如来得阿耨多罗三藐三菩提耶？如来有所说法耶？

须菩提言：如我解佛所说义，无有定法名阿耨多罗三藐三菩提，亦无有定法如来可说。何以故？如来所说法，皆不可取、不可说、非法、非非法。所以者何？一切贤圣皆以无为法而有差别。

八、七宝布施福德多，经文生佛福胜彼

须菩提！于意云何？若人满三千大千世界七宝以用布施，是人所得福德，

宁为多不？须菩提言：甚多，世尊！何以故？是福德即非福德性，是故如来说福德多。若复有人，于此经中受持乃至四句偈等，为他人说，其福胜彼。何以故？须菩提，一切诸佛及诸佛阿耨多罗三藐三菩提法，皆从此经出。须菩提，所谓佛法者，即非佛法。

九、四果不住，住则无果

须菩提！于意云何？须陀洹能作是念：我得须陀洹果不？须菩提言：不也，世尊！何以故？须陀洹名为入流，而无所入，不入色声香味触法，是名须陀洹。

须菩提！于意云何？斯陀含能作是念：我得斯陀含果不？须菩提言：不也，世尊！何以故？斯陀含名一往来，而实无往来，是名斯陀含。

须菩提！于意云何？阿那含能作是念：我得阿那含果不？须菩提言：不也，世尊！何以故？阿那含名为不来，而实无不来，是故名阿那含。

须菩提！于意云何？阿罗汉能作是念：我得阿罗汉道不？须菩提言：不也，世尊！何以故？实无有法名阿罗汉。世尊！若阿罗汉作是念：我得阿罗汉道，即为著我人众生寿者。世尊！佛说我得无诤三昧，人中最为第一，是第一离欲阿罗汉。我不作是念，我是离欲阿罗汉；世尊！我若作是念"我得阿罗汉道"，世尊则不说须菩提是乐阿兰那行者！以须菩提实无所行，而名须菩提是乐阿兰那行。

十、师法无得佛土不住，须弥山身不及非身

佛告须菩提：于意云何？如来昔在然灯佛所，于法有所得不？世尊！如来在然灯佛所，于法实无所得。

须菩提！于意云何？菩萨庄严佛土不？不也，世尊！何以故？庄严佛土者，即非庄严，是名庄严。是故须菩提，诸菩萨摩诃萨应如是生清净心，不应住色生心，不应住声香味触法生心，应无所住而生其心。

须菩提！譬如有人，身如须弥山王，于意云何？是身为大不？须菩提言：甚大，世尊！何以故？佛说非身，是名大身。

十一、德超沙数恒河世界宝，经文同塔应供当称名

须菩提！如恒河中所有沙数，如是沙等恒河，于意云何？是诸恒河沙宁为多不？须菩提言：甚多，世尊！但诸恒河尚多无数，何况其沙！

须菩提！我今实言告汝：若有善男子、善女人，以七宝满尔所恒河沙数三千大千世界，以用布施，得福多不？须菩提言：甚多，世尊！

佛告须菩提：若善男子、善女人，于此经中，乃至受持四句偈等，为他人说，而此福德胜前福德。复次，须菩提！随说是经，乃至四句偈等，当知此处，

一切世间天、人、阿修罗，皆应供养，如佛塔庙，何况有人尽能受持读诵。须菩提！当知是人成就最上第一希有之法，若是经典所在之处，即为有佛，若尊重弟子。

尔时，须菩提白佛言：世尊！当何名此经？我等云何奉持？

佛告须菩提：是经名为《金刚般若波罗蜜》，以是名字，汝当奉持。所以者何？须菩提！佛说般若波罗蜜，即非般若波罗蜜，是名般若波罗蜜。

十二、如来无说微尘亦无，世界三十二相不住

须菩提！于意云何？如来有所说法不？须菩提白佛言：世尊！如来无所说。

须菩提！于意云何？三千大千世界所有微尘是为多不？须菩提言：甚多，世尊！须菩提！诸微尘，如来说非微尘，是名微尘。如来说世界，非世界，是名世界。

须菩提！于意云何？可以三十二相见如来不？不也，世尊！何以故？如来说：三十二相，即是非相，是名三十二相。

十三、德超河沙身命，解义涕泪赞叹

须菩提！若有善男子、善女人，以恒河沙等身命布施，若复有人，于此经中，乃至受持四句偈等，为他人说，其福甚多！

尔时，须菩提闻说是经，深解义趣，涕泪悲泣，而白佛言：希有世尊！佛说如是甚深经典，我从昔来所得慧眼，未曾得闻如是之经。

十四、实相离诸相，无惊无怖畏

世尊！若复有人得闻是经，信心清净，则生实相，当知是人，成就第一希有功德。世尊！是实相者，即是非相，是故如来说名实相。世尊！我今得闻如是经典，信解受持不足为难，若当来世，后五百岁，其有众生，得闻是经，信解受持，是人即为第一希有。何以故？此人无我相、无人相、无众生相、无寿者相。所以者何？我相即是非相，人相、众生相、寿者相即是非相。何以故？离一切诸相，即名诸佛。佛告须菩提：如是！如是！若复有人，得闻是经，不惊不怖不畏，当知是人甚为稀有。

十五、无生忍辱，利众施法

何以故？须菩提！如来说第一波罗蜜，即非第一波罗蜜，是名第一波罗蜜。须菩提！忍辱波罗蜜，如来说非忍辱波罗蜜。何以故？须菩提！如我昔为歌利王割截身体，我于尔时，无我相、无人相、无众生相、无寿者相。何以故？我于往昔节节肢解时，若有我相、人相、众生相、寿者相，应生嗔恨。须菩提！

又念过去于五百世作忍辱仙人，于尔所世，无我相、无人相、无众生相、无寿者相。是故须菩提，菩萨应离一切相发阿耨多罗三藐三菩提心，不应住色生心，不应住声香味触法生心，应生无所住心。若心有住，即为非住。是故佛说菩萨心不应住色布施。须菩提！菩萨为利益一切众生故，应如是布施。

十六、如来相众不住，语法实地当学

如来说一切诸相，即是非相。又说一切众生，即非众生。须菩提！如来是真语者、实语者、如语者、不诳语者、不异语者。须菩提！如来所得法，此法无实无虚。

须菩提！若菩萨心住于法而行布施，如人入暗，即无所见；若菩萨心不住法而行布施，如人有目，日光明照，见种种色。

十七、受持读诵佛知，身施不及受持

须菩提！当来之世，若有善男子、善女人，能于此经受持读诵，即为如来以佛智慧，悉知是人，悉见是人，皆得成就无量无边功德。

须菩提！若有善男子、善女人，初日分以恒河沙等身布施，中日分复以恒河沙等身布施，后日分亦以恒河沙等身布施，如是无量百千万亿劫以身布施；若复有人，闻此经典，信心不逆，其福胜彼，何况书写、受持、读诵、为人解说。

十八、为发大乘上乘人说，是经即塔能灭罪业

须菩提！以要言之，是经有不可思议、不可称量、无边功德。如来为发大乘者说，为发最上乘者说。若有人能受持读诵，广为人说，如来悉知是人，悉见是人，皆得成就不可量、不可称、无有边、不可思议功德，如是人等，则为荷担如来阿耨多罗三藐三菩提。何以故？须菩提！若乐小法者，著我见、人见、众生见、寿者见，则于此经，不能听受读诵、为人解说。

须菩提！在在处处，若有此经，一切世间天、人、阿修罗，所应供养；当知此处，即为是塔，皆应恭敬、作礼围绕，以诸华香而散其处。

复次，须菩提！善男子、善女人，受持读诵此经，若为人轻贱，是人先世罪业，应堕恶道，以今世人轻贱故，先世罪业则为消灭，当得阿耨多罗三藐三菩提。

十九、德超佛供，多有不信

须菩提！我念过去无量阿僧祇劫，于然灯佛前，得值八百四千万亿那由他诸佛，悉皆供养承事，无空过者；若复有人，于后末世，能受持读诵此经，所

得功德，于我所供养诸佛功德，百分不及一，千万亿分，乃至算数譬喻所不能及。

须菩提！若善男子、善女人，于后末世，有受持读诵此经，所得功德，我若具说者，或有人闻，心则狂乱，狐疑不信。须菩提！当知是经义不可思议，果报亦不可思议。

后篇　去内相安心

二十、生心灭度，心无菩提

尔时，须菩提白佛言：世尊！善男子、善女人，发阿耨多罗三藐三菩提心，云何应住？云何降伏其心？

佛告须菩提：善男子、善女人，发阿耨多罗三藐三菩提者，当生如是心：我应灭度一切众生，灭度一切众生已，而无有一众生实灭度者。何以故？若菩萨有我相、人相、众生相、寿者相，即非菩萨。所以者何？须菩提！实无有法发阿耨多罗三藐三菩提者。

二十一、菩提无得，授记成佛

须菩提！于意云何？如来于然灯佛所，有法得阿耨多罗三藐三菩提不？不也，世尊！如我解佛所说义，佛于然灯佛所，无有法得阿耨多罗三藐三菩提。

佛言：如是，如是。须菩提！实无有法如来得阿耨多罗三藐三菩提。须菩提！若有法如来得阿耨多罗三藐三菩提，然灯佛则不与我授记：汝于来世，当得作佛，号释迦牟尼。以实无有法得阿耨多罗三藐三菩提，是故然灯佛与我授记，作是言：汝于来世当得作佛，号释迦牟尼。何以故？如来者即诸法如义。

若有人言，如来得阿耨多罗三藐三菩提，须菩提！实无有法，佛得阿耨多罗三藐三菩提。

二十二、法皆佛法，法身无寿

须菩提！如来所得阿耨多罗三藐三菩提，于是中无实无虚，是故如来说：一切法皆是佛法。须菩提！所言一切法者，即非一切法，是故名一切法。

须菩提！譬如人身长大。须菩提言：世尊！如来说人身长大，则为非大身，是名大身。

二十三、心无菩萨、亦无佛土

须菩提！菩萨亦如是。若作是言：我当灭度无量众生，则不名菩萨。何以故？须菩提！实无有法名为菩萨。是故佛说：一切法无我、无人、无众生、无寿者。

须菩提！若菩萨作是言：我当庄严佛土。是不名菩萨。何以故？如来说：庄严佛土者，即非庄严，是名庄严。须菩提！若菩萨通达无我法者，如来说名真是菩萨。

二十四、五眼所见不可得，七宝布施福德无

须菩提！于意云何？如来有肉眼不？如是，世尊！如来有肉眼。

须菩提！于意云何？如来有天眼不？如是，世尊！如来有天眼。

须菩提！于意云何？如来有慧眼不？如是，世尊！如来有慧眼。

须菩提！于意云何？如来有法眼不？如是，世尊！如来有法眼。

须菩提！于意云何？如来有佛眼不？如是，世尊！如来有佛眼。

须菩提！于意云何？如恒河中所有沙，佛说是沙不？如是，世尊！如来说是沙。

须菩提！于意云何？如一恒河中所有沙，有如是沙等恒河，是诸恒河所有沙数，佛世界如是，宁为多不？甚多，世尊！

佛告须菩提：尔所国土中，所有众生，若干种心，如来悉知。何以故？如来说诸心皆为非心，是名为心。所以者何？须菩提！过去心不可得，现在心不可得，未来心不可得。

须菩提！于意云何？若有人满三千大千世界七宝以用布施，是人以是因缘得福多不？如是，世尊！此人以是因缘，得福甚多。须菩提！若福德有实，如来不说得福德多，以福德无故，如来说得福德多。

二十五、如来无自相，有说即为谤

须菩提！于意云何？佛可以具足色身见不？不也，世尊！如来不应以具足色身见。何以故？如来说具足色身，即非具足色身，是名具足色身。

须菩提！于意云何？如来可以具足诸相见不？不也，世尊！如来不应以具足诸相见。何以故？如来说诸相具足，即非具足，是名诸相具足。

须菩提！汝勿谓如来作是念"我当有所说法。"莫作是念，何以故？若人言如来有所说法，即为谤佛，不能解我所说故。须菩提！说法者，无法可说，是名说法。

二十六、如来心中无法信，亦无众生及菩提

尔时，须菩提白佛言：世尊！颇有众生于未来世，闻说是法，生信心不？

佛言：须菩提！彼非众生，非不众生。何以故？须菩提！众生众生者，如来说非众生，是名众生。

须菩提白佛言：世尊！佛得阿耨多罗三藐三菩提，为无所得耶？

如是，如是。须菩提！我于阿耨多罗三藐三菩提乃至无有少法可得，是名阿耨多罗三藐三菩提。

二十七、法法平等修善法，山王七宝无穷小

复次，须菩提！是法平等，无有高下，是名阿耨多罗三藐三菩提；以无我、无人、无众生、无寿者，修一切善法，则得阿耨多罗三藐三菩提。须菩提！所言善法者，如来说非善法，是名善法。

须菩提！若三千大千世界中所有诸须弥山王，如是等七宝聚，有人持用布施；若人以此《般若波罗蜜经》，乃至四句偈等，受持读诵、为他人说，于前福德百分不及一，百千万亿分，乃至算数譬喻所不能及。

二十八、无念无观不断法，菩萨知之功德大

须菩提！于意云何？汝等勿谓如来作是念"我当度众生。"须菩提！莫作是念。何以故？实无有众生如来度者，若有众生如来度者，如来则有我人众生寿者。须菩提！如来说有我者，即非有我，而凡夫之人以为有我。须菩提！凡夫者，如来说即非凡夫，是名凡夫。

须菩提！于意云何？可以三十二相观如来不？须菩提言：如是！如是！以三十二相观如来。

佛言：须菩提！若以三十二相观如来者，转轮圣王即是如来。

须菩提白佛言：世尊！如我解佛所说义，不应以三十二相观如来。

尔时，世尊而说偈言：

若以色见我，

以音声求我，

是人行邪道，

不能见如来。

须菩提！汝若作是念，如来以具足相故，得阿耨多罗三藐三菩提。须菩提，莫作是念，如来不以具足相故，得阿耨多罗三藐三菩提。

须菩提！汝若作是念，发阿耨多罗三藐三菩提者，说诸法断灭。莫作是念！何以故？发阿耨多罗三藐三菩提者，于法不说断灭相。

须菩提！若菩萨以满恒河沙等世界七宝布施，若复有人知一切法无我，得成于忍，此菩萨胜前菩萨所得功德。何以故，须菩提，以诸菩萨不受福德故。

须菩提白佛言：世尊！云何菩萨不受福德？须菩提！菩萨所作福德不应贪著，是故说不受福德。

二十九、如来非去来，世界本是一

须菩提！若有人言：如来若来若去、若坐若卧，是人不解我所说义。何以故？如来者，无所从来，亦无所去，故名如来。

须菩提！若善男子、善女人，以三千大千世界碎为微尘，于意云何？是微尘众宁为多不？甚多，世尊！何以故？若是微尘众实有者，佛即不说是微尘众，所以者何？佛说微尘众，即非微尘众，是名微尘众。世尊！如来所说三千大千世界，即非世界，是名世界。何以故？若世界实有者，即是一合相。如来说一合相，即非一合相，是名一合相。

须菩提！一合相者，即是不可说，但凡夫之人贪著其事。

三十、如来无见，不生法相

须菩提！若人言佛说我见、人见、众生见、寿者见，须菩提，于意云何，是人解我所说义不？世尊！是人不解如来所说义。何以故？世尊说我见、人见、众生见、寿者见，即非我见、人见、众生见、寿者见，是名我见、人见、众生见、寿者见。

须菩提！发阿耨多罗三藐三菩提心者，于一切法，应如是知，如是见，如是信解，不生法相。须菩提！所言法相者，如来说即非法相，是名法相。

三十一、七言福德，说如未说

须菩提！若有人以满无量阿僧祇世界七宝持用布施，若有善男子、善女人，发菩提心者，持于此经乃至四句偈等，受持读诵，为人演说，其福胜彼。云何为人演说，不取于相，如如不动。

三十二、法即梦幻，欢喜信受

何以故？

一切有为法，如梦幻泡影，如露亦如电，应作如是观。

佛说是经已，长老须菩提及诸比丘、比丘尼、优婆塞、优婆夷、一切世间天、人、阿修罗，闻佛所说，皆大欢喜，信受奉行。

第三节　《法华经》观世音菩萨普门品的一些体会

一、是入世的普门品而不是出世和入法界的普门品

修行大德们常说，不读《法华经》，不知如来之苦心，不读《华严经》，不知佛家之富贵。确实如此。前者是如来为救护众生如何用种种方便启迪众生，使之摆脱远离三界之火宅，而后者说的是如何得到智慧的富贵。在《法华经》中有观世音菩萨普门品，平常自己阅读的时候，往往都是从经文的意思来看的，觉得观世音菩萨的神通广大和慈悲，因此，很多人因为这个普门品而修行起恭敬和慈悲，认识现实世界。但是，观世音菩萨普门品安排在《法华经》，与《法华经》的本意是什么关系呢？最近，自己阅读和体会《华严经》中的善财童子53参，其中去参询安住地神一节和夜神，方才有更多体会。这一品是普门品中的一个法门，但是，这个普门品是入世普门品，而不是离世间和入法界的普门品，这就是说菩萨在世间救护众生。但是，并没有说具体的救护，而是现种种身而说法，令成种种修行之果或境界，解种种难，令得解脱。这其中列举了很多情况。其中的含义有两类，一说观世音菩萨的自在变化或神通自在，实际是描述如来的自性，本自具有的一切；另外一说是因此而成为法门，救护和成就众生。为成就而介绍观世音的法门，这就是如来的慈悲和苦心所在。而介绍普门品之普——种种现身说法和救、解种种难，说的是如来法门，成为如来所必须行的，要具有观世音的普门之行。如果在世间的境界不能护念自己的言行，特别是念头，在观世音普门品所描述的种种危难、恐惧之中不能无畏而解救，那么，要成就观世音普门品中的自在变化和神通变化也很难，这就可以检验自己的修行境界。当然，这里讲的是修行人，而不是受行人。

二、观世音的由来或定义

普门品虽然不长，言语简单，但是其修行或所说的境界却是如来境界的菩萨行（自己的理解）。这品中以无尽意菩萨提问而开始，很有意义，这暗含观世音菩萨救护这个世界的众生之意无尽。因此，我们这个世间一切慈悲和救护，可以理解为观世音菩萨的威神之力，对一切救护和慈悲，应起观世音菩萨想。

无尽意菩萨问了两个问题：

第一是"观世音菩萨以何因缘名观世音"，佛告说，"善男子，若有无量百千万亿众生（如此之多）受诸苦恼（众生多，苦恼更多，一个众生的苦恼就有

诸多），闻是观世音菩萨，一心称名，观世音菩萨即时观其音声，皆得解脱"。
这里，特别注意，闻后要做到"一心称名"。我们很多人称名菩萨、如来名号的
时候，并不能做到"一心"，嘴里念名号，头脑里或心里想别的事情，就不能得
到很好的感应。在遇难和危险、危急或恐怖的情况下，同样要做到一心称名，
才能离开，否则做不到。相当一些人平常在家里或到寺院也对观世音菩萨像供
香、礼拜、磕头，但是，在真正遇到问题和麻烦的时候，并不一定能突然想起
那个礼拜、恭敬、供养的心态和意识，更谈不上一心称名，最后感觉菩萨不灵，
或自己心中有疑问，觉得自己心很好，为什么还会有这样、那样不顺的事情。
其实，这里的根本在于平常恭敬、专心不够，没有能够心里安定到能够自我控
制，能够"一心称名"，因此而成就和扩大善根和善心，在遇到事情和问题的时
候不能以平常心态来对待。如果能够心里安定，一心称名，时间长久，必然有
定力，在遇到问题和烦恼的时候，保持平常那个安宁的一心称名心态，就可以
有感应。

三、如何认识观世音菩萨的威神与感应

观世音菩萨如何救护众生？观世音菩萨用的是"观其音声"（《楞严经》中
有详细的介绍，《心经》中也有说明）。这里，对我们来说似乎有些不理解，声
音怎么能够观呢？只能听，这就是差别。如果观世音菩萨也是听音声，也像我
们一样听，那就救护不了。《心经》中说观自在菩萨，表示的是意识与观已经等
同或同化，观与听已经不二，只有观，因此没有任何界，也没有意识界，是有、
定、空不二。当一心称名，"观"与"一心称名"可以沟通而产生安定、和谐，
那么，就可以改变危难时候的意识和行为，以及种种外界情形，而能够做到这
样是威神之力。解救之时是"心与境界不二"的，是已经转化后的不二——观，
或者是其表现形式。什么是威神之力呢？我们看领导人、帝王就具有威风，一
个要求下来以后，如果不顺从，则感觉到压力很大，这就是威力。观世音菩萨
威神之力不可思议，因此具有种种神通。但是，这在我们这个世间，很多时候
不是具体的物理世界发生变化，如神话中的解救，而是精神和感受境界变化。
很多时候会让你在这个时候得到解救，比如突然遇到某一个人来帮忙或者是电
话或者是其他事情。这里我举一个例子，1992 年我在新加坡的时候，到一个朋
友家去，但是因为下错了车而迷路了，语言又不是很通，但我当时心里也不很
急，有些麻烦，当然就希望遇到一个语言相通的人帮助。过了大约半个小时，
果然过来一位女性，我求问那个地方怎么走，非常巧合的是，她也住在我那个
朋友的楼群，因此直接从小道带我去，我非常高兴和感激。她还告诉我自己是

中国人，父母是湖北人，她在英国长大，我也觉得事情就这样不可思议，因此，也相信菩萨的这些功德，但是，并没有明白其中的原理，因此而一直探索和研究。

"观其音声，皆得解脱"，这正是普门品的威力所在，体现的是"普"。一般人做不到。一件事情，让很多人受益，这就是普门品，这需要修行和方便。我们现实世间有很多普门品的工具，各种媒介、电视、新闻、报刊、文章以及课堂教育体现的都是普门，因此，善行的普门都应该理解为菩萨和佛法的运用和体现，都应该恭敬、尊重。当然，利用这个普门帮助提高精神境界，特别是解脱，需要花一番功夫，世俗中也有普门的提高，不是彻底地解脱，而是一件具体事情和学问，但是，福德仍然很大。

四、观世音菩萨法门是什么

第二个问题是观世音菩萨"云何游此娑婆世界，云何而为众生说法，方便之力其事云何？"这里，佛说了种种情况，若有众生应以佛身得度者即现佛身而为说法，应以其他一切身得度者则现其他一切身而为说法。这说的首先是观世音菩萨的大愿——清净、慈悲大愿或本愿，说法度脱众生以及前面的救护众生。佛经中讲所有成佛和修行人都有，才能成就。在严新气功中一直强调保持良好的两三个愿望。这也是修行和气功修炼的法门：其次是菩萨法门众多，对各种人都有法门，而且是方便法门，随其喜欢而显示，随其根性而显示，随其需要而显示，这说明的是菩萨自性变化和智慧周遍一切众生之心性，能够了解众生而说法，不是让不同的人、让不同根器的人学习同样水平的法门，因为情况不同，采取同样的法门可能效果不好，这就是说能够因材施教，也说明了菩萨功德之深厚。这个是如何显现的呢？其道理是一音演教，根器不同，理解和收获不同，但是菩萨对每个人又是等同的。就像很多人去学习气功，同样一天的讲课和培训，大家都有进步，但是差别很大。这里的差别不是因为众人的根性差别、理解不同而产生，如果是这样，还是众生的水平和境界，而是因为菩萨的功德和说教本身确实是包含了一切根性差别的需要和提高的能量，因此不同人在同样的法会具有不同的收获，佛经中有很多这样的情况。最后，佛说观世音菩萨摩诃萨于怖畏急难之中能施无畏，这是救护所必需的。自己如果害怕，就不能救护了，也就不能说法了，这说的是功能和威力，也是心性。

五、观世音菩萨为什么不受宝珠，而再献给佛

佛说了观世音菩萨的种种殊胜功德以及称名的福德，无尽意菩萨把自己脖子

上的宝珠璎珞——价值百千两金而献给观世音菩萨，这首先表现的是无尽意菩萨的恭敬、信任、尊重和欢喜。但是，很有意义的是"时观世音菩萨不肯受之"。对世俗人来说，这就更难做到了。功德如此大，人家如此恭敬、欢喜，把宝贝献给菩萨，菩萨是完全可以接受的。我们现在有些修行人希望来供养自己，有价值，无论多少都收了。世俗中的人，有了一定地位的人更是这样，什么礼物都接受。然而，观世音菩萨却不肯，为什么呢？这里没有说，也是极大的秘密。国内气功界也有修行大德，这方面确实是观世音菩萨的行为，很值得钦佩和学习。其中的道理是什么呢？菩萨本身是无执无著的，哪里需要什么宝珠，如果要，就是起了相。不过，这个不要是自然状态的，本性如此。但是，对于修行人来说，为什么要这样，仍然是秘密，只有持久这样做，才会体会其中的奥妙。

当佛劝说观世音菩萨为悯无尽意菩萨等而接受宝珠璎珞的时候，观世音菩萨应该接受了吧？比如有人当领导的面送礼给你，你不要，领导明确告诉你，可以接受而且没有任何嫉妒，一般人就收下了。但是观世音菩萨仍然没有自己接受使用，而是奉献给释迦牟尼佛和多宝佛塔，这仍然表示的是菩萨不受、不贪福德。而献给佛和佛塔意义深刻，让佛欢喜，其作用更大了。这是佛贪吗？不存在这个问题，因为佛本身拥有一切，否则，就着佛相了，佛是无相的。献给佛表明的一切仍然是佛有，佛等于宇宙，一切都在其中。

总结观世音菩萨普门品，其中心似乎可以概括为：首先要一心称名菩萨名称，其次学习菩萨观众生音声。学习菩萨，要具有菩萨的清净和慈悲大愿，入世随顺众生而起方便——其实是具有了定力以后产生智慧，在慈悲的基础上智慧才能生出方便。特别需要修无畏心，更需要修行不贪、不受财宝心。当然，最根本的一条，就是把握《法华经》的根本，相信众生皆可成佛，修行就能够觉悟，觉悟也无所得。但是，所有这一切，在不认识自心以前，有很多是体会不出来的。

第四节　若干菩萨名称的理解

一、文殊菩萨

文乃指文字、语言、文章等表达。殊是指殊盛、特别、才华、精华等，都是殊的表现，也就是人们所说的智慧。文殊是指文章、文字、才华殊盛。所以，文殊表智慧。文殊何以表智慧？如果你经常写文章，你就会发现，和你同样做研究的，写文章的人，觉得文章、研究缺乏新鲜观点，新鲜看法，都是大家知道，或者已经说过的，觉得没有新奇感和新鲜产生的精神振奋。从推动研究来说，要求文章和研究要创新，但是，创新不是那么容易的。一旦有了创新，文章和研究包括讲话就有了新鲜感觉，你就会觉得这个人有才华，这个文章很吸引人。这些新鲜的认识和观点，新鲜的视角等，新的发现就成为教育后来人的知识。因此，文殊也表智慧之师。为什么说文殊早已成佛，而且是七佛之师，道理就在这里。修道要依超脱世俗的智慧才能成佛，这也是文殊为佛之师的道理。

当然，文殊表的是智慧，一切足以让人生出智慧的活动都可以说是文殊的体现。比如，讲话、回答问题、谈判中的对答，老师和学生讨论问题中的巧妙回答，产品研究和开发中的投资，企业市场开拓的灵感等，这些都是智慧，都可以称之为文殊菩萨的功德。大科学家的科学发现也是智慧的表现。

那么，文殊菩萨何以坐狮子座？狮子表凶猛，也表示为一切兽王。作为动物，也表示愚痴，凶残，贪嗔愚之王。文殊菩萨座骑为狮子说明依靠智慧降伏兽性而成为佛性，为佛和智慧所使。我们生活中的斗智斗勇，有点类似这个含义，不过这是世俗的，但不执著，就不是世俗的。

文章、语言、表达等各种智慧的体现能够达到降伏境界，必须能够摧诸魔怨、心无畏惧，喜乐在心，慈悲为怀，无著无执，能感能应，这不是那么容易就实现的。作为文殊，需要普贤的境界才能体现出来，要有观音的慈悲和地藏的涵忍和大势至菩萨的威势才能真正做到。因此，这几个菩萨法门在修行中不能忽缺。

文殊法门就是要智慧殊盛，为人师表。但需要不断学习和谦虚，否则，难以成就文殊法门。文殊是没有师父的法门，是无师智。按照我们的问题来说，七佛之师是文殊，但文殊的师父是谁呢？最初让人类觉悟、传道、传法的是谁？文殊是没有师父的，是自然智，而要得到自然智，必须以众为师，拜众人、众生为师。因此，文殊法门并不容易实现和做到。做到了，就是在实践和修行文殊法门。

意识中的文殊法门就是让你所有的心意都能够做到智慧殊盛，谦恭，包含一切，慈悲一切，这样，才能生出智慧，不过修行是指解脱的智慧。当然，还有发现的智慧，发展的智慧，这些文殊法门是不可穷尽的，文殊法门无尽。

治理国家之智，则是大智慧，更是文殊化身的体现。

印光祖师云：视一切人皆是菩萨，唯我一人实是凡夫。如是即可低调做人虚心诚恳恭敬虔诚善待一切，如是即可积功累德福慧双修真实受用，如是则能广结善缘得道多助。如是即为学佛行人基础行持。

个个普贤自文殊，如来行处无所住。把他人都当做菩萨，自身修行，就可产生智慧，自己就是文殊。众皆普贤，自心文殊，一切不执著，就是如来。行如来性而无住，就是《金刚经》的核心思想。

二、普贤菩萨

普贤，就是普遍都是，都成为圣贤。大家都是圣贤。怎么会是这样？其实，我们生活中这样的事情也很多。比如，你是学习经济、金融、生态或数学、物理、化学等，你是教授、研究员，别人也是教授和研究员，你所知道的，他也知道，你有名气，他也有名气。如果把官位与圣贤等同，那么，处长、司长、部长相对于同级来说，就是同贤。各国总统之间也是同贤。这就是一种普贤境界和状态。因此，普贤菩萨或修行普贤法门就是让众人都成为圣贤，当代教育就是教育大家都成才，佛学院培养大家都成为圣贤，就是普贤行。当然，意识中的普贤法门，是让你自心的所有心意都解脱。普贤也可以认为是众人普觉等同的境界，也可以认为是众人等觉境界，当然是解脱、智慧和慈悲的，否则，不能称为贤。

要成就普贤行，需要修普贤菩萨的十大愿望：礼敬诸佛，称赞如来，广修供养，忏悔业障，随喜功德，请佛转发轮，请佛住世，常随佛学，（所做一切功德）普皆回向（归功与所做对象），恒顺众生（引导利益众生）。

当然，普贤法门也是无尽的，因为普贤的内容不同，方法不同，内容和法门无尽，更重要的是众生心意无尽，教育教化众生成为圣贤的心愿无尽，法门无尽。

修行者，如果心境未能体会到普贤菩萨的重要，那么，《金刚经》提出的灭度一切众生也无法实现。这个一切众生，就是自心众生，灭度了自心众生，众生则成为贤人，就是普贤。

今人不识普贤尊，

仿学佛祖度众生。

普贤隐着呵呵笑，

一笑笑倒释家族。

为更好地理解普贤，将一些网络对话摘录于此。

问一：有人说，普贤菩萨是属龙、属蛇人的本命佛，生日为农历二月二十。还有这么一说？

答：哇！那就来点幽默的！普贤不属龙，而是无数的神龙。见无数神龙在天无首而不见（现）！是为普贤！

问二：凡夫非普贤，亦自有其愿？

答：众即普，心非心，或即心即佛，是为贤。自心无数心意解脱，即自心普贤境。

问三：我去看过峨眉山上的佛。都是大雾天，上面天气不好，看不清。你上峨眉山看到普贤了吗？

答：也曾上金顶，可惜不识普贤面，只道是金塑相面，雾里难觅！普贤！普贤！普贤！

问四：如果众生皆空的话，那么众生又是在追求什么呢？不是很让人伤心吗？

答：众生皆空的意思是众人皆圣贤，皆普贤，不需要去度！而是需要我们去尊敬、供养，向他们学习，为他们做事。

三、其他菩萨

（一）地藏菩萨

大地能够涵养、包藏一切，能够生产、生长出一切，能够忍受一切，这就是地藏。修行是要心态和意识能够效仿大地的品质来作为对自身心性和行为的标准要求。这些，当然，要能够处在或达到不可思议的境界才可以，一般是不能做到的，只能趋向于此。

大地也是万物之母，因此，地藏体现孝敬母亲的精神。修行回报的高境界，就是报师恩，报天地之恩。唯有进入心如大地的境界，才能真正报师恩，天地之恩，父母之恩。

（二）大势至菩萨

就是大势到的意思。我们平常会讲看形势，看大势，还说"识时务者为俊杰"。大势就是不可逆转之势力和力量，要顺势而为。另外，大势也表达力量和威力之大，不可抗拒。比如，有些事，你会感到压力很大，或者觉察到势力很大，这都是大势的表现。但是，作为智慧和解脱的大势不仅要知道顺势而为，还要能够依据世俗的法门在需要的时候，将势力或势头的方向进行扭转。从自身的小势逐渐扩大，从为宾为阴，内在地修行阴德，逐渐扩大为主，为阳，内在和外在同时修行，这样，阴德和阳德都有大势。就可以化风俗和习气，转变一些社会的共同的不良之业，并保持这个心愿不改变。不仅自己内心如此，还要把别人和众生都转化为一个势头，这就是大势至菩萨及其大势至的普贤化。

第六章

修行和生活中若干问题与解脱

第一节　关于修德问题

一、对德的认识

这里研究和探索的都是个人角度，不包括政德问题。

修行人一直在强调重德，但是，什么是德呢？没有多少具体的解说，而且，修行人还把德分为阴德和阳德，这让很多人更难理解。我们平常生活中经常说到道德、品德、公德和功德，在宗教中还提到威德。

这里，笔者就自己生活和研究中的体会谈些看法。

什么是德？前辈已经指出，"德者，得也"。对于得，我们并不陌生。但他们的区别在哪里？对非修行人来说，这是秘密，即使对修行人来说，也有很多疑惑。

从社会现象和观察来说，是指自身可以观察到的得。这是指个人在金钱、利益、名誉、地位、业绩上的获得，个人所追求、期待、要求或愿望的实现等，都是德。这主要是从个人标准和心里来衡量的得，得到了就高兴，失去了就不高兴，得到了就认为成功，没有则认为失败。但由于人的需要不同，价值判断和标准不同，因此，对得与不得的看法就不同。

这些完全是从个人角度来说的，但是，我们是社会人、群体人，是有组织、有机构、有国家的，在某种意义上人可以从单个人升华到群体人、社会人、机构人或国家人，在这个层次也有得的判断。比如，我们讲企业经济效益，讲企业的利润，讲国家的竞争力等，这些都是从更大范围的人来理解得。这样，修行人可能也需要调整对很多社会问题的认识，不能仅仅认为自己在修德，好像别人没有。其实，并非如此。

什么是"德"呢？我自身的体会，是人们或社会对个人行为意识、行为过程、行为结果和效果的一种尊重、赞扬、恭敬、拥护、爱戴、怀念、感恩等善良的评价，这种评价具有持久性、普遍性、公益性，或者是一种社会共同的规范、要求或期望。行为主体得到的是这个，而不是个人的利益，这就是德——高尚之得。区别在于"得"是以个人标准和偏好或部分利益群体来判断的，而德是他人以社会、民众、历史正确的、善良的评价和判断为标准的。这个标准的差别在于"德"是以民众和社会的需要特别是社会、群众心中的尺码标准来衡量。因此，"德"要求的出发点是为社会、为民众需要服务，满足民众需要，而不是首先满足个人自身的心意，不是个人需要和个人业绩的追求。当一个人长期这样做的时候，当一个组织机构长期这样做的时候，人们或社会会说，这个人品德很好，有道德，做了很多功德等，也就是做了有利于民众和社会的事情。

如果从群体人、机构人、国家人来说，也存在"德"的评价。从这个意义来说，在群体人、机构人或国家人之中甚至在这个位置能够修行，这个"德"可能来得更大、更快，这就是在世俗中修行。我们今天的职业、工作其实也是修德的方便途径。但如果只考虑"得"，"德"可能丧失更多、更快。

"得"与"德"，有完全一致的，也就是个人得到的时候，社会也给予了很高的、很好的评价与赞美。但也有不一致的，个人得了，但民众和社会有意见，甚至是违法，比如，贪污、腐败，在群体利益分配中的不合理、不公平分配行为等，这在工资、住房、职称、医疗支付上等方面可能遇到。

其实，在矛盾和具有各自追求的人的社会，个人在与外界接触过程中的一切没有矛盾、没有不良评价或满足期望的一切行为、表现乃至思想等，都是"德"。比如，当一个人在单位工作，人家要求你提供透明度时，你给予了满足，这就是德。你拿钱、做事情能够光明正大，让别人没有意见，没有不服气，让大家尊敬，这也是德。很显然，这个德，很多时候也是与价值判断联系在一起的。

正因为得与德的差别，有"得"的人不一定有德，有"德"的人则不一定有得。当然，"德"并不否认"得"，"得"是"德"的基础，合理、合法的个人之得是应该的，但个人应该区分其异同，重德轻得（不是弃得），不能以己之得损集体、民众之得。只有在个人之得与集体、民众之得相合，"得与德"能够合而为一的时候，才能重"得"。当然，以得养德，也是存在的，但需要把握好度，否则，德就是得了。

由于得与德很大程度是从意识范围来说，因此，从得到德也存在思想与意识的转化，思想工作和价值观念的转变具有这种功效，这是对得与德的应用与把握。从这个意义来说，德的标准不是绝对的。

另外，德在世俗来说，如果能够超越心意，无心无意，那么，一切都是得，也是德，犹如天地包容一切，这就是道德。

阳德是我们已经清楚的德，上述很大部分都是说的阳德，而阴德是指对别人和社会的益处自己不知道，听不到、看不到，以至要到后来人评价才会发现。阴德的另外含义就是无心于得失，利益一切而无求回报的心态所产生的效果，对产生的效果也不会追问。其实，在阳德以外的德都可以叫阴德。而威德是指道德高尚或修行以后产生的一种影响力和威严力所产生的作用，很多时候对邪恶具有压力和不可侵犯的态势，或具有无形的命令感觉，或使人产生崇敬等效果，这就是威力之德。阳德与阴德的作用与功效不同，但也存在合一的状态，这个时候，对修行人来说，就不存在对德的追求与思念。

二、把以德治国（身）具体化

江泽民同志曾经提出要"以德治国"，还提出领导干部要"以德服人"。历史上，中国一直注重德治，但各个时代的内容不同。由于时期不同，阶段不同，强调的重点不同，封建时代甚至还有一定程度的以人治国。但是，以德治国是根本或所追求的目标，一个德治社会应该说是一个比较理想的社会。孔子很早就提出"为政以德"，才能做到"如北辰拱之"。中国目前阶段需要法治，也亟须德治。

（一）以德治国需要区别"德"与"得"，明晰异同，重德轻得

实行以德治国必须首先清楚什么是德。德者，得也。但是，他们也具有很大的区别。得是指个人在金钱、利益、名誉、地位、业绩上的获得，主要是从个人标准和心理来衡量的得，得到了就高兴，失去了就不高兴，得到了就认为成功，没有则认为失败，这是人之常情。在今天这个时代，要领导干部做到不得，那不现实，也不应该，但是，如何得，这其中却大有道理。我们认为，领导干部之"得"，要以"德"来衡量，否则，得就可能偏离社会的需要。一些豆腐渣工程、一人决断的项目，领导干部有了业绩、个人利益乃至升官，有了得，但民众遭殃。这就是"得"与"德"的差别。

有"得"的人不一定有德，有"德"的人则不一定有得。在追逐利益的时代，一些领导干部，经不起诱惑，主动追逐个人利益而忘记了自己的职责，甚至走向贪污、受贿以及各种追求个人所得的经济犯罪，一些领导干部利用手中的权力进行金钱交易，败坏社会风气，这些人虽然有得，可能还有一些人追随，但却无德、缺德、少德，人民群众当然对他们没有好感。一个社会如果长期如此发展下去，必然导致民众怨声载道，社会道德低下，民众也会缺乏安全感，社会就不会安定。

（二）德就是品德、公德、功德、道德，首先是对自己的要求和检查，而不是对民众

德从其范围和层次来说分为品德、公德、功德、道德四个方面和层次。品德是指个人行为、思想、意识是否能够以德来衡量自己的得与失，公德包括对更大范围、场所内的对人的品德要求，并因此而产生的行为规范、伦理准则等。

而功德是社会对自己工作所作出的业绩（包括思想、意识、语言、行为和行为过程）及其结果、影响的评价。道德是指个人、社会群体在品德、公德、功德的基础上，在历史和生活、工作经验中总结出来的认识、理论，用以教化、引导民众和社会风气所体现的评价，也包括个人和民族、国家长期以来所产生的精神意识和思维方式感化、示范的社会效应，比如，民族英雄、清官、模范人物的事迹效应，会长期激励一个民族的后代。道德的含义首先在于"道"就是"导"，引导民众走向善良和品德高尚，遵法守纪，爱国等，其最后的含义可能如古人所说的"上德不德（得），是以有德"（《道德经38章》）。也就是说，个人也不去刻意追求自己之得，一切工作、事业、所为是自然的、本分的、本职的。有也不觉得得到什么，做了很多，没有得到公开的评价也没有觉得亏待了自己，这就是一种道德境界。个人、群体能够在各种利益得失面前以品德、公德、功德、道德来衡量自己和小群体的行为、行为意识和结果，其结果必然是民众安居乐业，国家富强，社会安定。以德治国，需要考虑从这些方面来完善。

从这一点来说，以德治国，对个人的要求特别是对领导干部的要求是很高的。现实中，有很多领导干部做得相当成功，但是，也有很多人经不起对照和衡量，有些领导干部甚至当面一套，背后一套，要求群众要讲"德"，而对自己则讲"得"，其结果必然是"下德不失德（得），是以无德"（《道德经38章》）。如果能够对照自己，那就会自我觉悟乃至觉悟他人。

因此，以德治国，讲德，首先是对自己，自身，要经常检查和对照自身意识、行为是否符合国家的法律、政策（这是公德），社会的规范，是否符合民众的期望和寄托，人民群众是否满意、称颂，感恩戴德。

当然，德还包括威德，这是铲除犯罪、邪恶权力以及民众的称庆、称快所至。

（三）以德治国要清楚"国"就在自己身边，在日常事务、事业和生活中

对于"国"，很多人觉得很清楚，其实，并非如此。如果是这样，以德治国就成为中央政府或最高领导人的事情。其实，"国"并非仅仅指国家，它包括两个含义：一个是有形的物质形体的"国"，即自己所领导的单位、群体、部门、职业涉及的范围等，所以，人们提出以德治党、治企、治政、治吏是非常正确的。另外一个含义是指从自身开始的一切行为、语言、工作和业绩、思想、意识、行为结果、效果等都是"国"，这就是无形的虚拟的"国"。今天，在网络经济时代，人们常常说虚拟世界、虚拟企业、虚拟金融等，就是如此。古人早就提出"以虚为身"，"以身为国，以国为身"，今天我们完全可以理解这个概念

了。其实，个人所从事的专业、行业，所领导的行业、部门、企业、组织机构、政府等都是"国"，不过是名称、内容、形式不同的"国"。说"以德治国"就是要在这些自身所处的"国"中能够做到常常重德轻得，至少能够以本单位民众的善良、正确、合理的要求、期望和合力来衡量、要求自己，在日常事务、事业和所接触的人中能够做到有德，兼顾在此以外的社会影响和效果。这样，以德治国就会形象化、具体化，而不只是空洞的说教，就会结合到领导干部和每个人的具体行为、行为意识和过程中去。

因此，以德治国离我们每个人并不远，不是与自己无关，也不是国家领导人的简单口号，而是与我们各级领导关系密切的治国方略。如果我们清楚"国"就在自己身边，以德治国，就是要检查自己的行为，这其实有点类似于曾子所说的自我反省。

其实，国家的政策、法律、党的宗旨和行动要求都是以德治国的实际表现，可惜的是很多政策在现实中并没有被执行，以人治国还很突出。已经制定的制度，领导干部带头不执行，这都是缺"德"的表现，必然会导致民怨。

当自己能够重德，也就必然能够得到民众的信任、支持、赞扬，自己能够以身作则，必然能形成示范力和影响力，这就是身教重于言教的道理，只有在自己能够履行德治之身教，也才能在自己所接触的干部群体和民众中产生良好效果，才能真正通过文字、语言、说教去正民风，感化民众，实践以德治国。

（四）要将以德治国持久化、稳定化、社会化、制度化、法律化

以德治国说起来容易，做起来就不那么简单，而要持久化、稳定化就更不容易，这需要领导干部以德治身，要具有坚定的意志，坚持不懈以德来衡量自己的得，不被名利财色迷惑和诱惑。同时，要有远大的为民众而不是个人功名利禄的志向和抱负，经常以德的标准对照自己的思想、意识、行为，虚心接受群体的批评、意见、建议，善待那些批评意见和逆耳忠言。心中始终清楚人民群众对自己的期望、衡量标准和要求，这样就容易使以德治国持久化、稳定化，就可以见名利和财色而不动心，就不会走向权力腐败和各种犯罪。

而要实现社会化则需要领导干部胸怀广阔，心量广大，目光长远。要把自身之国的民众和事情、要求装在自己心中，甚至要从更大的范围——国家、民族的角度来看待自己和所领导群体的行为，并总结历史的经验教训，而不是以个人的得失与短期的利益来看待自己和小群体的得失，这样就可以使以德治国社会化，得到民众的支持。这实际就是要求领导干部要奉献，要为全体民众利益服务，而不是首先考虑自己家庭子女和社会关系的利益。现实中一些干部陷

入子女、家庭和社会关系的利益中，这实际是利用职位和权力谋取个人利益。因此，需要强调，谈奉献不是要求一般民众，而是领导干部首先带头。

从功德来说，领导干部首先解决的是急需事情和问题，其次是矛盾最大、问题最多的，最后是需要最多的。要特别注意将矛盾和问题解决在萌芽状态，防微杜渐，这也是很大的功德。不应该刻意追求首长项目、给自己树碑立传的项目而不解决实际问题，最后积累问题和矛盾，败坏当地社会风气。更不应该个人集中权力，让各部门和其他领导等待自己的决定，形成独断专行的局面，这很容易导致经济犯罪。要让各个部门自己承担责任，自己决策，让以德治国落实到每个部门和每个人，发挥每个领导人、部门和个人的积极性，这才是真正为人民群众做功德。

要把以德治国制度化、法律化，就需要领导干部接受群众监督和社会监督，把人民群众的要求、反映作为自己的行为要求，而不是让民众敢怒不敢言。对待民众要谦恭，深入到群众中去，并将这些作为制度。

更重要的是要让人民群众参与以德治国，防止权力腐败。权力腐败的重要原因在于官僚体系和制度将人民赋予的权力异化为管制人民的工具，而不是为人民服务的手段和方便途径，因此而成为维护官僚利益的机器，从而使得民众敢怒不敢言。今天，应当利用现代化的物质和技术、信息条件，将权力分还于每个民众，赋予群众和社会机构来制约权力腐败的权力，特别要赋予人民群众对不满意、品德败坏的干部予以罢免、解除职务的权力。制定国家权力履行法、监督法，利用舆论、新闻和检查、监察机构以及举报等将以德治国制度化、规范化、法律化。要将新闻和司法机构独立出来，赋予不受任何干扰的权力。对于领导干部任命，要形成立法制度，要公示，要将征求群众的意见公开，不要搞什么内部参考意见，要防止一些人利用权力而官官相护，欺压和鱼肉百姓。

如果我们能够实现以德治国的持久化、稳定化、社会化、制度化和法律化，那么在长期发展过程中，以德治国就可以成为领导干部和民众的自觉行为和民众的共同意识，社会道德水平将大大提高，国家管理的成本也将大大降低，我国体制转轨就可以顺利实现。

第二节　关于善的问题

修身养性和摆脱烦恼都是很具体的问题。要摆脱烦恼首先要行善，而这需要认识善。

一、何为善

修行很讲究功德，讲功德都要求行善，世界上四大宗教也都劝善。没有善，也就谈不上修行和功德进步。但是，无论是行善，还是对善的要求，对于在世俗中修炼的人，都涉及这样两个问题：一个是面临具体事情，自己去做的时候，到底是善还是非善？甚至是错误？其次，如何对待一个有争论的或争议的事情、行为，这个行为到底是善还是非善？对于争论双方或发生矛盾的双方谁是善，谁是非善？是否可以做判断？

这些涉及善的标准。真正所谓行善，是在解决问题和满足需要或完成任务时，并不给人、社会带来坏的或不良的作用。即《道德经》所说"天之道，利而不害"。有一些善的事情未必就是善，比如说，你喜欢给人家钱财，得到的人也许很高兴，如果因此导致懒惰、贪婪的心理，这样的给予到底是善还是非善呢？因此，所谓施财也不是没有条件的。比如行医，如果你要把别人的生意都抢走了，那别人的生存问题怎么办呢？或者对别人加以非议，必然要找你麻烦。这些虽然极端，但确实存在。因此，所谓善与非善，很多时候很难下结论。善是要以不损害他人利益为前提的。

再比如，缅甸大毒品贩子把自己所得到的钱财施舍给山村的人，这个地方的人都把他当做善人。国际上著名的大投机家索罗斯等到东南亚国家进行金融投机，使得这些国家的货币贬值，而自己获得利益。但是，他获得利益又不完全是自己享受，相当大部分进行国际慈善事业，因此，东欧一些贫穷国家很崇拜他。美国、欧洲社会也不认为他的行为错误。这里就涉及一个问题：善的标准是什么？

根据观察，人类世界的善，首先是以自我的主观需要、爱好和价值判断为标准的。凡是能够给自己带来利益、好处的，能够满足自己的需要、愿望的人、事情、行为都是善的。如果没有得到，没有人说这个人、这个事情、这个行为是善的（因此，一部分人认为的坏人，另外一部分人可能认为是善人）。这个好处有两类，首先是有形的好处，工资收入、物质、地位、职称等个人、家庭、社会所需要的一切。其次是无形的好处，不一定体会到的，比如社会产品的便利，交通设施的改善。另外一种无形的好处是给个人身体、心理、精神境界带来的好处。因此，一切善，都是从人类的需要出发的判断标准。这里的自我有范围、层次和境界的差别：个人、家庭、团体、企业、社会、国家乃至地球社会，依次递进。

也正因为善是以主观需要和价值判断为标准，这种善是有欲念和欲望要求的善，因此也就必然产生认识差别和矛盾，产生冲突，这是由于范围、层次、境界不同而必然会产生的。某一种行为，对某一个团体是有利的，可能被称为善，但超出这个范围就不一定被承认了，也可能在伤害社会其他群体。因此，人间的是非善恶，无法说清楚。有些看上去是善，但当时得不到承认，很多民族英雄是这样，后来才得到承认。

其次，善有时代的变化，比如过去的雷锋、学习的劳动模范，现在就不那么被人们所重视。比如竞争社会，一个企业把另外一个企业打败，而导致企业破产，人们失业，这样的胜利到底是善还是非善？如果说不善，是符合社会政策和潮流需要的；如果说是善，它确实在使得另外一部分人出现痛苦。而如果这个企业不这样选择，自己也可能被对手打败，面临企业的破产或失败。因此，我们在这里又可以看到人间的善，是随时代变化和价值观变化而在不断变化的，在这样的情况下，仅用是非善恶来判断可能不完全合适，用因果、因缘关系分析，可能更好把握自己的行为和社会的行为。

比如，国家范围和世界范围的一些行为是善还是不善呢？很难作是非判断。19 世纪和 20 世纪，很多国家进行侵略和殖民地活动，这些国家可没有认为不对，而被侵略的国家显然认为其是反动的。1991 年海湾战争，美国联合世界上 70 多个国家打击伊拉克，这是否是善呢？难道是不善吗？美国学者曾经和我探讨关于国际关系和国际事务中的伦理和道德准则问题，我问，根据你们的标准，海湾战争否是道德呢？他们没能回答，这里只有因缘和因果关系可以解释。

那么，这样说来是否善就不存在呢？不是。人类社会是欲望世界，因此一切善都是有范围、层次和境界的差别，当个人能够认识并在修行中不断超出个人所处范围、层次、境界的善，个人就是在不断提高自己，使得善的水平、层次、境界提高，增加福德。如果行善没有想得到回报，也没有认为那是善，而是觉得应该这样做，是本分，是在完成任务，这种善就具有了精神的升华。如果能够正确理解别人对自己善行的批评，对很多的矛盾和认识差别在可能的情况下，能够运用智慧去解决，避免不良结果，那么，这应该说是真善。如企业竞争，企业之间是否可以寻找合作呢？是否可以寻找避免你死我活的竞争呢？是否可以进行市场分工，因此而保持双方都能够生存呢？应该说办法是有的。

但是，如果没有智慧，没有慈悲，是不可能的。国家之间的战争也是这样，是否可以寻找一种双方都接受的和平办法解决问题？如果是这样，也就是在真正求善行善了。

善在没有达到念止以前，没有达到解脱的境界，没有达到智慧、慈悲的境界，达到可以感化和改变人的行为、思想的境界，在现代社会，把这样的善行商业化、广告化（并非不对），产生不同认识就不可避免。面对这种情况，我们需要论而不战，允许不同看法，理解对方。也要清晰，"善人，不善人之师，不善人，善人之资，不贵其师，不爱其资"，做到"人之道，为而弗争"，"善者吾善之，不善者吾亦善之"，就可以"德（得）善矣"。

二、如何行善与修善、证受善

我们已经知道什么是善，如果能够作为一个平民而处在最高深的状态，也就是把自私扩大到和宇宙一样大，宇宙与自我化为一体，也就没有自私了，自私也就是至公，这个时候，可以体验天地宇宙是如何对待万物和一切生命的，在这个体验的基础上，思考为什么天地宇宙能够长久、永恒，而人的生命不能永恒，那么，我们就可以根据宇宙的这些特征来改变、修正自己的观念、思想、意识、行为，这就是修行。你体验到善，就是在修善，体验到天地的长久与永恒，就是在修长生不老，生命的永恒，体验到天地宇宙的无私、给予、忍等，就是在这个方面修行。也就是说，把对天地的观察、体验和认识，回头检查自己作为人的行为，把人的行为上升到天地宇宙的行为、特征和特性，因此来为人类社会服务，这就是修行。

但是，天地到底是什么特征和状态，除了高明的师父指点以后自己确信而修证，另外是需要自己不断提高认识，把认识通过身体的实证证明出来，只有这个时候，才能有受之正果。

就行与见识来说，见是非常重要的，没有见，就不可能有正确的行，但是，如果能够相信而且有很好的老师指点，那老师的指点就是见，有行，还需要证明，证明要有受，这样才能真正达到境界，否则，就成为知识和概念，停留在凡人的意识层次，欲望层次，就没有进步。

从这个意义上说，观察天、地、宇宙与个人，就可以修行，修宇宙之行。

三、佛法的善

佛法中，也常用"善"，而且是"善男子、善女人"以及"善法"，这不是一时、一念之善。这个善，至少是特指十善业之善。《佛说十善业经》明确提出："龙王当知！菩萨有一法，能断一切诸恶道苦。何等为一？谓于昼夜常思念惟观察善法，令诸善法念念增长，不容毫分不善间杂。是即能令诸恶永断，善法圆满，常得亲近诸佛菩萨及余圣众。言善法者，谓人天身、声闻菩提、独觉菩提、无上菩提，皆依此法，以为根本而得成就，故名善法。此法即是十善业道。何等为十？谓能永离杀生，偷盗，邪行，妄语，两舌，恶口，绮语，贪欲，嗔恚（hui），邪见。"

佛言："龙王当知！此十善业，乃至能令十力、无畏、十八不共一切佛法，皆得圆满，是故汝等应勤修学。""龙王！譬如一切城邑聚落皆依大地而得安住，一切药草卉木丛林亦依地而得生长。此十善道，亦复如是，一切人天依之而立，一切声闻、独觉菩提，诸菩萨行，一切佛法，咸共依此十善大地而得成就。"

此外之善，更大更多。

第三节　修行中的若干问题

一、关于业力与道力

人们都害怕业力，人们都希望没有病，因此而有所求，大家都在求健康、长寿、无病，有些甚至是怕，怕业力，怕病，害怕地狱什么的，而不是心无执著，心无所求的无畏。

作为修炼的人，在听说业力以后，非常害怕、担心继续造业，因此，对很多事情产生犹豫和怀疑，甚至也不去做事情，逃避很多的事情，觉得这可能是在造业，甚至因此认为别人也在造业，最后把自己的心力范围和行为范围大大缩小。其次，是对业力深信而不怀疑，因此而不去治病，认为是在消除业力，还债，一些人因此耽误治疗而使得病情严重或恶化。

那么，如何认识业力呢？造业到底是正确还是错误？或者说是否可以呢？如果每个人都没有业，那么，人类社会赖以生存的基础是什么呢？如果每个人都不造业，吃什么？住什么？生活用品哪里来？教育如何实现？如何有知识？你又如何可以享受现代文明来觉悟？没有交通的便利和印刷技术，如何知道业力的存在呢？人们对业力存在很多不合适的认识，把自己设想在一个理想的极乐世界。但是，如果在人间都没有能够实现与社会的和谐，没有达到极乐世界的一切可以随意而产生，那么，如何肯定那个世界就有呢？

其实，业力并不是什么坏的事情，人间世界的一切人的思想、行为都是业。所谓业，就是具体的工作、思想、行为的总和，因此而作为社会的需要和自己赖以生存的交换。即使和尚的修行和道士的修道，也是业，他们是以自己修行的清静来获得信徒和皈依者的经济支持，他们不能不吃、不喝、不住、不行，而这些都离不开货币和其他物质条件，而作为不生产的和尚和道士，需要那些生产这些物质的人拿来交换。因此，在很大程度上，和尚、道士也是在进行专业研究，不过，这种专业研究与一般的对现实社会物质利益的专业研究不同，基本是精神境界的专业研究和探索，这样的研究是与个人的实践、体会、修养、改变、认识自己、认识自然、认识宇宙和社会结合起来的，它也是社会实践，不过这个实践是从认识和解破自己特别是分析认识自己的心理开始进行的，这也是业。

凡是业，都具有力。所谓力，就是能量，能量场。人的一切行为、意识、语言、动作乃至具体的事情，都具有力量和能量，都对某一个人、事情或物质结构或社会结构或人的心理、意识发生作用和影响，这就是业力。因此，业力并是一个坏的东西，修道也是业力，不过，它不会像一般人那样具有固执。如果修道不是业力，那么，我们平常说"功力"也就不存在了。对于人间来说，没有业，也就没有力。科学在很大程度上是通过外在法发现了宇宙的力量存在，其实也是业，是宇宙之业。

业力不是坏的事情，而且业力之间存在交换，因此，也就必然存在所谓的欠债与还债，这就是我们的经济活动，就像企业的欠债与还债一样，这都是正常的。人成为社会人以后，这是必然要发生的关系，所谓的不欠债，就像一个企业一样，是盈利的，而不是亏损的。

既然业力不是坏的事情，为什么要害怕呢？为什么怕造业呢？问题在于业力和业障的不同。当自己固执于自己的业，并为获得业的利益和交换而固执的时候，甚至不能放下（不是放弃职业，而是指心里的一种轻松和解脱），业力确实产生障碍，业障，确实阻碍人见道、修道和得道。因此，他是对道的本体来说的，对于一般人，没有业力，就没有福分。

如果我们对自己的工作是在尽工作的责任、义务，满足需要，而对自己来说无所求，对自己来说，就是有业力无业障，有能量和能量作用的存在。但当自己没有固执，无论从事什么职业，做什么事情，对你来说，所有的业力就转化为道力，这就是很多觉悟了的人为什么还深入到社会的缘故，这就是所说的菩萨精神。也就是说，不仅是自己解脱，也帮助别人解脱。而解脱实际是多方面的，最终解脱的是心灵。一切业力都需要解脱，使得转化成为道力。因此，一切工作都是修行的工具。今天每个人的工作实际都是在修行，在很大意义上很多人都是在修菩萨行，做利益众生的事情，差别在于主动与被动，有个人企求与无个人企求。作为修行人，不应该轻视工作、职业研究，认为只有出家，在寺庙才是修行，认为只有专业的静坐才是修行，其实，并非如此。

当每个人把修行与自己的生活、工作、研究结合起来，这个修更快，体会和悟也更快，如果没有结合修行，很不牢靠，受不了考验。而且，那仅仅是个人在小范围的道或道理，而对全社会，还没有悟道。因此，很多人修炼气功，觉得有功夫，但是，他的功力甚至也不如现实社会中某些值得尊敬的人，这些人其实也具有功力，只是很多人没有注意。很多人把修行作为个人行为来理解，而没有认识到人是一个群体人和社会人，甚至是宇宙人，如果我们做这样的范围理解，我们可以不断地、逐渐地放弃自己，而扩大对人的认识，对自我的认识。也就是说，个人是一个自我，作为三个人或更多人的家庭同样是自我，而作为社会团体、群体乃至企业也是自我，范围继续扩大就是国家和国际范围，这个方法对不处于这个位置的修行人来说是非常重要的，而对于处于这个位置的人实际就是在体验大我，但是，由于职业和职位，他的心界和境界范围比一般人要大得多，这在某种意义上就是一种修行方法，颠倒的方法，到了这个层次，仍然需要放弃固执，需要空，把为社会、民众服务作为职业和责任，而没有自己个人的一切。最后达到天人合一的状态对待现实。

二、专业和职业的执著问题

早年在研究单位工作，要举办一次研讨会，请了一个专门办展览会的专业女士来帮助我们办会。这个女士问我，你做什么的，我说是做研究，写文章，她问"搞研究有意思吗"？我反问她怎么看，她说"没意思，每天研究，有什么意思"。我问她，"你觉得办展览，办会议有没有意思"？她说"太有意思了"！我告诉她，你这样的心态就对了。

我告诉她，一个工作，所谓有意思，没有意思，关键在于你对这个工作是否认同，你如果不认同，你就会觉得它没有意思，觉得它没有价值，如果你现在正做这样一份工作，你肯定试图离开这个岗位或单位。我搞研究，觉得研究问题、解决问题很有意思，觉得这也是在帮助社会和别人从另外一个角度解决问题，也使自己获得一份工作。没有觉得没意思。

当然，这种情况是针对每个人自己的工作来说的，很多人隔行如隔山，因此，不一定觉得这个工作是否有意思，但是，这是饭碗。

对于领导来说情况就不同了。领导一个单位，其中干什么工作的都有，如果只认同自己的专业，而不认同其他人的工作，一个领导就很难得到下属的支持，他会觉得领导对这个工作不重视，领导也觉得这项工作是多余。其实，工作是否多余不在部门本身，而在于是否可以通过这些部门和人干出大家需要、喜欢的事情，而这是领导需要帮助考虑和支持的。

我曾经听说一个单位的"一把手"特别喜欢打篮球，他到这个单位以后，篮球等体育活动就成为一个重要内容。但这往往都是围绕领导转的，群众也有很多其他爱好，如果也组织起来，有利于活跃气氛，增加了解和沟通，增加领导和群众之间的理解和融洽。

其实，一个人到了领导岗位以后，不仅自己的专业和知识自己要认同，不能固执于此，还需要认同下属其他人的事业和工作，这是整个事业链条中的一个环节。

我在行政单位工作，觉得每天在处长们已经拟订好的文件或回文上签个字，有什么必要，而且要好几层，觉得这是浪费时间，效率很低（内心的认识，并没有说出来）。但很快发现，这样认识问题的时候，很容易使自己产生一种矛盾心理，会看轻别人的工作和事情，自己情绪容易不好。

其实，每个人都想让别人觉得他的存在很重要，他的工作很有价值。因此，当自己放宽心态，扩大视野，认同他们的工作，他们也就有了积极性，他们的情绪也就好了，开展工作也顺利了，矛盾就少了，自己的情绪、心态也就不同了。

对别人工作的认同和理解，包括对别人工作效率和方式的理解、包容、宽容（不求完美，但在自己能力范围内取得完美，而内心不去指责别人，通过时间和耐心来逐步完美），就是自己心胸扩大的过程。

比如，心，原来装的都是自己的专业和喜好。也不关心别人的工作是否重要，只是处理关系上比较顺，与别人没有什么矛盾。但是，如果要自己放弃专业和爱好的工作，转换别的，就突然发现，自己对别人的工作或别的专业，不喜欢。心中不能装新的事业，新东西。不能认同别人，把别人的专业和爱好（无论是技术的还是非技术的）也装入自己心中而领导。其实，到了领导位置，就不是如何干自己的专业和爱好，而是如何领导自己的专业和其他专业，使这个专业和职业的水平得到发挥、提高，这个时候，群体的进步和成绩，也就是领导的成绩和进步，这就是群体和个别的差异（之一），领导和专业人员的差别（之一）。

这个时候，不是自己如何去干专业，而是如何组织和协调群体去干，个人能力再大，也不如群体的力量，而群体的力量是否能够发挥出来，也靠领导如何去用人，去指挥人，安排人，包括安排自己。这就是心中有别人，有群众，有大家，领导是在为大家、群体干，领导大家、群体干，而个人是被领导、被要求着干。

其实，进入这个角色，就是要拿得起，放得下，不陷入自己的专业、爱好而不能解脱。因此，能够到更高一个层次当领导，实际也是锻炼自己如何解脱自己，让自己摸索如何解脱自己的方法。什么时候都要不固执于自己的事业和爱好，而能够去鼓励、支持别人或下属去干，从这个当中产生新的兴趣。

2001 年 10 月，作为专家参加由国家经济贸易委员会委托清华大学台湾研究所举办的"海峡两岸加入 WTO 以后面临的机遇与挑战"论坛会，遇到某部长，闲谈之中，他说要按照我的兴趣，我不想干这个工作，这不是自己之长。但是，还是需要干好。其实，领导如果过分发展自己的长处，社会和单位内部会有偏向，考虑就不周全。需要注意的是，领导位置的一切，已经不是你自己的，而是这个群体干出来的，需要你去作为全局的事情、任务去做，或者去提高。

三、佛法在世间，不离世间觉

《六祖坛经》说，佛法在世间，不离世间觉。一切佛法皆因人而治，若无人，则无佛法。中国人是汉字，因此佛法以汉字表示，印度以梵文表示。因此，佛法是针对世间的固执、不解脱和烦恼的解脱。

《金刚经》说，一切法皆是佛法。佛法与世间法的区别在哪里呢？其实，是一回事。世俗法对凡人来说就是世俗法，对圣人来说就是佛法。凡人与圣人的差别不在形象，而在于心，一个是能够解脱，能够慈悲和空的，另一个不能。简单地说，圣人在所谓的追求实现和问题解决以后，不会有特别的高兴和喜悦，因为这在其心中犹如平静的大海有了一点波浪，显示不出来，而一般人犹如一碗水中起波浪，当然很明显。说是一回事，还要记住，那是解脱以后的表达，就是犹如说烦恼即菩提道理一样，对于一般人来说是做不到的，也不能这样说。正如道家修行中有这样的说法，"坐亦禅，行亦禅，语默动静体安然，圣可为斯凡不然"。一般人这样说和做，必定是狂妄。

但是佛法的目的并非仅仅在解脱，还要发现和掌握世间法的运行规律，并加以运用，利益众生和利乐有情。这和世间法的自然科学，发现了很多物理学和化学的道理，因此而发明了很多机械、化学用品以及弹药和军事武器等，这是探索物质世界规律以后的运用。而修行人还要了解人的心理规律，人的心理场和群体之间处事的规律，也就是人的血缘和社会关系的运行规律，然后运用，解决问题。可以说，很多成功的人士，在这些方面也都有很好的修行，这些法其实都可以转化为佛法，差别在于有些人是有求的，需要回报的，有目的的，功利的，佛法则没有这些，往往是愿望和理想下的行为，是解脱下的行为。

说佛法的目的并非仅仅在解脱，是因为仅仅是解脱而不能灵活运用世间，在世间运用自如，那么，还是无法真正彻底解脱，解脱以后需要慈悲和空，但是，这是解脱以后的慈悲，慈悲以后的空，以后不断强化和运用，不是世俗的慈悲。什么是世俗的慈悲呢？比如，看到别人生病，生活困难，立即生起同情心，甚至捐助和捐款，但是，如果有人说，这个人得到了很多钱财，比你还富裕，一般人心理就感觉不同了，如果这个人今后对你没有回报，你会觉得做好事没有好报就不去做了。有些人的捐款，还需要知道人家如何使用，到底给谁了，甚至认为这是自己的权利，等等，这些都是世间的现实，并非不对，不应该。但是，与佛法要求的慈悲不同，如何形容佛法的慈悲呢？其实，中国的道家庄子和老子都表达得很好。比如天地、太阳、水、空气、雨水对人等，只有给予，而没有期望回报，人们甚至不知道对天地、自然感恩，但天地和自然并不因此不给予，也并不对任何好人与坏人存在给予、不给予的差别。这就是圣人的慈悲。给予了你，帮助了你，但是，你可能不知道，他也没有让你知道的意思。类似于做好事不留姓名的无名英雄。当然，还有承担很多痛苦和难受的时候，也没有任何怨言，类似过去我们有些人的任劳任怨。这些慈悲是很具体的，当然，还有更大的慈悲，比如，一个国家政治领导人挽救解决一个时代民众的需求和矛盾等，这些有时候你看不出来，所谓大慈悲与那些个人利益的小慈悲有时候你看不出来，而是要回头看，历史看。国家领导人之间能够保持稳定和不为个人利益计较得失，保持社会安定，保持本国在国际社会上能够安定、友好、和平，这是最大的慈悲。

所谓慈悲，尤其是在世俗的慈悲，大隐的慈悲，很大程度是解脱后能够利用自己已经明白的关系，解决世间的问题和矛盾，这也是度人、度世界和时代。但于自己无所求，无所得，这就是慈悲。

当自己的过去意识在遇到另外一个人的观念与自己相同的时候，自己就有亲切感觉，支持感觉，对对方有好感，因此而更多交流和相互接受，这是什么原因呢，这就好比熟悉的人走到了一起，学问和意识中的这个问题其实是因为看到的观点的气质相同而相互融合，但是，不熟悉的，就需要感应和接受，需要新鲜。当自己安宁而别人出现观念的时候，需要顺，你顺，别人也顺，那么，这样发出意念的人就安定了，这就是随顺的道理，你也安定。但也有人不是这样，而是动，相互的动和创新，然后显示给更多的人、更大的群体。

四、修行要注意内外之功

功有内外之分，但心性是一体的。所谓内，一是指自己的心理和思维活动，二是指自己的身体六根功能。外是自己对外界的反映和对外界的行为，或者自己在外界的形象。

心理和思维活动，这是内功的关键所在。一般人很难达到控制和把握自己思维和心理活动的状态，更不清楚自己的一个意识和所谓的灵感是如何产生的，不清楚自己的心理意识是如何产生的，又如何去平衡？因此，一般人就随自己的意识、灵感、环境以及自己历史累计的意识和习惯去生活，这其中有其自身的平衡规律，也是现实社会的规律。

但是，对于已经能够知道空性的修行人和已经能够知道控制自己的心理意识和思维活动的人来说，很多时候，遇到矛盾的事情和人，以及自己感觉难受或气从内心生，怒火从内心生起的时候，或感受外界矛盾意识在自己头脑中不停地说的时候，用慈悲、善、欢喜、静、空，不举人过、不讼人短来要求自心，以无执著来劝说自身、自心，这就是在做内功，别人不清楚，但自心清楚。越是修行静和空乃至欢喜和慈悲，那么，在世俗中平常遇到的矛盾当下也许过去了，但是，遇到一个特定的机会，两个矛盾的人因为一个事情和利益又到了一起，那么，心理意识就像活的东西一样，再次活起来，这就是记忆。比如，恨，对某个人某些做法的不满，在遇到别人提拔的时候，心里特别不赞成，以前所观察此人的意识和观念就出来了，而且非常激烈。如何控制自己的心态，以修行的标准来要求自己，确实有难度。这个时候，没有别的方法。唯一解除自己心魔的办法，就是慈悲、欢喜、空、宽容、原谅等一切好的意识及其强化，否则，就是在用矛盾加持自己的心态，自己就不得安宁，自心就不是空。

因此，修行人无论你是领导、下属，你所面临的一切，都会在你内心反映出来，这不同于不修行人，有上下之区别。

另外，由于修行的境界，自己的语言和行为等一切，在外界表现的时候，即使时间很短，也会给外界深刻印象，而外界之间相互间的深刻印象往往需要很长时间才会这样。另外，相互的语言很容易忘记，因为心的范围小，也不深刻，但修行人说的情况不同。因此，这个过程要特别注意自己的言行，非常仔细。

内功的另外一个重要内容就是身体六根的感受，这要每天空，即使不每天空，也要有办法空掉，不能成为固执或被感染而不能解脱。因此，要用一种方法，空自己的六根和外六尘。

五、近朱者赤，近墨者黑：生命场之间的关系

我们常常看到一种现象：人群中的领袖是自然形成的，或者很多人特别喜欢围着某个人，也就是说，这个人很有吸引力。这就是人们常说的魅力，我称之为人格引力。魅力是贪求所引起的，比如，有人看见漂亮的人就目不转睛，觉得很有引力，很喜欢，乃至愿为此奉献自己的一切，或不惜一切而满足对方的需求。另一种是感染力或威慑力，这种力可以同化、影响、感染对方，或引起人的崇敬、学习，因而具有示范或模范作用。这种力有正面的，也有反面的。人格引力包括魅力、示范力等。

生命之间为什么会产生这种现象？这是由生命场具有的特性决定的。即生命及其人格化所产生的场具有放射和吸收、抵制和感染或叫开关作用。因而，

一个特定的人格形成以后，可以传授给对方，对方接受，则具备相同的人格，对方不接受，就是一种排斥性力量。当人没有辨别力时，则接受。具有分辨力时，则有所选择或取舍。小孩出生以前，没有语言、文字上特定的人格，只有父母性格或人格反应，这种父母人格在孩子出生以后会进一步通过父母语言的行动、为人处事而强化显示。因而，带过孩子的父母都有体验，孩子的性格是父母性格的反映，没有接触外界以前，父母说什么，做什么，他或她就说什么，反映什么。接触外界以后，则很容易吸收外界所接触人的人格。当然，除了外界的因素外，生命自身原来的人格也是一个重要组成部分。但它也与父母人格或生命场具有同一性或相关性。否则，不会产生血缘关系（龙生龙，凤生凤道理如此，而一龙九子，各有不同，亦因生命场的多样性而成。一家教子有好有坏，其理也在此）。但具有了分辨力时，对外界环境和人格引力则有所取舍。合于自己需要的，则取，不合的，则不要或抵制。还有一种能自我控制意念的人，它能自动分辨和取舍或转化他人的人格为自身的人格引力，甚至可以转变对方的人格引力。

　　因而，生命场之间存在这个规律：个人以什么人格或方式对待别人、社会，别人和社会也一定以什么方式回报于个人。家庭小孩教育是最明显的例子。父母脾气暴躁，口出脏言，小孩也同样如此，此所谓子肖其父母，粗暴的人，易遭别人的粗暴对待，狂妄瞧不起别人的人，总被别人轻视，不得重用。而待人和善之人，人待之亦善。这就是因果报应，善有善报，恶有恶报。这不是迷信，是生命场的规律，是自然法则。每个人的语言、行为、态度、情绪实际上都是一种物质能量，在与别人交往中，这种东西就像一种礼物，给了别人，别人交换了礼物，礼物是等价的。而且，生命的本来没有这些。因而，在生命流转过程中，每个人发出去的礼物都将回到各自的身中或生命场中，这叫自作自受。因此，每个人对自己的境遇不要怨天尤人，要改变和调整自己，给别人和社会好的礼物，然后才有好的回报。当然，对因果之报很多人会提出质疑，这个问题在人这个层次上是不能完全说明的，在几十年的生命中如果生命没能回到本来的状态，是弄不明白的，因为生命的形成和转化形成在人的层次上弄不明白。就像动物被杀，它不明白人为什么杀它。人迷于人中，无法洞悉生命的本来面貌，仅以人的认识来看问题，自然没有答案。硬要说它是迷信，也没有办法，因为说迷信者本身就是迷信，他更迷信了，迷于不信。

　　生命场之间存在的第二个规律是近朱者赤，近墨者黑。每位家长都有体验，孩子是跟好人学好，跟坏人学坏。为什么？因为生命本来没有这些东西。孩子现世的东西是空白，即使有非常少，不知好坏，自然就会出现近朱者赤，近墨者黑。这是对需要受教育的未成年人而言，这个规律也同样适用于成年人。为什么呢？因为成年人虽有分辨力，有善的一面，也有坏的一面。而且，如果不是属于意志非常坚定者，是随时可能因环境、因别人的人格转变的，每个人自身可能还知道，这就是迷。一个人没有明白生命的本来意义，由善转坏是很容易的，金钱、美女、物质享受、感官刺激很快可以改变一个人。因此，一个社会是否有正确的向上升华的道德和人生价值观念，无论是对未成年人还是成年人都很重要，如果处在社会价值观念转换阶段，善的东西很可能转化为恶的，但不以为恶。如果有善的楷模或受善人影响，这些人则会发扬善的一面，而逐步消除恶的一面，此所谓与贤人相处可以无过。当然，也有一种危险。朱者被墨者染而为黑，这样的例子很多。这里问题在哪儿呢？朱者的力量不够，人少，缺乏全社会的道德、行为规范支持，而求利求欲之人欲望力大，掩过清廉之力。此谓道力不足以胜魔力。而从修行者来说，这说明定力不够。而有一种人，定力很强，别人没法转变他，他可以转变别人，毛泽东、周恩来都是这样的人。一些生活中的修行人修道人也具有影响力，影响他人，而不被"黑"力所染，这些人甚至可以消除或转化"墨者"，其方式有时是有形的，有时是无形的。总之，这样的人，具有较强的感染力、同化力、威振力，这样的人，可以称为"朱者"。但凡求利者，则不可能具备此力。

人生的价值或生命价值在于舍，在于能舍弃一切，乃至舍身忘死，但又不执着于舍，舍而无求，舍而无得。这就是奉献，奉献自己的一切，奉献自己的心。还在于损，损去一切不良思想习惯、行为，使自己的心、行、每一个念头都能合乎道德。这样，生命就可以升华。西方文化也讲奉献，但那是求报的，希望得到承认和回报的。这对人来说，并不为过，只要能遵纪守法、遵从道德和社会的公共规范就行。但这个层次的东西也无法消除人间的烦恼和痛苦。而不求回报的奉献，损而无为的品行可以减少、消除人间的烦恼和痛苦乃至将人升华。

第四节　读书的感悟

一、读书：能进能出，不为所毒

书山有路勤为径，学海无涯苦作舟。读书是没有尽头的，故活到老，学到老。但古圣庄子也告诫：吾生也有涯，而知也无涯，以有涯随无涯，殆矣（《庄子·养生》）。为什么这样说呢？这就涉及生命的本质乃至生命存在的目的、价值与意义。人不是为了读书而活，读书是为了生活，是为了解决生活（个人、社会、国家乃至人类）的问题，是为了解除自己的疑惑。

如果读书纯粹是一种爱好，当心进了书山出不来，就不是读书，而是被书"读"了。有多少人没有被书读而是在读书呢？从某种角度、层次来说，绝大部分人是被书"读"了（也许得罪读者了），而不是读书。因为自己已经被书支配了，自己的思想、价值观念、行为都被书深深影响乃至在按照书中的理论、认识来看待人生、事物、处理事情，按照书中的理论来解释现实而不是根据现实来提炼、抽象理论，甚至在指导实践。结果，现实与理论不相符合，产生认识矛盾乃至个人行为的矛盾，导致至少是心理的矛盾和冲突，范围扩大就是群体、国家之间的行为悲剧。

人们都在读书，有多少人能够完全读懂？现代社会的很多事情和中国古代寓言中描述的事情没有实质的差别。东施效颦、邯郸学步、螳螂捕蝉黄雀在后这样的事情常常发生，无论是个人生活还是国家之间在经济、军事、政治、文化上的关系，都存在类似的现象。

被书"读"的另外含义就是"毒"。一些罪犯模仿书中的情节而进行犯罪活动，这就是被书读（毒）了。而关于爱情的描写，不知道使得多少青年男女陷入那种情爱绵绵的行为之中而不能解脱，婚姻以后还在追求那种书或小说中描写的恩爱，觉得自己的生活怎么不是那样。生命的本来是活或活的存在，但是情与爱或欲望的描述在偏离存在本身而折磨生命的过程，这难道不是一种毒？

其实，生命的本来是什么，所谓的爱情文学并没有明白，真正明白的人绝对不会有现代人对爱情的表述。《红楼梦》对爱和情的描述非常仔细、确切，但是不会勾起或激发你的欲望，书的开头或文章中时刻提醒你如何看淡这些，从中摆脱出来。现在的书有几本是这样的？都在表现一种强烈的欲望。

什么是情？什么是爱？心动则为情，动而固执则为爱。情与爱都是短命的，因为心里的意识波动和固执是不能持久的，持久了必然产生精神病态或不健康的生理状态，可以去实验。你喜欢、爱，看看持续的时间是多长久。但是，文学却在追求、提倡永恒的爱情，而且是异性的爱情！结果，爱情名著（剧）多是悲剧。遗憾的是却被赞赏。

自从资本主义产生以来，西方社会的经济学和文化价值观就开始强调欲望和需要，因此对欲望的欣赏和表现也就成为"美"，这是必然的。"物以类聚、人以群分"，发展了欲望，必然是对欲望的欣赏。人们觉得满足个人心理需要的欲望、行为是很好的，高尚的，值得提倡的，值得赞颂的。其实，这已经自觉不自觉地成为欲望的俘虏。但是，人却自以为自己支配自己，自以为是。这一点，经济学家凯恩斯早就注意到了，他认为，"讲究实际的人，自认为他们不受任何学理的影响，可是，他们经常是某个已故的经济学者的俘虏"①。人如果不能摆脱或超出个人的情、爱、私利的欲望，就必然成为欲望的俘虏和奴隶，而不是主人。并因此而演出种种危害个人、家庭、社会的悲剧。

因此，我常常感到相当一些书是一种毒品，在危害人类、社会、家庭和个人，人在不自觉地被欲望和需要折磨自己，而这是因为读某些书的缘故。当然，完全说是书，也不客观，但书确实在起这样的作用。

人们常说"鬼迷心窍、财迷心窍"等，书读多了出不来，也算是"书迷心窍"，而且可能被书"毒"。

如何不迷呢？写到这里，我想到闻一多先生对甲骨文"心"字的考古。"心"是一个象形字，里面是空的，什么也没有。如果在中间加了一点，就成为"思"了，也就是念头或欲望，人们常常说心里负担重、心累，也许就是心里的东西太多了、太沉重了，人的心就被这些主宰了，需要把它倒出来。要走出来，就需要排除这一点，或者是把这一点扩大成为空心（所谓不为私利和个人名利）。台湾耕耘先生对此有很好的表述："我的生命是什么？今天我知道这、知道那，是因为我们学的不同，学历不同，专长不同，每个人的生活背景不同，性格就不同，这都是生下来以后的事，没有加这些后来的因素以前又是什么？真实的必定是原本的，把原来没有的东西抽出来以后，看剩下不可以抽象的是什么？常常把原来没有的东西摆脱、甩掉，久而久之，原来没有的都摆脱了，看剩下的是什么，就会恍然大悟"②。

当然，书的功劳是第一位的，读书的功劳也是如此。中国人自古以来就强调读书，读书是仕途的重要途径，很多的名人、文学家以及影响历史命运和变

---

① 萨缪尔森：《经济学》（上册），12 版，20 页，人民邮电出版社，1992。
② 张志清：《名师谈禅》，书目文献出版社，1993。

化的人物，都读了很多的书。当然，他们读的书是圣贤之书，因此有"一心只读圣贤书"的名言。现代社会仅仅读圣贤的书就不够了，需要专业、生活、科学、常识的书。

我提倡读圣贤之书——智慧与方法论的书，其次是专业和科学、常识的书，这是我们生活的需要。属于消遣，勾起、激起欲望和心理不平衡的书，最好不要去染指，没有几个人能够摆脱这种毒害，不过是自己没有认识到，甚至意识到的时候，也没有觉得是在危害。这就是一个人的蜕化变质的渐变过程，当然，书仅仅是一个方面。无论是读书，还是生活（也是书），我们都要寻求一种解脱，能进"书山"，也能从"书山"中出来，"学海"泛舟，也知返航，这样就不会"以有涯随无涯"了。

二、人生能读几本书：如何读书

曾经有人问，人生能读几本书？他说的是读的一本书要做到，或者说要很长时间实践才能够做到。

比如，《礼记·大学》提到"心不在焉"。什么叫心不在焉？我们一般的理解是学生在课堂不听讲，或者某一个人讲话，另外一个人没有听，是心不在焉。如果这句话的含义真是这样，就不会有这样长的生命力。而作为成语，因为不听讲，心里想别的事情或动作，仍然是心"在焉"，不过是这个焉，那个焉的差别，仍然是心有所在。而心不在焉的本意是心无所在，或心没了。那谁能够做到呢？要是做到了，那么也可以写出类似的名言、体会，而这个"心不在焉"与《中庸》说的"格物致知"是一样的。如果用庄子的话，就是"万物无足以铙（náo）心"，也就是做到心无牵挂或心无挂碍。

说心无牵挂，当自己遇到事情、问题，或面临别人对自己生气、发怒的时候，看看自己是否仍然是这样；如果生病了，看看自己是否能够这样；面对单位职称、增加工资、提干等名誉和利益是否可以做到心不在焉？面对完成任务的困难、艰巨甚至是各种非难、指责，是否能够心不在焉而没有牢骚、怨气？在工作中遇到不认识人的辱骂（比如售货员、售票员），面对生活、工作中的各种矛盾，是否能够心不在焉？面对自己同学、同事的发财、高升，自己是否可以保持一个平静的心态，不出现反常的行为而毁灭自己乃至家庭和社会小团体？很难的（当然意志坚定可以）。所以，书不是简单读了就过去了。写出这些流传到现在没有人能够替代的书，可不是为了钱、稿酬，也不一定是地位高的人就可以写出来的。是"心得"，心真的得到了这个。如果真正体会出来，就可以把其他的书也看懂了（指社会科学），不需要读那么多的书。

　　因此，与其浪费很多时间读那么多的实际没有什么意义的书，不如去体会、实践一本书的内容或至理名言，如果真的能够把一本书吃透了，也就可以了。很多有成就的人，没有什么书本知识、学问，却很有智慧，解决问题也非常圆满、恰当。而真正读书很多的人，往往很难做到，本本主义和教条主义倒是很普遍，或知其然而不知所以然。

　　这就涉及如何读书的问题，几乎没有人认为自己不会读书。

　　《论语》开篇就说：学而时习之，不亦悦乎。那么，我们读书人、读书，有多少人能够体会到"学"的快乐？"学"怎么才可能有悦呢？上学的时候大家都讨厌读书、考试，哪里有悦！对于这句话，我们读书的时候往往解释一下就过去了，如果真是这样，那孔子也太平常了，可是他为什么那么伟大成为中国几千年以来的圣人呢？什么叫学呢？仅仅是读书、背书、记忆？当然也是学习了，但是"学"如果结合生活，就不同了。比如学手艺，那么，现在的"书学"和各种工作中的"学"就结合起来了。很多人可能注重"学"而忽视"习"，所谓"习"是什么？临摹字帖就知道什么是"习"了。我的理解，临摹、观察、模仿、记忆、实践、对照、检查都是"习"，而且要去琢磨、体会达到意会，这是"身学"（有言教与身教）。一个木匠的技艺学习是需要自己体会、把握的，文字是不能完全表达的。

　　只有这样学习，才可以进步，有进步、水平提高、理解提高，这个时候才有收获的悦，不然悦从哪里来呢？因此，这样的学习就不是简单的了。

　　老子曾经说过："世之所贵道者，书也。书不过语，语之所贵者，意也。意有所随，意之所随者，不可言传也，而世因贵言传书，世虽贵之，我犹不足贵也"（《庄子·天道》）。其实，理解书或文字并不是一个简单的事情，文字本身就不是简单的现在的概念，而是有丰富的内涵，中国文化书籍多是心理和生理实证的结果，至少是体会，这就是文化。什么叫文化呢？知识是文化？举一个例子："日"，"过日子"。"日"是太阳，早期是象形字，画个太阳的样子，知道是太阳，就联想和体会到晴天或太阳的温暖。"过日子"是指太阳落山和升起的变化过程，而现在人更多的理解是什么意思？要把文字返回到本来的意思、状态，这样的过程，才是"化"，在把握"化"的基础上来对待现实的生活，才能真正理解和明白生活，读书也才能够真正理解别人的意思，读书要读到这样，才叫有文化。不然，仅仅是概念、学历，不知道人家说的是什么，最后理解的意思都是他自己的注解。

　　当然"化"的过程还有层次、范围、深度、广度、境界等差别，对同样的事情有不同的认识，就是这样造成的。也正因为如此，对于孔子、圣人的言论有了很多不同的理解。不仅是对孔子，现在人对国家的政策、法律以及领导人的讲话都存在理解、解释的差别，大家都在按照自己的需要、认识所达到的水平来固执地认为自己是正确的、唯一的，尤其是与个人、小团体利益相联系的时候更是这样。

可见，读书不是简单的事情，不是读多少书、知道什么事情、知道什么学派乃至可以写文章。在知识泛滥的时代，在我看来，很多所谓的知识，都是知识垃圾，很多人在制造知识垃圾，或者被知识垃圾所毒害。当然，虽然是垃圾，也有它的用处，也可以进行开发利用，不过需要更大的心里能量才能够解决。

读书要实践，把书中对个人的要求真正转化为人格——持久的、永恒的人格，这就需要"精读"，要反复、经常对照、检验、检查、衡量自己，尤其是遇到问题、心理变化的时候，更需要这样做。否则，无论读书有多少启发，都没有什么帮助，因为没有改变自己的人格和思维方式，仍然会重复过去自己所犯的错误，比如家庭问题，如何避免吵架？告诉你方法（寻找自己的原因，责怪自己，这就是反省、内省），如何去做，如果实践了，就会改变。脾气、性格、处理问题方式的改变，同样是这样。

第五节　对自然的欣赏与感悟

一、桃花赋

花，人人喜爱。很多花，时常令我思考一些本源问题。比如，花的红、黄、紫、黑、白是哪里来的呢？同样都是生长在一个大地上，同样的阳光和宇宙，为什么花的颜色不同呢？颜色为什么也具有种姓并代代遗传呢？改变它们的又是什么呢？

虽然如此，桃花给我的印象还是比较多一些。这也许是因为小时候的缘故。小时候，自己家门前种着几棵桃树，每年春天花开的时候，树上开满了粉红的花，密密麻麻，煞是好看，令我有一种清新、柔软、灵嫩的感觉，并因此生出惜爱之意，尤其是当天气有些潮湿或者是春雨以后的花开，着实难忘。当花中间结出小小的果实，花的一切生命从此了结，花在头脑中再也不重要了。这都是小时候的事情，但总也没有忘怀，觉得那是一个世界。长大了就没有了，也没有这样的感觉。在整天的忙碌中，以后就很少体验到这个味道，虽然后来仍然看花，但回不到儿童时代的感觉。

其实，自己在儿童时代的一切都觉得那么稚嫩可爱，柔弱可惜。并非仅仅在于桃花，更在于生命。比如，看到从地里发出新芽的小桃树，从外表粗糙的杨树生出的嫩芽，母亲用稻壳做底子而发芽的瓜秧，这一切，在自己看来印象是如此深刻，这就是生命的原初状态。可是，物壮则老，开始不明白，现在才知道，这一切感觉，随着长大，就没有了。儿童非常可爱，人长大的时候也就变老了，或者就没有出生后的 7 岁以内那么可爱了。人老心不老，保持童心就不易，因为这需要大智慧，大解脱才能做到。看桃花，赞桃花，说的是这个状态。

让我难忘桃花的另外一个原因是电影里桃花世界的描述。《梁山伯与祝英台》的电视画面说的是春去秋来，春天桃花开，秋天树叶黄，冬天雪花飘，一晃就是 3 年，这时间的消磨和变化正是用桃花开体现出来，才知道春讯的到来，也才知道日月暗催人老，不知不觉中自己已经走过了人生的很多年，因此有许多感叹，尤其是对生命的留恋和思考。人生短暂，出生以后乃至小时候觉得时间过得很慢，无非是期盼得到什么或过节，期待自己喜欢的；成家以后，就会觉得时间很快就过去了，时间短暂，人生短暂，每当桃花开的时候，就让自己有这样的想法。但是，如果不在电视画面这样短促的几秒内把那么长的时间以直观的画面表达，恐怕就没有这样强烈的光阴似箭的流逝感觉，也不会有对生命和时间流逝、世界变化和社会变迁中生命衰老和不能自主而又试图把握的无奈，人的一生就这样很快过去了。但你要问，到底获得了什么，期望得到一个什么世界，期望到哪里去，哪里是自己的栖身之地，实在是茫然无知。在时光的流逝中，感到生命是一个谜，不知道从哪里来，要回到哪里去。

《红楼梦》中林黛玉《葬花吟》更是凄惨，"今日葬花人笑痴，他年葬侬知是谁"。它把一个无情世界以有情对待，本该无心却生心，便有了人与花的烦恼，因此而寄情于贾宝玉，最后丧命于情，贾宝玉亦出家修道。这说的是花与情、道的关系。

当我体悟自然之道的时候，突然觉得桃花又给了自己很多。那是我居住的门前，春天还没有来的时候，我每天观看，桃树枝上什么也没有，但是，天气暖和，有些潮湿，不知道什么时候，树枝上就开始有新芽发出，特别是花蕾发出，这是绝妙的无中生有，老子总结，一切"有"都是从"无"来，无中生有，人们把它作为一个贬义词来使用，但事实就是如此。其实，哪个不是从无中生出有的呢？没有。不仅自然界如此，物质产品如此，人心也是如此。人心本来什么也没有，但是，你接触到一个人，事情，物质，或者知识，心中就不是无了，而是"有"。中国的道家和佛家讲个人修行，都提出回到"无"的状态，那是心的本态，这就是佛家和道家文化所说的另外一个内容，一切有皆归于无。花落了，化为土，消失了，辨别不出哪是花，哪是土。本从无生，还回归于无。

按照道家的说法，无是什么呢？是指比虚、静更深层次的东西，是虚、静到极点的东西，万物皆从其生。因此老子说"至虚极，守静笃，万物并作"，"夫物芸芸，各复归其根，归根曰静，静曰复命"。这就是一个自然现象，循环往复而不停。今年从无中生有，从有归于无，明年还是如此，年复一年，川流不息而没有疲倦和厌烦。但是，这一切又是什么在主宰呢？老子说"有物混成，先天地而生。寂兮寥兮，独立而不改，周行而不殆，可以为天下母。吾不知其名，强名之曰道"，这就是道，自然变化之道。

那么，变与不变的是什么，人生的"道"何在？如何从有回归于无，又从无中生有，在有无中把握自己，把握人生的命运乃至把握一个社会和时代的命运？这是一个时代的人无法回避必须面临的问题。仅仅看到无，可能会消极，缺乏生活的动力和追求；仅仅执著于有，如果不能摆正个人的有与社会、国家和时代条件许可的有，也会因此产生有的苦恼和困惑，乃至争斗、战争等，人类社会就不会有和平与安宁。因此，把握有与无的平衡是最重要的，但这又是何其难！可是，古往今来也不乏其人，儒家教育人们学习圣贤和道家的通变、佛家的劝善其实都是解决有无矛盾和问题的良药。

当然，果园的桃花还在于没有多少差别，花花平等，无有高低贵贱等分别。其实，本来都是自然生出的，都是一样的天性，各自开花，各自结果。差别和分别是人心人意所成，因此而有斗艳。人若无心，花即无意。

无中渐有出桃花，红白映色源何假，花开花谢入土去，依旧化归无有家；
春花秋果年复年，地藏精气养根荫，月色阳光昼夜转，结个桃子传种灵。
桃源做客不知客，只求自心作伊亦，化风化雨化大地，化日化物是谁得？
心物有二心随物，无心无物任他测，自性花果恒常在，妙有徼无岂得失？

二、春天

春天，人们往往有一种喜悦和欢乐的信息和感觉。也许是因为春节的缘故，还是因为春天本身表示着生、活的再现？

经过了漫长而缺乏生息的冬天，人们渴望充满绿色、生机和充满活力的春天的到来。因此，一旦大地上的小草露出新芽，枝头吐露花蕾，人们就会感应到春天的讯息。

春天也表示温暖，不再严寒和冰冻，河开雪融，风和日丽。

当然，诗人们在春天更会有感慨：离离原上草，一岁一枯荣，野火烧不尽，春风吹又生；春风又绿江南岸；春江水暖鸭先知。学子们则深知：一日之计在于晨，一年之计在于春。农民则在春天的季节播种，这是农忙的时候。植物和大地则在春天的温暖中醒来，报以山花烂漫，绿叶遍布，冬天蛰伏的动物也开始活跃起来。

春天，确实令人渴望，令人向往，令人留恋。人们因此往往把爱和"春"、把活力、生机和春天联想起来。

人们会把成长期说成是青春期，这多指青年人；把年轻人的恋爱说成是青春之爱。爱确实是有活力、动力的，有爱和没有爱对个人、男女、家庭、单位和社会、国家、世界确实是不一样的。爱和无爱，都足以改变一个人的心态和行为，甚至足以改变一个企业、一个社会乃至一个国家和世界的命运。无求无得而无染的大悲之爱足以成就个人的高尚；对事业、祖国和众生之爱可以让人成为圣贤，而对色情和利益的过爱和贪婪之爱也会让人成为魔鬼而不能自拔。缺乏爱则只有争斗，唯见人短，因此而有烦恼，严重的会导致毁灭。

但是，无论是春天还是青春，无论是爱还是活力、生机等，都不能永恒。回头看时，这些都是瞬间消逝。人们似乎也觉悟到这春是无常的，不可久驻的，无法挽留的，但又是无可奈何的。当然，也有想保留青春的人，只一味去追求，去打扮，在形式上保持春的形态和青春的活力，但终究在身体上无法保持，或者成为心愿和祝愿。

世世代代的人们对此都习以为常了，很少有人去体会和试问这春是如何来的，又是如何消失的，它从哪里来，又到哪里去？又是如何循环往复而不变，有规律地运转着？春的力量是如何产生的，又是如何悄然逝去？更无多少人去想如何把握这春，留住这春，也许因为无法把握，无法留住，因此，也就对这些麻木而不问了。不问之中，人们可能也不去觉悟，因此而随着时间的流逝而轮转，而适应。春天，夏天，秋天，冬天，人们就这样随着时光的流转而改变自己去适应季节的变化。

地球上的季节变化，相关的因素无非是地（包括植被）、水、风、空和日月星宿。没有水，春天是绝对显示不出来的，没有水，就没有植物发芽，没有植物的开花与结果。当然，如果没有大地，石头里是不可能长出植物和生命的。所谓冬天就是地球离太阳远了，阳光的热量不足以使水和大地保持比较高的温度，因此，而有了冬天。春天，大地和水的温度回升了，植物因此也就生长了。可见，春天也好，冬天也好，乃至夏天和秋天，不过是日月、大地、水、风、空和旋转、周转所组合而成的现象，当这些组合发生变化的时候，就产生了气流的升降和季节变化。植物因此有了生与死，春天因此来，因此去，春的力量因此产生，因此消失。由于时光的轮转而不可逆，因此，春、夏、秋、冬也不可逆，不可挽留，只是循环往复，周而复始，生生不息。

春天和青春及其活力不过是诸多因素的组合和距离、时间变化所产生的现象，就这些要素来说，并没有发生变化，一样的地、水、火（日月）、风（旋转或周转，也是时间）、空。

如果对这些要素的组合和变化心念和感受上不停留，乃至当下也不停留，也许就能够悟到：本原上没有春天，也没有夏天，没有秋天，也没有冬天，只因地、水、火、风、空等要素在空间和时间上的组合而产生了季节，本来没有季节，季节本来空。本来没有春天，春天本来空。

既然如此，为什么人们确实感觉到春天的存在和季节的变化呢？其实，这些都是现象，人和人类社会本身也是地、水、火、风、空等时间和空间因素作用和动物、植物种子与这些因素相互作用、相互转化的结果，也是宇宙中的一个现象。人们把有形当做存在，作为追求的目标，因此，把现象的产生和发展作为追求并加以歌颂，人们喜欢生，喜欢活力，不喜欢寂寞，不喜欢死，也不喜欢无，因此，便有了对青春和活力的追求和赞美，也因此想保留青春和活力，想留住春天，于是才有了对春的渴望和企求。

其实，春的要素和冬的要素并无差别，有形无形也共同所在。那造出人和植物，使宇宙变化、循环往复、川流不息和气象万千的本源才是真正的春天和永恒的春天。也可以说这是无春（我们这个世界季节变化之春以及相应的意识和见识）之春，是解脱之春。由于其包罗万象，变化万千，隐显莫测，又涵养一切，不执著一切，因此，也是智慧之春，慈悲之春，喜舍之春。

追求春天，赞美春天，应该追求和赞美这样的春天，只有这样，才能获得永恒的春天。

事实上，人类也在追求和创造永恒的春天。应该说，科学确实在一定范围和程度上解决了季节的问题，能够夏造冰，冬打雷，人们也可以在寒冷的冬天吃到只有在春天才能吃到的各种新鲜蔬菜。这是人造春天，与本地外界隔离的春天，是另外一个世界的春天，但它确实说明春天似乎可以常在，可以制造。

四季如春不只是追求或理想世界，在地球上也确实存在。即使是在季节分明乃至完全是冬天的北方也有四季常青的植物，松树、柏树、冬青等就是如此。

人是否可以做到呢？心态上又如何做到呢？

要做到身心如春，就要有宇宙之春的追求。就要能够包容和涵养一切，能够承受一切、慈悲一切、爱护一切，而又不执著这一切，一切"有"似"无"，"无"似"有"，心同空而不执著，心同阳光永恒光明，自然如何变化，自己不变化。

宇宙之春的追求是什么呢？那就是爱。但爱是指什么爱？男女之情爱，那是小爱，而且也不长久，也无法通过男女之爱来达到永恒的青春。因此，情爱虽然需要，他还是不能使自己达到身心恒春。本质上还是没有清楚春或爱是如何产生的，如何保留，如何升华。

其实，男女之情爱在佛家看来是生死轮回的根本。《圆觉经》中弥勒菩萨一问中，佛说"善男子，一切众生，从无始际，由有种种恩爱贪欲故有轮回。若诸世界一切种姓，卵生、胎生、湿生、化生，皆因淫欲而正性命。当知轮回，爱为根本。由有诸欲，助发爱性，是故，能令生死相续"。情因爱生，爱因欲有，有了爱，才有了人的生死，如果心无爱念，就断了生死之根。

宇宙之爱是超越情爱的。天若有情天亦老。宇宙之爱是大爱（所谓大，不同同之而谓大，也可以说博而不漏），是无漏的爱，好坏一切皆能承受，任其变化，不因善恶而分别对待，一切平等给予。永恒的青春是要像宇宙永恒的春天那样，要做到无爱之爱，时时爱一切，又不执著一切，这也是解脱之爱。要做到智慧之爱，解除人们因爱和执著而产生的烦恼；慈悲之爱，不因为人有过有短有错，对己有嗔而厌弃；喜舍之爱，虽知爱，心不住爱；给予众人一切而无求回报地爱。让爱者和被爱者都解脱和幸福。

因此，不因爱是生死轮回之本而不爱，因为此爱不同于彼爱，情爱因此升华，因此转化，因此永恒。

谁说春归无计留，阳和依旧在枝头，人能参得回春力，且放春归不用忧。

——吕洞宾

第七章

关于爱、婚姻和夫妻和谐

第一节　如何认识情

一、情的含义与特征

什么是情，按照汉语的造字来说，是"心"与"青"的结合，青，表示生机和活力。心本来无，与"青"并列，则表示人的活力、生机，则就是有情。

情，古人分为七类，但有所不同。如儒家七情为喜、怒、哀、惧、爱、恶、欲；医家的七情为喜、怒、忧、思、悲、恐、惊，医家七情有对应脏腑之说，哪一情太过，则伤脏。

欲与情是联系在一起的，"喜、怒、哀、惧、爱、恶"亦为六种欲望，佛家的《大智度论》认为六欲是指色欲、形貌欲、威仪姿态欲、言语音声欲、细滑欲、人想欲，基本上把"六欲"定位于俗人对异性天生的六种欲望，对应有"六欲天"。

只要是情，必然是短命的，不持久的。比如，喜欢，不能持续不停；高兴，不能超过几小时；悲伤，不能连续数天。思念的爱，胶着的爱，等等，持续久了，都会导致疾病乃至精神出问题。人体是地、水、火、风在虚无或空中的组合，其本身有协调问题。情运水、火、风不能失调，水、火、风哪个失去了平衡，那么，土——身体就有问题，水多了，土寒，体质就虚弱，火多了，容易上火。风大，则神思不静。

二、爱情的特征与迷失

同样，爱情也是不持久的。因此，不要去追求所谓的永恒的爱情，那是不存在的，凡男女之情太深的人，其命也不长。人们喜欢矢志不渝的爱情，但这个成语中，不渝的是"志"，而不是情，此时，志的对象所在是人，实际是指目标始终如一，不变。

爱情是什么？每个经历的人都知道，但要用语言概括出来，会有很多不一样的说法。就世俗的爱情来说，爱是一种执著的喜欢，不舍弃的喜欢，然后是相互交织的喜欢，这也许就是爱情。但要说为什么喜欢，为什么不能放弃，不能分割？在爱之前，也是分割的，为什么爱了，就不可分割了？分割了，就非常痛苦呢？那谁都无法说清楚，所有说出来的，都是后来的自我解释和说明。因为所有关于爱的理由，可以说在婚后依然存在，但为什么没有了当初恋爱时的感觉呢？所以说，爱是无法说清楚的相互胶着、无法舍弃的喜欢。

喜欢或爱之前，如果事先知道什么，赋予什么条件，就不爱了，也就没有情了。只有不知道爱情是什么，只是觉得喜欢，放不下，舍不了，胶着了……就爱了，甜蜜啊……再后来……很烦，很苦，很累……和谐成为难事了……知道得太清楚了，不能容人不足了，单身的多了，离婚的多了，婚外恋的多了。

一个人，过分贪婪于爱，会损害自己的生命，历史上，一些迷恋于女人的皇帝，寿命都不长。

爱可以成就一个人，因此，爱是天使。爱，也会毁灭一个人，因此，爱也是魔鬼。很多婚外恋，毁了官员的前程，也毁了不少人的家庭。历史上，皇帝的爱，甚至毁灭了一个国家。因此，有人总结说：成功的男人背后一定有一个成功的女人，失败的男人背后注定有一个红颜祸水。其实呢：

一堆骷髅外包皮，一堆臭肉本是泥，千古英雄迷。休怪她是祸，自心就是魔，悔恨已晚——不守当初！

褒姒、妲己、杨贵妃等都是毁灭一个王朝的典型，今天，一些高官也被女人拉下水。但这里，也怨不得女人，英雄难过美人关，这是历史，今天同样如此。

美女岂害人，人自迷美女。

儿女情长是亡国（身、家）之因。有人闻靡靡之音，不知何来，请师旷来弹奏，师旷说：君不可闻，再三请之，答应了。初弹，群鹤皆至；再弹，风云四起；三弹，瓦石乱飞，屋翻树倒。人皆骇之。这告诉人们，情，这个东西不可多贪，开始觉得甜，高尚，群鹤皆来。深陷其中以后，日久必然是风云四起，大家议论纷纷。再继续沉迷，影响家庭和谐，乃至出现人命案，这就是家破人亡。

三、知婚外爱之险、害

无论是修行人还是世俗人，对于情，也不能太过贪。

要知爱之险。爱之愈殷，毁之愈切。爱深了，稍有得不到的，就可能成为仇家。当今社会，不少家庭都不能使爱持久，何况婚外恋！权钱交易的婚外爱，如果一方得不到满足，必然心生仇恨，或威胁。如果一方害怕事情败露，影响声誉和前途，必起歹心。官员的婚外恋，不知害了几多人。婚外无真爱，都是奔着权财来的，久恋而不舍，必然下台。

要知爱之害。若见美色、帅气，心生占有欲，则被美色、帅气所降伏，成为美色、帅气的臣民，被其支配。贪官被女人所降伏，女人所求，百般奉给，成了女人的臣民而不知。所以，一个人，最好能够做到：凡是害怕别人知道的不做。婚外恋，别人知道了，心里多么害怕，多么不安，面子无处搁，朋友、熟人面前抬不起头。

要见色不动心，以理智克制自心。美色、帅气如同公园、大自然，要心无占有想，心无思念想。见已婚人不可恋，这会破坏别人的家庭和睦，损自阴德，障己前程，身败名裂；见未婚人不可恋，毁人一生，纠缠不停，自家破亡，定被情伤；见年长者，作父母想，不可恋；见年少者，作子女想，不邪念；见同龄者，作兄姊想，不移情。

更要知情似毒。情，如下雨天地上的烂泥，沾上就无法洗清，遇到机缘，就生害。

情如烂泥，于中戏迷，不知脱离。有朝不如意，恨欲把你埋土里。

情似鸦片，抽来上瘾，不知重病。无力被断烟，分手毁你仕途殷。

道家白真人对此看得很透：

堪笑尘中客，都总是迷流，冤家缠缚，算来不是你风流，不解去寻活路，只是担枷负锁，不肯放叫休，三万六千日，受尽百年忧。

道家邱长春也说：

色身原有限，情欲浩无涯，

痴似蜂贪蜜，狂似蝶恋花。

佛经《四十二章经》说：慎勿信汝意，汝意不可信。慎勿与色会，色会即祸生……爱欲之人，犹如执炬，逆风而行，必有烧手之患……人从爱欲生忧，从忧生怖，若离于爱，何忧何怖？！

那么，在世俗中，遇到所谓的爱，如何应对呢？

要观情无常，观美色、帅气无常，不久，就发生变化。人，不过都是一具骷髅，这些骷髅值得久恋不舍吗。

佛祖在菩提树下悟道时，魔王派众美女去妖惑。佛祖说：美色无常，你们体内充满恶秽！以无常观和不净观对待色关。心不能舍弃吗？动画片孙悟空手中美女立即转为毒蛇，婚外恋导致很多悲剧，恋人表情突变，相互心狠手辣，不是常见吗！戒之戒之！

当然，如果修行到一定境界，可以不被情所迷惑，牵挂，可以化情为智。那么，在上乘法中，可以不舍情，因为知道情本是真。如同金矿，没有成金，久炼成金。遇到红颜不知是红颜，知己不知是知己，就同在大自然的怀抱一样，如同进入公园、森林，当下喜欢，回后不思，当下也没有舍弃不得的！

当然，境界到时，方可用，不到不可用。进入这个时候，自身的情，就是大爱，无染的爱，不求任何回报的爱。遇到情，能不执著情，能够不为情烦恼，有烦恼事，随时知化，而不被牵陷，不能自拔。

第二节　关于爱、婚外
爱的若干对话——男人、女人

一、男人和女人的类比问题

问一：禅宗里面，女人是水，男人是茶。男人和女人还有其类似的区别吗？或者说有无男女之别！

答：无男人、女人想（相），本性一体而无别！

男女都如同木桩子，雕刻成不同样子，或者如泥人，形式不同。要知道，让木桩子能够发青的是什么？是生命的本来。要知道，泥人所以成型，是因为力的作用，技术的作用，不要被形迷惑，而要回归生命的本来，回归造物主本身。

男人、女人，本就是一具骷髅，常观如此，可以保持身心健康。道家邱长春有《报师恩》词：

不僧不道不温柔，九百人前不害羞，觉性一时超法界，知身亿劫是吾囚。

改头换面人难悟，走骨行尸我不忧，得意忘形还朴去，徒叫人笑不风流。

再看北七真昆仑山长真子谭处端无相歌：

骷髅骷髅颜貌丑，只为生前恋花酒，

巧笑轻肥取意欢，血肉肌肤渐衰朽。

渐衰朽，尚贪求，贪财漏罐不成收，

爱恋无涯身有限，至今今日作骷髅。

作骷髅，尔听取，七宝人身非易做，

须明性命似悬丝，等闲莫逐人情去，

故将模样画呈伊，看伊今日悟不悟？

问二：男人是茶水，女人是祸水，对吗？

答：男人非茶，女人非祸，二者心皆如净水。男人若为茶，女人若为祸，则相互染色而心不为净水，亦不能成为一体。

二、男女之间的主动被动问题

问：难道不应该是男人是水，女人是茶，水泡茶呀？

答：仔细体味或捉摸：水本无色，因为茶，而变为茶色，水的本色没有了；茶本无水，是干的，因水而湿，已经不是原来的茶了。合为一体，能分茶、水？

男女无论是组建家庭，还是婚外恋，都把自己的原来改变了，而出现了新的自我，这个新我的境界，比原来的我扩大了，都包容和接受了对方，或者说被对方相互染色了。因此，不是水泡茶，茶泡水的问题。情感成为一体了，要分离出来，必然痛苦。已经成为一色了，一体了，分开了，就是把一个整体切割为两块，所以痛苦。只有回到无心的状态，才能不被分割而相互折磨，因此而解脱。

这就要心态能够回到未恋爱前。如果真有这样的心态，平常也如此，就不会尝试婚外恋了。只要婚外有情了，有快乐，必然逃脱不了婚外恋的烦恼与痛苦。

三、男女选择问题

问：你是愿意喝水呢？还是愿意喝茶呢？

答：有茶喝茶，有水喝水，心不住茶、水。

有些人认为婚外情是一种修炼，是博爱。

自己的家庭都没有好好去爱，哪里有博爱呢！这是错解了博爱。

有人看了微博上说的一个道士不曾逆人的故事，就问，在婚外爱情上，是否也不逆人情？

其实，此意非彼意，情意非人意。只有心平意定了，心无执著了，尤其是对情不执著了，才可修随顺人意而不沾染，不求回报，心无期待。正常情况下，情意之顺，要守规则，否则，必然进入婚外恋，日久烦恼多，容易生是非，故不能泛而理解。

如果自己的心境和定力，不能改变别人，尤其是不能断爱，就不可修随顺世俗的感情，而要心起戒意。

四、心不在男女之间转

生活中，脱离不开的话语就是男人，女人。尤其是成年人，头脑中难免不在男女之间转。有些人认为，不在男人、女人之间转，就不是完整的生活了，或者说干脆不是生活。这就是迷失，迷惑！没有男女恩爱的时候，难道就没有生活了，没有事业了？生，按照世俗解，就是出生了，有形体的存在；活就是指活着，形体可动，有意识和思维。

美丽、帅气、情等往往也是陷阱，是负担，是祸害，它会成为追逐者的无尽负担和苦难，这个时候你还对美色、帅气、情感兴趣而追逐吗？当这些成为你需要陪伴、伺候、赔偿的行为时，会如何想呢？

美色、帅气、情犹如妖怪和毒蛇，突然转化，人的脾气突然变坏就是如此，想象这些突然出现，不再是笑容，而是贪恋你的财产、地位，葬送前程的慢性毒药，还有兴趣去为这些葬送自己吗？当婚外恋，面临相互矛盾、相互纠缠不放，对方要解脱，一方不放，可能面临生命危险，乃至自己的家属和亲人声誉扫地，那种婚外情恋，还那么有引力吗？想象婚外恋，被人发觉的内心恐惧和面子尴尬，就该知道，情是一种诱惑，让自己迷失并疯狂的诱惑。

心念不在男女之间转，就是解脱！有了婚姻和家庭，不在婚外男女之间转，就可集中精力：为官，就可以为百姓办更多的实事，解决百姓更多的需求和问题、矛盾；做专业或事业，可以有更多的时间来考虑专业、事业的发展，解决专业、事业发展面临的困难、矛盾；做企业主，可以有更多的时间考虑企业的长远、全国乃至国际化发展，就会有更多的精力投入如何获得行业地位，为国家和社会作出更多的贡献。

其实，心在婚外恋情转的人，又得到了什么呢？男人在女人之间转，就会增长自己的贪婪和狠毒，增加丧失自己前途的概率，增加破坏家庭和谐的力量，最终使自己身败名裂，乃至进入监牢。女人在婚姻之后，仍然心在男人之间转，虽然获得了个人追逐的各种利益，但也不可靠，而且自己会越来越贪，乃至炫耀自己，最后，也会毁了自己和家庭，这样的案例太多了。

其实，心本空，何必迷恋在其中而自伤呢！心不作男女想，就不会被男女之情纠缠而不解脱。

五、男女之爱问题

得到爱与被爱，在很多人看来，觉得是幸福，因此而持续不断去追求，甚至结婚以后，在婚外仍然追逐他爱。因此而陷入了情网，被情"网住"了而不得解脱，乃至出现伤害、命案等。

这其中的根本问题是不了解什么是爱。

对于爱，这里不想特别讨论。只是想说，爱就是糊涂，自己不知道为什么爱上了，因此，也不知道如何去摆脱。而所谓的各种理由，说爱，那都是事后的解释，不是为什么会爱的理由。比如，一个男人或女人再漂亮，气质再好，如果一个在农村，一个在城市，一个文化水平高，一个学历低，一个有地位，一个没地位，作为婚姻的爱，会进行下去吗？不可能。因此，一切婚姻和爱，都附加了很多条件。而婚外恋和爱，有很多具体复杂的原因，根本问题是不知爱是什么，因此，总是不断去尝试爱。

有人说，"爱"繁体字，中间有"心"，没有带心的爱，那不会是真爱吧？

其实，真爱之心，是空的，不执著的，才是真爱，因为空，就是无我，所以能把对方装入自己心中了。有一个字"忈"（ren）上面是"二"，下面是"心"，表示亲。意思是心中装两人了，就亲了，就爱了。这"二"也代表阴阳，代表男女，因此，作为婚姻的男女之爱，就是相互把对方放在了自己心上。

婚姻是爱，爱的前提是亲。亲，就是心中装了她和自己，只装一个，不是亲。双方都装了，所装相同，你这边增加了她，她那边增加了你。成为新的自我，双方认同不分彼此的自我，此即爱。

但到此地步，如何巩固，多数人不会了。组建婚姻和家庭以后，要让爱继续下去，相互心中装着对方，就需要不断更新内容和话题，以相互平等、尊重之心和雅之音交流各自的信息，带着欢喜和高兴之心去交流，这样，家庭生活就具有了活力。就好比阴阳太极图，心中装着的"二"，就是太极阴阳图，这样，就不会有爱的穷尽，因为变化无穷。

当然，如果把"二"作为婚姻之外的异性，也有亲爱，但因为把阴阳全部装在心中了，就要承担其一切信息，因此，会有无尽的牵累和纠缠。而且，无法摆脱，因为已经染色为一体了。

六、关于爱和记忆

问一：曾经我那么地肯定她是属于我的，可是，最后的离去却让我非常伤心。

答："她"本是自心的一念，这个念不放，另一念起，就有一个她再来。不必为一次的失恋而伤心。

问二：人的不幸有千万种，而幸福的人只有一种：心境禅定，爱心无染的人。

答：幸福的人只有一种心境：禅定，爱心无染。

问三：什么才是爱心无染呢？

答：爱而没有任何条件，没有任何期待，没有任何企求。宗门话语：无缘大悲，或无缘之爱。

问四：请告诉我，爱是什么颜色？

答：心是何色，爱则为何色。

议论：你开心，便是红色。你难过，便是黑色。你高昂，便是橙色，你沉默，便是灰色。爱本无色，由心而发。

答：正确！关键是让心回到无色上，有色而不住。

问五：有一男女交欢图片，如何看待？心境如何？

答：一堆骷髅外包皮，一堆臭肉本是泥，千古英雄迷！且道是臭泥，还是骷髅皮？喉管三寸尽粪秽，火化炉中乃为灰！唉……

议论：看成骷髅证明还是没有看透哦，哈哈！

答：男女身心，本地清净，会吗？不会，且当骷髅和臭泥、骨灰。

男女本身都是幻化，如果明白身心皆是幻化，则不被外色所迷。

问六：有人说忘记一个爱的人，最好是爱上另一个人，那么这是不是就放下了呢？

答：你爱她爱，皆不为碍！心存感激，缘尽重来。解脱自在，不疑不猜！

议论：忘记一个爱的人，要通过再爱上另一个人去放下，我感觉那不是真的爱了，不是发自内心的爱了，那是占有的爱而已。因为爱一个人是永远无法忘记的，但可以放下，因为真爱是无私，是付出，是祝福。不是占有，不是自私，不是一味地索取，所以可以放下。

答：爱，就是染色，男女之爱，如同两种不同颜色的水，相互混在一起而染成新色了，那是一种新的自我。若不能知其本无，再爱，再次染色，而且多种颜色相互染，必然要记忆起过去的爱，有时候难以忘怀。时间会磨灭记忆中的很多事情和信息，但记忆最深刻的就是爱情，男女爱情，因为爱，相互交流的信息太多了，太深了。

问七：如何放下过去的爱？

答：首先要感恩对方对自己的爱，真心诚意感谢其给自己带来的快乐、喜悦、关怀，如果能够回忆起一切细微处更好。同时，原谅所认为的其不足，怨恨不得他或她，而是检讨自己没有处理好，没有把握好自己的心态，寻找自己在分手、矛盾问题上的不足，尤其是细微处的不足。真正认识到不足，自我忏悔和道歉，内疚，那么，就会宽容对方。到此地步，也不要再去念旧情了。应该坚定现在的选择，明确过去的缘分已尽，不可纠缠于其中，告诫自己如此，祝愿他或她也如此。相信、祈祷他或她过得很好，不为牵挂，不作思念。明晰有爱，就有恨，爱起时，知道有恨，因此而不执著爱，认为爱了，付出了，内心有企求。要爱而不求回报，不期望情感有所得，觉得是本分，欠着对方的，爱了，就是偿还了。还了，就了了，就解脱了。

问八：爱的另一面不是恨，而是原谅。当你在心里埋下仇恨，纠缠于往事的枝枝叶叶时，只会让自己伤得更深，还赔上时间、健康、情绪和当下的生活。原谅别人就是善待自己，只有走出灰暗的心境，才能迎来明媚的阳光，开始另一段美好的人生。

答：原谅他人是解脱自己。记恨他人，害人坑己。遗传基因，从此牢记，一念种子，家中生根。切忌记恨，切忌记恨！

第三节　如何对待爱、
失恋——男女之间有纯洁的友情吗？

一、梦兆问题

问题：我有问题一直不解，总是梦见以前的初恋，连着一个星期梦见他，他只要是有大事我就能梦见他，这次回家很巧他也回家了！每次梦见他当天都不顺！很不明白！已经好几年没见面了，就是回家也不见面！请问这是怎么回事情？

答：初恋，是美好的，分手，是痛苦的。美好，记在心里，伤痛，留在脑里。为伤痛祈祷，愿相互不再缠绕，宽容、慈饶，各自心得逍遥；为美好祈祷，愿相互心不再要，大度、不扰，相见亦不为恼。

二、分手之痛

问：为何当结束一段爱情的时候，总是如此的痛苦，我们总是不能释然过去，谁的错？

答：两片竹子根相互编缠在一起了，要分开，就必然有伤。没有对与错，只有宽容和谅解，宽容对方，理解对方，心无恨与愁。舍得、放下，莫记、莫忆。

三、男女之间友情与爱情

问一：我最近看了台湾的《我不可能爱上你》的电视剧，感受颇深，为何男人和女人没有纯洁的友谊，或者为什么男人和女人之间爱情和友情不能同时存在？

答：对于世俗来说，人心都是有求的，所以不解脱。男女相处，时间久了，就会有非分之想和行，而且，谁也控制不住。为什么？在每个人的基因内，男女恩爱的基因，情感纠缠的基因，到时就爆发，俗人是无法把握的，英雄人物也难把握住。因此，我们看到，权大了，婚外女人多；钱多了，婚外女人多。这不奇怪，这就是人。

问二：人们所说的博爱就不存在吗？男女之间不能有博爱？

答：何为博？比如美女、帅哥成群，你只看大众，而不是一个，这是博。这么多美丽的男女，看上喜欢，尤其是五颜六色，音声动作，都很喜欢，就是爱。但自心并未被其境界牵引。若选定一个，是私爱，组建家庭。有些国家制度许可，可以选择几个女人，那也是私爱，不是博爱。或如进公园，美不胜收，过即如镜，这种"爱"无拥有、占有想，就是博爱。对民众爱是博爱，为民众利益而想、而做，不求自利益，是大爱，博爱。

所谓博爱，其实，就是大爱。什么是大呢？不同而同之，就是大。心能包容一切，接纳一切差异，则为大。喜欢的人、不喜欢的人，都能平等去爱他们，对待他们。有脾气、没脾气，同样的心情对待。这就是心胸广大，就是博。

四、如何待爱情（非婚之情）

问一：爱情是苦酒，是毒药，有那么多的人自杀？

答：爱情也是动力剂、兴奋剂、镇静剂，用好，即圣，则升华；用不好，过量，则为毒。任何东西的浓度增加了，就会发生质变。香的浓度增加为臭，臭的浓度淡化成香。

问二：修行人如何对待爱情？

答：修行人不同，要断情，要戒情。

西藏有一个出家的和尚仓央嘉措，写了《相思十诫》，流传长久：

最好不相见，如此便可不相恋。

最好不相知，如此便可不相思。

最好不相伴，如此便可不相欠。

最好不相惜，如此便可不相忆。

最好不相爱，如此便可不相弃。

最好不相对，如此便可不相会。

最好不相误，如此便可不相负。

最好不相许，如此便可不相续。

最好不相依，如此便可不相偎。

最好不相遇，如此便可不相聚。

这是修行人断情的劝解，很不容易。但就修行人来说，这不够，必须达到一点欲情都没有。

道家有真人诗：

断情割爱没忧煎，绝虑忘机达妙玄。

意静心香三处秀，命通性月十分圆。

又有修道人劝说：

发心容易久长难，一志无移若泰山。

割断爱缘尘不染，自然洒落得清闲。

自古及今，男人被女人迷的事太多，有钱人，钱多了，就多娶女人，多生孩子。女人，更期望得到情的青睐和眷顾，乃至利用男人来谋取自己所求。因此，男人、女人总在爱情里转，有了婚姻和家庭，仍然要到别的男人、女人中去转，要想让人跳出这个情爱的深渊或大海，很难。

为什么？

爱，好比两个泥人，合在了一起，形不同，但心意合在一起了。假设男方心色为红色，女为蓝色，红、蓝色混合的时候，双方都认同，不分彼此，胶着在一起，这就是爱。现在，要分开了，能分出你我吗？到哪里找回原先的心色呢？

爱情，让人尝到了甜味：有人爱，有人关怀，有人喜欢，有人牵挂，有异性思念，很多人觉得是幸福。不知道，慢慢地，就有了一个拥有对方、占有对方的想法，滋生了合在一起的强烈追求，而频繁的见面和相合，必然在家庭和同事面前，他人面前，有所暴露。于是，就有了害怕、担心，就有了结束、摆脱之想，但情爱哪里那么好摆脱啊！双方的心融合了，分开的时间越长，空间越远，思念越迫切，见面的愿望越强烈。因为本身是一体的，撕裂的时候，很难受，没有人能够摆脱。因此，必然出现很多恶性行为和事件来解决这些问题，这都是当今社会的现实。

婚外之情，切戒，切戒，切戒！

当然，如果到了高境界，随时能化爱情为友情而不执著，就可以世俗中生活，而不被染。

只有大修行人能断情，断情（男女情爱——性爱）方为真豪杰。这需要能够看透爱情的本质，不被爱情、感情迷惑，自己完全处于定力之中，不仅白天的意识如此，乃至睡梦中，也要能够把握。否则，难啊！

大修行人有这个本领，男女之间是友情，而不是爱情。有爱来时，也能化爱情为友情，而不会缠绵其中。

爱，做不到如上所说，谈男女友情，那都是自己骗自己，时间一长，就会出现越轨，很少有人能摆脱男女之情的纠缠。男女之情是私情，在婚姻之外，私情之爱，日久必定生是非。不可能有红颜知己、蓝颜知己的友情而没有爱情的异性。

大爱不染，大爱无求，大爱不思报，大爱不求得——哪怕是心里的满足，也不追求，只给予而不索取。做到如此，男女之间才能只有友情，而不会陷入爱情。

第四节　夫妻、家庭和谐的四个重要问题

夫妻关系是家庭和谐的关键，夫妻和谐了，家庭就和谐了。夫妻如何才能做到相互和谐与家庭和谐，有几个重要因素不可忽视。

一、爱就是奉献、宽容，这个精神什么时候都不能丢

（一）爱很高尚，也很自私

其实，我们每个人都存在很大、很多的自私，但往往不自知，很多时候，甚至走到了自私的极端，尤其是在家庭和情感上。所谓自私，即一切要求、需要都是从我的角度出发，而不是从别人或家庭的利益出发。而每个人如果都从自己的角度出发来看待、处理问题和事情，必然会有不同的想法与处理方法，也必然产生矛盾。自私与自私之间不具有同一性。但是，凡是两个人以上的事情，都需要无私，需要放弃完全的自我，需要奉献，这样，才能够把事情、问题圆满地处理好。否则，必然是矛盾。所以，心理学家阿德勒认为，"合作是婚姻的首要条件"，他认为，"爱情以及其结果的婚姻都是对异性伴侣的最亲密的奉献……"

如果仔细回想在爱的时候，是不是很愿意为对方做事情？奉献自己？如果当初不是这样，肯定不能获得爱。因此，爱就是奉献，就是给予，乃至无条件地奉献和给予。但是，爱也是自私的，不圣洁的。爱情本来就是一种获得、占有、独占、依赖，是一种自我心理的满足，甚至独占的自我满足，因此是自私的。爱的过程，对爱也附加了很多交换条件，一方喜欢美色，另一方喜欢帅气；一方喜欢气质，另一方喜欢家庭地位；一方有权，一方有钱；等等。这样，爱就不是纯真的爱，无条件的爱。爱有了条件和交换，合作、奉献、给予等也就常常被忘记。

（二）不要过多地期待和要求对方

因此，组建家庭后，对爱情的理解不能停留在对对方的要求和获得，如果是那样，虽然恋爱的时候是甜蜜的，但是等待你的必然是苦果。哪怕是感情上的获得与依赖，都是如此。一个人在恋爱的时候，在孤独的时候，会认为需要寻找感情的依赖，会认为对方成为自己的一种精神寄托与归属。但是，结婚以后则不需要了，或者没有成为归属，甚至也不愿意归属于对方。因为她或他知道了感情是独立的，不需要依赖，也依赖不了，因此已经没有了恋爱的孤独、

寂寞、狂热、情意舒展，而是追求没有爱情之前的自由与轻松，追求自己意志的实现。自己时刻想指挥别人、想对方按照自己的意志去做事情。在家庭组建以后，恋爱之前与恋爱时的一切情感都没有了，如果依然沉浸在那样的状态，必然会去追求婚外情与婚外恋，或者是心理的矛盾与痛苦。实际上，如果回想自己的儿童时代的心理与心理状态，自己根本就没有被爱情折磨，也没有被爱情搞得自己六神不安、神魂颠倒，现在为什么要被爱情这个魔王而折磨呢？为什么放不开呢？为什么总是需要从对方、别人那里获得呢？难道这样是应该的吗？要知道，无偿获得别人的东西或对别人提出要求而没有回报，实际是在谋取别人的利益。那么你自己是否愿意给别人利益呢？要是别人从你这里获得利益，你能够无偿献出与给予吗？如果不能，那么，自己希望无偿获得别人的，也是不可能的，不应该有这样的幻想，那样的后果必然是苦酒！

既然是"爱"的，就不想得到回报，既然是"爱"的，在爱之前，就考虑对家庭和未来自己应该承担的责任与义务，而不是没有准备。也不应该在双方没有准备的情况下就无理要求对方来满足自己的条件，那本身已经背叛了当初的爱情。因此，夫妻矛盾的根源不在于什么"结婚是爱情的坟墓"，而在于自己、双方对爱情没有正确的认识，各自在背叛爱情而不自知，相反却谴责对方对爱情的背叛，认为对方不像当初那样。那么，这样思考问题的时候，想想自己是否仍然是当初的自己呢？

（三）心胸开阔，把爱转化为纯高尚的爱

在一个组织内，家庭内，自私与自私之间没有和谐与协调，必然是矛盾，因此矛盾的解决需要放弃自私，放弃自我，而扩大自我，即把"我"从一个人的"我"扩大到家庭的"我"，比如是三个人的家庭，那么，夫妻的"我"的概念应该是三个人组成的我，而不是一个人的我，这样做什么事情、有什么要求就不仅仅是从自私、自己的利益要求和愿望出发，而是要考虑家庭，对家庭是否有利益、好处。如果损害任何一个人，那么就说明这样的要求和做法是有问题的。因为每个人之间是平等的，生命都是一样的价值，孩子、丈夫或妻子都是和自己一样，具有同样的重要性。因此，损害任何一个人，说明自己的行为是破坏性的。比如，夫妻吵架对孩子、对自己、对对方都是没有好处的，因此应减少、避免吵架。婚外恋，伤害对方和孩子。知道了问题和解决问题的方法，不代表就可以做到，需要去实践，不断地改变自己，这样就可以收到效果。

爱情需要奉献，把那种具有交换和情欲的爱情转化为一种高尚的情感，也就是说，把对方也作为自己的一个部分，没有什么交换存在，也没有完全自私

的自己，而是只有家庭的自我。这样，夫妻双方都是从三个人或更多的人（大家庭或社会的人）出发，那么，很多问题就可以解决了，面临矛盾和问题的时候，就会共同去解决，而不是完全是自己对对方的要求。如果对方不能这样，而你自己是这样了，也不要去要求对方做到这样。因为无私、奉献、扩大了的"我"并没有期望对方如何，而是只要求自己如何，如果要求对方如何，那么仍然是自私的或以自我为中心的思维方法，问题仍然无法解决。因此，不要苛求对方，而是苛求自己，也不要期望对方如何，改变自己就可以。实际上，改变自己的过程也是改变对方的过程，只要有足够的影响力，就可以达到，但是不是意愿的，而是自然的。因此，要有耐心，这也是在改变自己的人格，完善自己。

尤其需要注意的是，你如何看待对方是一个非常重要的问题，你如果总是感到对方不能满足自己的需要，看对方不顺眼，那么，这样的心理与心态是无法解决问题和矛盾的。不要责怪对方，更多地要检查自己，是否自己对别人太苛刻了，自己是否把对方作为自己的一个部分？因此，我们需要一种新的生活态度与价值观来解决家庭的问题和矛盾。

爱而不求回报，爱而不做期待，把爱作为本分，应该做的，大爱无求，大爱无染，大爱不沾。

（四）相互宽容忍让

宽容是一种要求，我们这个时代，人与人之间、国家之间相处，都需要宽容。家庭内部，夫妻之间，父母与子女之间同样需要宽容。

宽容是一种心理意识和行为，只有心念有了宽容，乃至付之实际，才能让人感受到乃至真实体会到宽容。

宽容是一种心境。只有心常宽容的人，带着慈心经历了很多社会实践的人，才能理解事情、矛盾的原委，理解他人行为的环境和背景，因此，才能具有真正的宽容心境，而不是一时的宽容。

宽容也是一个过程。说宽容，在安静的时候，置身于事情和环境之外，可以，但当自己面临的时候，就不那么容易。因此，真正做到宽容，乃至成为人格，需要时间过程，当然，也需要文化和社会环境的沉淀。

宽容是一种品德和人格，宽容没有形成自身的人格，没有成为自身的品德，那么，就不可能持之以恒。这种修养、品德、人格的形成，有些是天生的，是家庭的传承和耳濡目染，而更多的是靠后天自己的修养。山顶是一步一步登上去的，只要坚持，学而时习之，定有收获。

欲给别人宽容，首先自心要能宽能容。自心不宽，自心不容，如何容他、宽他呢？譬如宝贝，自家无宝，哪里有宝贝施舍给人呢！当然，宽容也与心情和环境有关，很多时候，各种因素的作用，人也会心起宽容。特别是那些注意自己历史和经历的人，善于理解他人，也就善于宽容他人，乃至能以智慧去对待他人的错误行为或思想。

这种修养，不仅在于知道、感悟，更重要的在于行持，持之以恒，成为人格。不能行持，说食不饱；经典的话语，一定是行持的人格和境界。

夫妻宽容，首先要接受、容忍对方的个性、脾气。既然已经组建了家庭，既然爱了，就要接受对方的一切，必须接受对方的一切。每个人的个性，期望其改变很难，关键在改变自己。因此，宽容的同时，也是忍让。在遇到矛盾、吵架时，要忍让。

宽容对方，要学会利用或发挥对方的长处，避免其不足，或者将其不足转化为优点，在家庭中相互表扬，激励，让对方回到家感到轻松、解脱、安心。

二、夫妻双方要尊重，遇到矛盾，要改错，忏悔

最重要的是，首先要克制自己的脾气，不能随便发脾气，随便就说话，把对方不作为尊重的一方看待。

（一）夫妻要做陌生人看待，作为单位的同事看待，时时如此，事事如此

夫妻之间因为太熟悉了，习惯了，因此，往往不注意尊重对方。而实际上，夫妻虽然是一家人，但仔细观察很多家庭，夫妻相互之间彼此分得很清，不是一体的。因此，说话就不要那么随便，做事也要不会那么随意要求对方，尊重对方，客气一些。不要把对方不作外人。我们总喜欢在外人面前表现得文雅、高尚和尊重，夫妻也要这样。举案齐眉就是要求相互敬重，做陌生人看待，相互敬重。

如果相互敬重，时间久了，成为习惯，夫妻就不会有怨恨，就不容易起怨恨。这样的念头不断加固，坚固，那么，头脑中随时流出的都是相互敬重和尊重，家庭就有了持久的和谐。

（二）要想到无数个意识的丈夫，妻子都是陌生的

当然，如果你能够用一种方法，训练自己的意识，把自己过去的无数意识包括夫妻之间的意识，也作为听众，去训导和提示它们，乃至觉得它们也都已经觉悟，明晰了相互尊重、相互敬重，而且相互已经给予警戒，不能吵架、不能发脾气，不必抱怨对方和家庭，遇到问题和矛盾要冷静处理，想到无数个我、

自己都明白了这个道理，那么，就算有了敬重和尊重的人格。

尊重、尊敬，和谐、合作，相互欢喜，这些意识相互之间如同网络状态一样，相互都生意如此，最后，看空，看淡。这样，可以训练自己的思维，把握自己的心态。

（三）需要忏悔

要知道过去的吵架、生气、发脾气、争执产生了很多个自我和对方意识（神），这些意识神都存在，要像领导他们一样，让他们相互忏悔，真的认识到过去实在对不起对方，伤害了对方，也伤害了自己和子女，也使自己魔鬼化了。没有这个忏悔意识，那么，过去的习气意识（神）随时都会在头脑意识中找茬，这就是一般人感觉到的不能控制自己的意识和情绪，头脑闪过一个念头，心中气就起来，嘴上就表达出来，手的动作就产生。意识到不能发脾气，但就是控制不住。根本问题在于缺乏忏悔，缺乏真心的忏悔，没有认识到生气、发脾气、争执的危害，甚至还觉得自己理亏，觉得对方欠自己的呢，觉得对方错，我没有错，如果是这样的意识，就无法摆脱夫妻和家庭的矛盾，就必然要在不愉快中度过人生，到老的时候就会痛苦，而别人无法替代，也无法给予解决。

一个人真心的忏悔是真的意识到婚姻作为爱，本来是幸福的，应该给自己和对方带来快乐和幸福，而现在没有带来，这就是罪过，就没有做好。因为吵架，生气、发脾气乃至打架和怨恨，不仅使自己的内心没有得到安宁，也让对方没有安静和安宁，这不是罪过吗？

一个人活在世界上，是需要责任和义务的，大的方面是对国家和社会的，小的方面就是对子女和家庭，不需要富裕和财产，但需要造就好的人格，爱的人格，这不需要任何财富，只有自己的心念，如果这些都没有能够给予，需要别人、子女给予自己温馨的关怀那是做不到的。

人格非一时之功，如树之果实，都是从细微处日夜逐渐积累而来。知错而改，从事后知道、忏悔到下次不犯，内知不犯，到当下知错即纠，需要时间和实践过程。道家大德云：频逢磨处休变心，一回忍是一回赢。

三、注意避免吵架

（一）克制脾气

当意识到要发火时，多次深呼吸控制心中气流；一方生气，另一方闭嘴，不争辩对错，夫妻之间无是非；尊重对方，话语客气，语言委婉。相互敬重时间久了，成为习惯，怨恨吵架就少了。不翻陈年旧账，不指责对方缺陷，话语不绝对。

（二）心中有戒，不吵架

吵架的习气是累积起来的，事后看，都是鸡毛蒜皮小事。宽容、谅解、慈爱对方，不求他短，不举他过。保持奉献精神，家务事多尽责任，多尽义务；学会向对方道歉，忏悔。不报复对方，不寻机吵架，防止吵架使自己魔鬼化。

（三）要放下自己的标准

个人标准没有同一性，只有矛盾，应以社会的、道德的、伦理的标准衡量相互行为。要善于理解和忍让。认为我正确，你不正确，这不好。教育孩子、购买物品等，都要注意理解和尊重对方。不看少看关于暴力、吵架、生气的各种信息，那些信息在潜意识中使自己会受到感染。

（四）相互感恩

一男孩与母亲吵架，生气后跑出，数日未食，昏倒在路。一老太救回家，茶汤饮食伺候。醒来后，男孩感谢老婆婆，您咋这么好呀！老人告诉他：我不过伺候了你几天，就这样感谢我，你妈妈从小伺候你那么长时间，咋不知感恩呢？外人的恩，那么小，何以感激那么重？父母恩，那么重，何以不知道感激？原因在于太熟悉了，就不自觉地认为理所当然，就不知感恩了，因此很容易伤害身边的人。

夫妻是最亲近的人，相互之恩太重了，不能忘了！经常感恩，念对方的恩，就不会怀恨，老去吵架。相互办一件事，应感恩很久。

（五）知吵架之害

有人觉得吵架表示还很在乎对方，如果是经历人，问问真是这样？爱有多深，恨也有多深啊！经常吵架就失去了和谐与爱，留下的都是埋怨和牢骚乃至仇恨。当孩子回到这个环境中，就觉得不舒服了。同时，过多的吵架，成为人格，打上了基因的烙印，会遗传给下一代。

生气、发脾气实际是在放毒，危害自己和孩子的健康。怒伤肝，悲伤肺。气大伤身，也伤孩子。仔细观察，父母严重吵架，或对孩子（7岁前）大发脾气，一段时间（7~10天）后，孩子就生病、发烧了。英国一母亲，月子期间生气很大，孩子吃完奶以后就死了，检查结果是母奶中有毒。文学家朱自清一子周岁刚过不久（他对孩子的脾气特别不好，烦孩子，有时还有自杀的念头），因为缠着母亲，有一次，朱自清就把孩子紧紧地按在墙角里直哭了三四分钟，孩子因此生了好几天病。为此，朱自清在自己的回忆录中自责（《读者》1997

年第 1 期）。

实际上，人在生气、发脾气、心烦时，就是将人体有益的能量改变成为一种对人体（包括自己的血缘关系亲属和特定的发泄对象）有毒、有害的能量，从而形成对孩子、家庭成员（包括不在身边的家人，因为遗传的基因是相通的，子母相隔千里，如果双方有特殊的身体或心理大事，那么，另一方就存在反应，但是，由于不知道，不是很明白，而心理感应是存在的）、周围人的危害，生气、发脾气实际是在放毒，既危害自己，也危害家庭成员。即使不生气，对外面的人也有危害。因为你的生命能量场由于生气、发脾气在向有害的方向发展，这就是所谓的变质。所谓"近朱者赤，近墨者黑"说的就是这个道理。

（六）注意改正自己

经常做笔记。把每次吵架、生气的事情记下来，尤其是把当时自己的心理想法和行为记下来，过一段时间以后，自己把笔记拿出来看看，你会发觉自己很不应该。你会很快发现自己的错误，就会后悔。什么时候能觉悟自己错了，就是进步，就能改变自己的不恰当的脾气、性格。避免夫妻吵架，其实不难。关键是付诸实践，念念增长，意识多了，实践多了，就可以熟练把握自己的心气和脾气，实现自我再造。若放纵脾气，则坏力量不断累积。吵架多了，随着年龄增长，尤其年老后，相互心中留下的更多是怨恨，而忘记了相互的好处和恩情。

同时，把对自己的要求写成字条，每天时刻提醒自己，这样，就可以逐渐改变自己，没有平常的积累，期望改变自己，那也是妄谈。

当然，改变自己发脾气吵架的最好途径，是修身养性。看空一切，看淡对方对自己的抱怨或吵架，乃至用慈悲念咒、念佛来对待对方。把对方作为领导、菩萨、佛来对待。

四、正确对待男女之情、婚外情

（一）看透色情，不为所迷

避免婚外情。当今婚外情太多了，人们可能觉得没有不正常。如果真想保持自己的老年健康，最好少些婚外情。看透人生，人生七八十年，快得很，很快就化为骷髅或骨灰了。因此，要以无常、骷髅观、不净观对待人生。

七十光阴能几日，大多两万三千日，过了一日没一日，没一日，看看身似西山日。因此，要有明天就要死去的紧迫感，以此感觉来对待生活，对待婚外情。看透色相，不被迷惑。

道家邱长春所说：一团臭肉，千古迷人看不足；万种狂心，六道奔波浮更沉；天真佛性，昧了如何重显证？宝范仙踪，觉后凭君豁蔽蒙。

常观想一个人死亡，进入火化高炉，就应该知道一切在这里都消失了，都融合为一体而消失了。即使不是火化的高炉，过去的自然死亡和坟墓，也是如此。这里，摘录道家人物的开悟后的诗。道家北七真之一的马丹阳，有词一首：

男作行尸，女为走骨，爷娘总是骷髅，子孙后代当做小骷髅，日久年深长大，办资财，匹配骷髅，匹配骷髅，聚满堂，活鬼终日玩骷髅。

当家骷髅汉忙忙，劫劫长养骷髅，有朝身丧，谁替你骷髅，三寸主人气断，活骷髅相送死骷髅，休悲痛，劝君早悟，照管你骷髅。

又有道人说：梦里游郊野，骷髅告我来，哀声声切切声哀，自恨从前酒色气兼财；四害于身苦，人心竟不灰，至今万劫落轮回，悔不当初学道做仙材。又说：耳内常闻哭死人，鼻中不觉沥酸辛，哀人岂似常哀己，见道胜如永见春。

情生于心，心本无，情亦无，故遇情、有情皆无恼。修行境界提高以后，就知道，上乘法中，不舍于情，无情无佛种。情如同矿砂中的金子，不得金矿砂，何得真金体！

（二）知婚外之过，保家庭夫妻和谐

《大宝积经 97 卷》讲了一个故事。一个国王的妃子爱上了别人，皇帝很生气。一次，妃子来见他，他正打猎，拿箭就射她。可射了几次，箭都不能伤她。于是问：你是天使吗？妃子说：不是。国王问：不是天使，为什么我射不中呢？妃子说自己听佛讲经，得佛保护。于是，国王来见佛。见到佛就说，我这个女人有过。佛说：大丈夫，应该先检查自己的错误，然后再观察女人的错误。

作为丈夫，婚外恋，有四种过失：

一切丈夫，皆由四种不善愆过，为诸女人之所迷乱。何者为四？一者于诸欲染耽着无厌，乐观女人而自纵逸……贪着女人不净境界，便为女人之所调伏，犹如奴仆，系属堕落诸女人所……当知彼习愚人之法，……此是第一过患。

父母皆愿利乐所生子，故难作能作，能忍一切难忍之事，假令种种不净秽恶皆能忍之……及往他家结求婚娶，既婚娶已，于他女人爱恋耽着，惛醉缠心，或见父母渐将衰老，违逆轻欺……或令父母不住于家……于己父母弃背恩养，于他女人尊重承事……成就地狱之本，此是第二过患。

若诸丈夫由于邪见，不知自身速当坏灭，造作诸恶而自欺诳。彼愚痴人，虚度长夜，犹如木石雕刻所成，虽形似人而无所识。习诸欲者，即是成就往恶趣业。此是第三过患。

或有丈夫极自劳苦，积集珍财，后为诸女人所缠摄，由是因缘悭惜财

宝……亦复堪忍王法治罚……或被诸女人捶打呵叱……见其忧戚即自念言：我今云何令彼欢悦，当观此人是欲僮仆，于斯不净下劣之境而生净想……亲近如是女人之时，即是圆满恶趣之业。此是第四过患。

夫妻有婚外情，双方都要自己检点自己不足。

最后，以《夫妻和谐铭》结束语：

选择不悔，诺言无违。争气斗嘴，忏悔知罪；夫要妻要，虽异称妙，不翻旧账，唯念其好；相敬如宾，礼待如邻。守道重名，不作邪行；双方爹娘，等心给养。利益事项，不偏不向；教子用方，共同商量。勿怒勿伤，常励表扬；互知短长，唱随搭档。重任共当，家和业旺。

要真正做到家庭和谐，并非简单和容易，需要不断实践。

> 实践实践再实践，
> 自警自警再自警，
> 功夫到时自有境，
> 不做空知仍旧景。

第五节　关于孝顺与父母恩

一、父母恩重不能忘

人们对父母的恩重往往是认识不足的，作为修炼人，要认识父母在自己修行过程中的地位，也不是简单能够认识到的。普通人，虽然知道父母恩，那主要是从血缘关系来认识的，成年以后，尤其是成家以后，很多人甚至看不起父母了，觉得父母没有自己的本事大，地位没有自己高，学问没有自己多，因此而觉得自己总是正确的。当然，也有很多人有了地位、学问以后，没有忘记父母，但也只是给父母带来物质利益和生活的享受，对于认识父母的良好人格却很少。

作为修行人，要体验父母的恩重，即使自己已经成为父母，乃至修行有很多体会，也不一定能够认识到。很多人有了子女以后，把对父母的关心忘记了，更多的是关心自己的孩子，甚至自己觉得对孩子确实是恩重的、爱的。但是，要能够因此去推想、反思、回忆、思考父母对自己的恩重和爱，进而去感恩、报恩、行忠孝，就不容易。

父母恩重，首先在于没有父母给予这个形体、生命，就无法修炼。一个人救了另外一个人的命，被救的人是什么心态？是非常感恩的，甚至可以不顾自己的生命来报答救命恩人，而父母给予自己的生命，人们往往就没有注意去感恩，更不用说舍命为自己的父母了。能够感恩父母和发愿的人，一定具有高尚的人格和修行意志，在修行中能够具有舍命的精神，修行就一定有大成就。没有父母给予的生命，就没有自己今天的修行和进步，心灵的解脱，在某种程度和意义上首先要认识这是父母的恩。其次，是父母的养育之恩。通常的养育之恩不仅是指物质的，从饮食到穿衣、吃饭等，这其实是物质方面的供养，还有一种供养，是意识方面的，父母为获得这些物质的心态过程、艰苦的行为过程以及为了自己的辛苦操劳和意识关怀，冷暖的关怀，各种担心、担忧，尤其是自己在胎儿、幼儿时期。多子女的家庭，父母为了家庭生活的基本维持，如何节省，如何自己不吃也要留给孩子吃，以及对每分钱都那么看重，对自己寄予的期望等，这实际是父母对自己的意识供养。这种供养，在心理上往往不同于一般的施舍，他具有强烈的能量和人格力量，从这里可以发现，父母的人格是如何的伟大。虽然这样的人格是对自己的，可能没有对所有人，但确实是很高尚的。要知道，自己不能劳动所获得的一切享受，都如同在寺院修行人接受的供养，因此，严新老师说，"一般人对父母的孝敬总是要带账的，儿女总是还不清父母的账的，父母亲不会欠儿女的"。如果把父母给予的这个人格、供养精神扩展到对所有人，这种报恩和孝敬与一般的就不同了。

实际上，要认识和了解父母恩重，需要在静定中，回忆父母对自己从细微事情的关怀、关心、担忧、着急、思念、牵挂到大的事情的安排（比如工作、上大学、结婚等）和操劳，也就是说，从意识、心理、行为过程——从"心"来认识父母恩，就会觉得父母对自己的恩重，觉得这样的恩确实很大、很重、很多，自己甚至无法报答，或无法报答完毕。这绝对不是简单的给予父母物质利益享受就可以解决的。因此，《佛说父母恩难报经》云，"世尊告诸比丘，父母于子有大增益——乳长养，随时将育，四大得成，右肩负父，左肩负母，经历千年，更使便利背上，然无有怨心于父母——此子犹不足报父母"。作为子女，要做到对父母没有怨气，没有恨心，不生气，这不是简单的，即使如此，报父母恩还不够，而能够理解、认识父母对自己的态度、脾气就更难了，如果能够修行到这样，也许对父母就具有了重新认识，不仅理解父母，也可以理解社会上别人对自己的行为，调节家庭、社会关系，也调节自己的身体健康。

每个人的父母都具有很多优点，是否能够在修炼中发现呢？而且，通过发现确实体会到你自己性格、人格与父母的相似，乃至思维方式的相似，在这个基础上，进一步提高，把良好的父母人格社会化、固定化、持久化、高尚化，也就是对所有的人都像父母对子女的关怀、关心一样，这在某种意义上，是以另外的方式来报父母恩了。

父母恩重，是否说父母恩就无法报答呢？不是，修行本身就是报答，不过这种方式很特殊，能够使得自己心灵彻底解脱，乃至帮助别人解脱，把父母的慈善、慈悲、关怀扩大到对社会所有人，这就是报恩，如果能够自己觉悟，同时也让父母觉悟，让一切为父母的、为子女的，也都如此，这是最好的报恩，解脱的报恩。如果让父母认识到对子女的爱和给予，能够没有期望，没有想得到任何回报，没有想从子女那里得到任何个人私利、心里的回报，这就是一种解脱的养育子女，这样的人格也会影响孩子，这就是全家人的修行。

对于父母之恩重，如果太执著了，就不能解脱，也不能够彻底报答，而唯有修行、解脱、不固执于亲情，从中解脱出来，带给社会所有人，也带给自己的父母，那就是在报不报之恩，这是解脱报，最彻底的报答。

二、孝顺的经济学解释

改革开放以来，西方经济学的引进和金钱欲望扩张，以金钱、物质利益来看待、衡量一切的理论和行为有蔓延之势。以金钱来衡量情感在西方已经不是什么新鲜的事情，中国也开始出现这样的现象。但是，究竟如何衡量情感，特别是伦理和道德，经济学本身探讨很少，而行为却很普遍。

父母与子女之间是否可以用金钱来衡量呢？当然可以。但是，遗憾的是没有多少理论和观点能够把这个问题说清楚。子女对于父母，除了中国道家或佛家、儒家文化所阐述的孝顺或孝道以外，没有更好的理论。经济学的理论，对于说明孝道，存在很多漏洞。但是，尽管如此，我还是认为，经济学也是有"道"的，因此，我这里试图以经济学而不是哲学、伦理学的角度来说明孝顺或伦理的价值，作为补充。

首先，我们说子女对父母的孝顺心态和父母对子女的心态差别。有多少子女在孝顺父母的时候能够做到心中没有牢骚、怨言？或者觉得自己做得不够，欠父母很多？更不用说对父母的感恩了。远在外地的父母，到自己工作的地方来居住，如果不是来看孩子或帮助做什么事情，纯粹来玩或探看，夫妻双方能够做到对父母心中没有排斥的有多少人呢？人们常说"久病床前无孝子"，但是，久住子女家庭也没有孝子。在讲究收入和开支平衡的时代，有多少人愿意为父母花钱？相反是父母为子女花钱，从出生到结婚以及生孩子，父母都在为子女花钱。可是，谁计算过这个价钱是多少呢？按照现代的价值和价格，就以18年计算，对子女来说，要用金钱和物质利益来偿还父母，计算本金和利息，恐怕也没有能力还清。因此，国内有一个大德说，子女总是欠父母的债，如果你认识到的时候，总感到无论如何还不清，你会感到很悲哀，为父母给予自己的一切而感动、流泪。

其次，子女为父母花钱往往有很多不情愿乃至不痛快，但是，父母对子女在幼小的抚养时期何曾有过这样的心态？这种父母对子女的爱，根本不夹杂那种纯粹的利益要求，可能或仅仅是存在某一种良好的期望。父母为抚养子女花钱很少有不情愿的，只要需要或有可能，是尽量满足，更不用说子女生病、受教育时的心态了。因此，今天的子女即使对父母尽孝，仅仅是在金钱上，而没有在心理上的真实的爱和付出，都不能达到等价的偿还。如果今天的子女，也有孩子，如果体会或回想自己对孩子的态度，从怀孕到出生到抚养，可以回想自己父母对自己的心态（所谓不生儿女不知报父母恩），如果没有用对待自己孩子的心态来对待父母，无论你金钱是多少，都不能达到等价偿还或交换。这个精神状态的差距，一般的金钱和物质利益是无法计量的。

父母对子女的支出，没有那种让人心理烦恼和不痛快的，而是一种真诚的爱，而子女为父母花钱的时候，或对待父母的时候是否可以做到呢？人们很自然发觉，做不到。但是，做不到却在以金钱和自己的判断标准来对待父母或父母的要求，甚至不愿意、不情愿，乃至觉得年老的父母耽误自己的时间，耽误自己的事业，这是否符合经济学的等价交换原理呢？父母何曾这样对待过子女？认为耽误过自己的事业、享受和时间呢？如果以金钱来衡量一种烦恼和非烦恼的心态和行为，那么，后者是天价的，也就是说你花多少钱，也不一定就可以得到。

最后，我们需要指出，子女的生命由父母而来，父母给予了自己生命，但是我们有多少人能够认识到这个问题而对父母感恩？如果以所有权来说，子女身归父母所有，其利益如何计算和考虑呢？因此，父母与子女情，不是已有的经济理论可以说明的。可以说，在一般人衡量孝顺乃至道德的价值上，存在判断标准上的误差，因此而产生很多自我心理烦恼和社会矛盾。

一般人在衡量人际关系乃至感情、血缘关系的时候（比如婚姻及其离婚），都有自己的价码。一个漂亮的女子寻找一个富翁，她一定认为自己的漂亮与那个富翁的金钱是相匹配的。一个在单位工作多年要求提拔的人，也一定认为自己的工作和努力应该得到那个职位的回报。但是，感情的价值是一种自我心里判断的价值，很多是不能用金钱衡量，甚至不需要金钱。在这里，经济学的准则要从物质需求的供给与满足扩展到精神和心理的供给与需求平衡。这两种需求和供给虽然都可以用金钱衡量，但是衡量的标准还是存在差别，很多时候可以转化和替代，很多时候也无法转化和替代。

绝大多数父母对子女没有什么要求，只是年老之时有所要求。应该说，在感情的天平上，父母对子女也有自己的价码与选择。父母对子女的需要，很多时候不是金钱，而是需要安心或安居或其他需要，有时候，仅仅是想见面（如长期在外的），并没有什么其他需要。精神可以用金钱来衡量，但是很多时候金钱无法替代。

孝顺的具体过程可能表现为经济的代价，但是，经济的代价其实是远远不能衡量孝顺本身的，因为金钱衡量的是利益，而孝顺衡量的是心迹。一个人生活在世界上，要论说得到什么，其实什么也没有得到，物质利益和金钱供养的是形体，但最后归还给地球。如果说父母与子女之间，父母从子女那里得到什么，那一定是心里的满足，而不是物质，特别是人到老年以后，这个需要就更突出。而人心又是什么呢？一切的行为包括物质利益、精神的追求乃至行为都是因心而产生的。因此，研究经济学实际上离不开人心，要说人心，就不能离开伦理、道德，否则，这个世界的烦恼和矛盾就太多了，物质利益再多，也不是享受，可能是人类的痛苦和灾难。

一个讲究经济利益乃至利益至高无上的人，可以用金钱衡量一切。但是，他无法用金钱度量他的心态价值，他的心态可能价值高贵，也可能和一堆垃圾等价。因此，经济学不能没有道德。经济学家谈论经济学的时候虽然不讨论道德，但是每个人其实都会遇到道德困境，无论是在家庭还是人际关系处理上，都会遇到。

其实，孝顺、伦理、道德同样具有价值，这个价值的标准，超越了物质利益的标准。儒家的经典《大学》提出"以义为利"，我们今天在面临伦理、道德困惑的时候，是否应该提出"以道为利"、"以伦理为利"呢？如果经济学的利益也把这些考虑进来，而不仅仅是物质的利益，还有精神的利益，也许可以弥补经济学的巨大缺陷，也能够在个人行为上有很多启发，改变很多心态和观念乃至行为，增加人际、家庭关系的和谐与幸福。现代西方社会的所谓精神赔偿如此高价不是没有道理。但是，精神本来可以用精神的方法来解决，不需要用物质的方法来解决，而且效果比金钱和物质的方法要好，为什么不去做呢？如果子女对父母能够孝顺（不一定是物质和金钱），那么，虽然没有金钱，也可以起到金钱的作用，甚至超过金钱作用，这样的效率和利益，经济学是否也要去考虑呢？

三、如何报父母恩

某某：你好！

来信收到，已经多年没有通信了。我春节回家什么地方也没有去，往昔的同学、朋友也没有怎么见着。大概人生就是如此，今日是与这些人聚会，明日是与那些人，时间有限，人各有业，空间不同，故有聚有散。相思人常难见，而真常见，又不去相思了，觉得没有什么。其实，这些没什么的人，正是自己的依靠和因缘。

前段时间，见一做服装生意人，说：上大学读书，又教书，一辈子就为了争个教授，有什么意思。像我这样生活，做服装买卖，家庭和睦，这不也是很好吗。我说是呀，她在那个单位，挣个教授是因为那个环境评价人的标准是这个，大家因此都在为这个奋斗，甚至因此产生矛盾，心理烦恼，不平衡。就像你做生意，以钱的多少和家庭状况来相互比较一样，本质上是一样的。

人其实都被这个世界自己设置的东西所束缚而不自知，因此而烦恼。各行各业都有，其实，最后又能够得到什么呢？确实，没有得到什么。不过是使得自己被这些东西折磨，心灵不能安宁。如果说今天还不能清楚，到退休的时候，回想一生，到底干了什么呢？其实和我们自己的父母种田，也没有什么区别，都是在为了一个饭碗。虽然父母羡慕自己儿女的生活，但是，我们自己知道，如果不能从那些追求中解脱出来，还没有他们那样安心和自在。

人在这个世界上，出生的时候，什么也没有，仅仅一个躯体，而后是学习，再后是依靠自己的劳动来获得自己生存的必需品，从此就被这些迷惑，就被人世间的一切所吸引。在这个过程中，贯穿男女之情，因此而陷入，不能出来。在这些混合的因素中，追求名、利、地位、面子、感情，因此而演化人间的种种故事：喜怒哀乐、悲欢离合以及事业的成败得失。这就是所谓的人生，是不能自由解脱和心灵安静的人生。在死亡之时，或观察一生的时候，又得到什么呢？除了自己的认识和情感以外，什么也没有得到，而认识、情感又是什么呢？得到在哪里呢？其实也没有，不过是一场空，这个时候发现人间的一切是自己折磨自己。

一个人真正能够摆脱这些的时候，便具有了心灵的解脱，不为这些所烦恼、困惑，同时，也和大家一样生活，做事情，甚至可以做更大的事情，生活得自由自在。这该是人生的追求，到这时候，才觉得生活有另外一种活法。但是，这个世界是你牵着我，我牵着你，家庭如此，社会如此，团体如此，单位如此，真正要出来也不是那么简单就可以做到的，而处理不好很容易产生矛盾，要花一番功夫，需要读圣贤之书，看淡一切，同时又要实践，从中体会。其实，很多事情，追求它也得不到，退一步，不去考虑，倒省心，最后该得到的也会自然而来，自然而来也没有觉得得到什么。这便是我多年来的一点体会。

想中学同窗，无多少思念惆怅，年节相会，叙一番衷肠。为立业成家，陷男女情场，却为世间称倡，烦恼增长。事业生存之本，为名利，此心不宁。细思量，一切如浮云，空空不见。若不求得，以空为身，此心即静。

忆父母辛劳而无以回报，儿女牵挂，不知何为重要。以待下之情，体上其时之心，扩而予众，此可成仁。为事业，学圣贤，做犹不做，不枉人间一回。

第八章

七岁前孩子的教育问题

第一节　孩子的行为健康与父母的行为关系

儿童教育或孩子的教育是我们每一个家长和幼儿园、学校老师所遇到的问题。很多家长或老师为孩子或学生的不听话、调皮等行为感到烦恼、气愤、伤心乃至使孩子与家长或老师的矛盾激化，或引起教师对学生家长或家长对教师的不满。总之，问题很多。那么，究竟应该如何教育孩子或幼儿，才能达到家长或幼儿园老师所期望的那样呢？在解决这个问题以前，我们要首先明白孩子的性格是如何形成的。

一、孩子的好坏是如何形成的

我们每个家长都有发现或体会，孩子出生以后，在接受社会环境以前，孩子实际上就像镜子中的自己：你笑影子也笑，你哭影子也哭；你发脾气，影子也发脾气；你高兴，影子也高兴。你是什么样，影子就是什么样。孩子实际上就像是父母镜子中的影子的汇合，只是在时间的前后上不完全是一致的。你自己是什么性格、脾气，孩子就是什么性格与脾气。你说什么，孩子也说什么，而且和你们的表情一样。无论你如何期望改变孩子，但处处都是自己或父母的性格、脾气、为人处世方式的体现。自己平常的言行、脾气、吵架、拌嘴等，孩子在另外的场合或时候都会表现得非常充分。你们的高兴、愉快、平静、友好、好客等，孩子也表现得一模一样。

因此，要改变孩子，首先需要改变的是父母自己，是家长自己。家长或父母要注意从孩子的言行中来发现自己的不好的脾气、性格、态度和对待社会、别人的不正确、不好的价值观，从而来改变自己的人格和生活态度、价值观。这样，就可以改变自己不好的或不良的东西，完善自己。如果做到了这样，那么，父母或家长在无形中就可以改变自己的孩子，使孩子具有良好的品格与行为，就可以得到社会、老师、同学和大家的好评，也能够和别人、社会融合。同时，家长也要发现孩子的优点，从孩子的优点中发现、寻找自己的优点，把优点发扬光大。鼓励孩子的优点，使优点成为一种兴趣和习惯。

当然孩子接触社会和别的孩子以及电视、电影、图书、教育的语言等以后，孩子的思想、行为开始受社会的影响，但是，父母和家庭的影响仍然是基本的方面。在逐渐的长大过程中，孩子会发展一些父母以外的或他自己本来就具有的性格与品行。尤其是，现在的电视和图书教育是如此广泛，孩子的行为、性格、品行中社会的作用越来越大，因为这些东西在孩子进入 2~3 岁以后就对孩子影响很大，而在 15～20 年以前电视和图书的教育作用要小得多。但是，这些东西往往是由基本的东西支配的，或者是一种与自己的遗传因素、性格相吸引的选择性接受，不符合遗传性格、行为和自己本有的性格与禀性的东西，孩子往往是排斥的（不要把遗传仅仅认为是父母现在的性格与行为，父母小时候的性格与行为也是遗传的，在长大以后变成了一种潜在的或潜意识的东西，遗传至少可以追溯到孩子的爷爷、奶奶、姥姥、姥爷的性格、脾气、习惯等，有一些是更久远的）。因此，父母的行为和心理对孩子的影响和作用仍然具有主导和支配的作用。

二、孩子的身体健康与父母的行为

（一）生气、发脾气实际是在放毒，危害孩子的健康

从上面的道理，我们要明白，家长对孩子不要心烦，你心烦、烦他，给他的能量和人格就是心烦的，所以他的心灵和心理就不安定，在家庭、幼儿园就必然不安心、不听话，表现为不安静或逆反心理。大家可以回想或体验一下，当自己心烦时，对待别人是什么态度？大人知道抑制一下自己态度的行为表现，而孩子不会这样。所以孩子是真实的、不会装假、不会说假话的道理也在这里（经常说假话、装假的人有一种自我心理矛盾，身体、心理不会健康）。实际上，小孩的心灵本来是清净的、洁白的。但是，由于大人的心烦、脾气也传输给他，他心理就很不舒服，需要排斥或释放出来，这就是发泄（有各种方式，与个人的性格、遗传都有关系）。不能排除时，必然表现为与老师、家长的矛盾、对抗、不服从指挥。在不能承受时，就表现为生病，身体免疫力、抵抗力的下降。因此，孩子生病除了遗传因素和适应能力等因素以外，父母的关系协调状况、心理安静程度是极其重要的影响因素。如果父母之间的矛盾很大，经常吵架、拌嘴、生气、发脾气（吵架、生气的能量是累积性的，双方的脾气会越来越大，吵架、矛盾的周期或时间间隔会缩短），孩子（7 岁以前）在这个阶段或稍微滞后的时期，身体免疫力和抵抗力就会下降，体质会较弱，容易生病，而且恢复的时间也很长。而父母关系融洽，孩子的健康状况也很好。

我们知道，生病是因为有病毒，那么，大家思考过没有，病毒是从哪里来的？传染病毒是如何产生的？为什么有些病毒就对特定的人有作用，而对另外的人就没有作用？病毒某种意义上来自于人、人类自身，是由人、人类的不良或不道德的思想、价值观以及行为产生的。因此，消灭病毒的最好办法是解决人的问题。如果大人的心理和人类社会的心理都非常健康，那么，就等于是在消灭和减少病毒产生源。那么，人类、人体有了抵抗能力，也就可以消灭病毒，

孩子的抵抗力、免疫力就会大大增强。

（二）大人的累与生气、发脾气的关系

也许有人认为，这样是不是夸张人的发脾气、生气的危害？因为大人自己常常发脾气、生气，但是，并没有觉得对自己的身体产生危害和影响。其实，影响已经很大了，但是，大人往往没有注意罢了。比如，每个家长都有体验，孩子在6个月以内，大人带孩子并没有觉得很累（不完全是这样），但是，渐渐地大人感到带孩子很累，其实，没有带孩子，大人下班回到家以后也感到很累。可是，我们看到自己的孩子却精神很好，似乎没有累的时候，比大人要健康，甚至不知道累。因此，孩子总是要大人陪着玩，大人也因此而生气、烦孩子，因为自己累，想轻松、休息一下，但是孩子却缠着自己。那么，大家想过没有，为什么孩子没有累的感受而大人却感到如此累呢？原因就在于大人长期因为发脾气、生气以及各种烦心的事情改变了自己生命场的物质（当然，还有其他原因，这里先不探讨），而这种改变后的物质或能量对人体是不利的。所以，大人常常感到很累，而孩子没有这样的感受。因此，孩子是活泼的。而孩子之所以比较大人更健康，也在于孩子没有大人的种种烦恼，没有大人的脾气、生气，而仅仅是大人、家庭的传输。

（三）注意改变自己

大人对"孩子是自己的反映"也不要有什么负担，孩子还是可改变的，孩子不完全是父母心理、行为的反映。但是，大人、家长一定要改变自己，这样才能给孩子良好的脾气、性格、习惯，给孩子长期健康的心理与身体。如果我们自己没有改变自己或不想去改变自己，那么，在另外的意义上就是在把坏的东西带给、传给孩子。家长对自己孩子的爱和歉意，应该扩张到对孩子心理、生理的影响上，而不要仅仅在物质上，那虽然重要，但是远远没有心理、生理方面的东西重要。因此，大人要注意克制自己，减少、避免生气、发脾气。如何能够做到，看完这篇文章也许会有一些心得。当然，这里没有专门探讨这个问题，这里的方法也仅仅是一部分，要提醒的一个方面是减少杀心——对待别人、社会、动物、植物等都应该是这样。一个人对待动物、植物杀心很重，对待人也会如此，因为人格是同一个，没有第二个。这里就不做过多的说明。另外，对孩子的教育，父母要合作，不要有分歧，要意见统一。不然，父母之间也会增加吵架、发脾气的次数。

（四）身教重于言教，做父母的要学会忍让与奉献

孩子到小学、中学的父母都有体会，孩子和什么样的同学在一起，对孩子

的行为、学习影响很大，跟好人学好人，跟坏人学坏人。实际上就是好人的能量场是好的，这就是大人所说的"正气"。英雄人物、模范人物之所以能够影响、带动周围的人，并被人们爱戴、敬仰，原因就在这里。我自己和自己从生活中观察的例子，都证明了这种结论。原因在于一个人的健康首先是心理的健康或愉快，心理不健康、不愉快，免疫力、抵抗力就很低，大人也容易生病，孩子同样如此。所以，为了孩子的健康，父母之间要学会谦让、忍让，要有为对方奉献的精神与行为。而且要没有怨气、牢骚，更不能大发脾气。要改变孩子，期望孩子有一个健康的心理、身体，期望有一个聪明的孩子，就要有一个和平、愉快的家庭气氛。要求孩子做到的，自己首先要做到。这样，你不用去教育孩子，孩子自然会做到，你用语言表达了，孩子就会听从。自己没有做到，要求孩子做到，即使讲很多，作用也是有限的，甚至起反作用。这就是中国人所说的身教与言教的差别。这里强调的是身教，言教对孩子来说不是家长的主要任务，是社会的任务。因为孩子在外面一般是听话的（也有很多的例外），父母的话可以不听，但是，老师、外人的话是有约束力的（有约束的东西，如成绩、评价、在同学中的地位等），故不要担心言教。这样说家长们是否会感到失望？因为自己要改变自己是困难的事情，很多人连想都没有想过，还认为自己非常好呢！如果改变不了自己，也改变不了孩子，那怎么办呢？不管怎样，大人对自己、对孩子都不要期望他们在一夜之间就改变过来，但是，你确实要有改变自己、完善自己的决心与行为，而且要坚决地去做努力、去改变自己，无论进步是大还是小，都要坚定地去做，改变一些总比没有改变好，不要恢心。一切事情都是意志坚定程度、决心的大小决定的，只要有了改变自己的决心与勇气，就可以改变自己。实际上，你改变自己，也改变孩子，更重要的是，也改变与你接触的所有人的环境，而且是多方面的效果。如果不能改变自己，那么，就会把自己的这些脾气、性格遗传给孩子。根据我的观察与研究，遗传不仅仅是指在孩子出生以前，也包括在孩子出生以后，不仅仅指严重的疾病，也包括各种一般疾病，还包括后来父母年老才出现的疾病，当然也包括各种脾气、性格、为人处世的方式。因此，凡是夫妻矛盾很大的家庭，他们的孩子长大结婚以后，会重复父母已有的行为和家庭模式，这是一个普遍存在的现象（原因和道理我们在如何处理夫妻关系中解释）。大家如果不相信或没有注意观察，可以注意、观察并来警戒、改变自己，这样，才能真正去改变孩子，才能达到你们对孩子现在与未来所期望的目标，否则是不可能的。

第二节　要正确对待孩子的行为

一、孩子的心理与大人的心理行为区别

我们在上面已经告诉大家，孩子的心理与行为不完全是父母心理行为的反映，但父母的心理、行为对孩子的心理、行为具有决定性的外部和内部影响、作用。那么，孩子的心理、行为与父母或大人的心理、行为有什么区别呢？孩子的心理结构与大人的重要区别在于孩子具有"性本善"的特征，而大人的"善"往往是一种有目的的善，不是本善。这种心理，如果用理论来说明，大家可能难以认识，我举例说明。比如，大人在家会觉得没有意思，如果不能出去，就必须找事情干，没有事情就一定要看电视或小说或其他。可是，孩子不一样，家里没有玩具，但是家中的任何东西都可以成为他的玩具，什么东西都可以玩，只要大人允许，他不会觉得在家没有意思；成年人具有强烈的金钱、地位、名利以及喜欢异性的爱好，具有强烈的各种享受、拥有物品、对比的心理差异与震动以及在情感上的大幅度的起伏，大人往往被这些东西牵着，对这些东西感兴趣，而这些东西也就成为牵着大人心理行为的绳索，使得大人的心理不得安宁。可是，孩子们不会这样，玩具玩完了以后，就不再去牵挂了，孩子的心理健康和心理负担轻的原因也在这里；另外，大人对外人（熟悉的人）吵架、生气、发脾气等，大人会记仇，而孩子们之间的吵架、打骂（在7岁以前）很快会忘记；大人们对很多事情放不下，而孩子们则会对事情很快忘记或放下，没有成年人的固执或执著。再者，孩子在交往中不具有大人的期望性与目的性。因此，孩子的心理与心灵大部分情况下是安宁的、健康的，如果不安宁必然会表现出来——通过哭闹或发脾气、容易生气等（比如，有经验的家长知道，当孩子玩的时间太长，没有睡午觉，那么，到傍晚的时候则烦躁，而在一般的情况下，不会出现。因此，如果没有特定原因引起孩子不安的，那么孩子的哭闹或烦躁一定有另外的原因，家长要寻找原因，不要发脾气来抑制孩子的情绪）。所有这一切都决定孩子的心理与家长的心理差别很大。但是，家长或大人很少以孩子的心理来了解孩子，往往以大人的心理来教育孩子，强迫孩子接受大人的心理，对孩子的心理和身体的健康产生了有害的影响。其实，孩子对成人价值观的接受，往往不是语言而是行为。你教育孩子要参加劳动，必须自己要劳动，要以兴趣来带孩子参加劳动，而不是什么道理。孩子对道理、文字、语言的接受不是理解性的，理解的是行为（大家有体会，孩子喜欢看有图像、表情

具体的东西，对抽象的东西不喜欢，原因在于孩子在 7 岁以前发展起来的是直观思维与感官思维，而不是抽象思维。因此，给孩子过多地讲成人的道理是浪费，只有这种教育与具体的行为、表情和具体的事例结合起来讲解，孩子才能明白这种抽象的教育），这就是身教。因此，当教育孩子时，自己是生气的，那就没有起到教育孩子的好作用，相反是教育孩子生气。因此，家长和大人不要以成年人的心理来对待孩子的心理、行为，也不要以自己都讲不清楚的语言、含义来教育孩子。那么，孩子有没有自己的固执或放不下的呢？当然也有，但往往是对自己期望或家长答应的事情。比如，你说要给他买什么吃、穿、玩的东西，那么，他会记住，如果你没有按期兑现，孩子就会不高兴。有些孩子讨厌或害怕的东西、人、事情，孩子的记忆也非常深刻，乃至一辈子都在起作用。家长对孩子这些方面也要注意，这样对孩子以后在具体事情上的行为就更容易理解、把握。

二、横、竖、颠倒在孩子的视觉中是一样的，家长不要因此生气

（一）鞋子不分左右没有关系

孩子的行为是非常具体的，家长对孩子的生气、不满意也是由非常具体的事情产生的，而其中的原因往往在于家长或社会的教育过分、片面以及对待事物的片面的认识方法。我仍然举很具体的例子来说明问题。我的孩子在 3～4 岁的阶段，穿鞋子总是把左脚的鞋子和右脚的鞋子换过来穿，而且到幼儿园也是如此。我知道这是因为孩子的眼睛中没有明确的左右分别，或者是他认为这样更有意思，觉得好玩。因此，也就随他，而且允许或赞成这样。但是，到幼儿园以后，由于幼儿园对班级老师有要求，孩子的衣服、鞋帽必须整齐、正确，那么，我的孩子这样穿鞋就不正确。同时就会影响幼儿园老师在考核评比中的成绩，也影响老师的收入。当老师提出这个问题以后，我首先告诉老师道理，也理解老师的要求，回来后就告诉孩子把左右脚的鞋子换过来穿是可以的，但是，在幼儿园这样做会影响集体的要求，会影响老师的成绩与工资收入，所以我们就不要再那样穿鞋了，这样孩子很快就自己改变了。但是，这其中经过了几天的时间。家长在遇到这样一类问题时，不要太着急，要用讲道理的方法告诉孩子，尤其是用自己的事情告诉孩子，他就会理解。比如，孩子不理解成绩、工资，你就用饼干、书本告诉孩子，要用钱买，没有钱就没有饼干和书本。成绩可以用孩子做好事、家长表扬来说明。问问孩子表扬是什么心情？是高兴。而批评是不高兴。影响老师的成绩就是老师会受到上级领导的批评，这样，孩

子就完全懂了。类似的事情很多，有些孩子可能是穿衣服的问题，有些是孩子用左手与右手的问题，只要注意这个原则就行。

（二）数子横写有问题吗

一个孩子的母亲告诉我一个事情，要孩子写数字"8"，可是，孩子总是横写这个"8"。说了也不改，真让她生气。其实，这个事情与上面的例子是一个道理。我注意观察自己的孩子，在 3～4 岁以前，凡是她认识的字，无论你是颠倒、横放或从斜面让她看，她都能够认识，而且没有时间上的差异。有一个道家功夫的传人，他通过自己的实践与观察告诉人们一个现象：当人头朝下时和人头朝上时的物体是一样的，没有改变。但是，自己的上、下位置颠倒了。大家不妨回去做一个实验。我自己小时候也经常这样头朝下，身体贴在墙壁上，觉得很有意思、很好玩，并没有认识到对事物的位置辨认。但是，无形之中对自己以后思维方式的发展产生作用，也很喜欢研究别人的看法。后来，也容易理解别人的看法。大家可以考虑一下，在一张纸上横写一个"8"，从既定的位子来看是横放了，但是，如果把写字的纸调整一下，不就是正写的"8"字吗？那么，这里就涉及是调整人自己还是调整对方或纸张的选择。如果一个人既知道横写，也知道正写，那么，他就具备了多方面看问题的能力。把"8"横写，说明这个孩子能从另外的角度来看待事物与人，能够理解横向看东西的人和事物。具体而言，可能能够理解横向关系中人、事情的心态，或者，他在这方面处理问题有比别人更好的优点。后来，这位母亲又告诉我她的孩子的一个例子。幼儿园有一次举行抛球比赛，这个孩子所在的小组失败了，这个小女孩哭了，但是，其他小孩没有哭。她问她母亲，为什么他们（指小朋友）不使劲出力？这就说明这个小孩的集体意识很强，也具有一种对集体的荣誉感（当然，这个例子在于说明横向思维，因为每个人在集体中是平等的一员，这就是一种横向关系）；而能够从换位、颠倒方向看问题的人，更具有多方面看待问题的能力。如果加以训练，会具有特殊的作用。

（三）多方面看问题的作用

一个人具有多方面看待问题的能力，就具有多方面的适应能力，那么他在社会中的矛盾就比较少，也容易理解别人对问题的看法。比如，世界上多数国家都是行人走路靠右行，但是，英国和原英国的殖民地国家就是靠左行，如果对左右习惯不是很明显的人，在中国生活和在英国生活就不会感到很别扭。再比如，用左手和右手的差别。如果两只手都会用，这样的人，在与习惯左手或右手的人相处的时候，就容易理解，而且会处理得很好。习惯于颠倒或上、下看问题的人，当他的地位变化以后，仍然不会忘记他的下属，而不仅仅是考虑"上"。因此，多方面看问题的人，处理问题也比较周到、圆满。

实际上，孩子天生具有比大人多方面看问题的能力，大人在孩子时代也具有。但是，由于后来社会的一律化，使得大人这些方面的功能退化。所以，现在的社会有一种呼声与要求："理解"。要别人理解自己。但是，孩子在这方面具有的功能却被大人和社会完全从自己出发的教育方式与教育的价值观压制了，乃至在后来的发展中消失了。所以，家长要用正确的方法、态度对待孩子。当然，这需要幼儿园和幼儿教育的配合，需要社会的共同努力，仅仅靠家庭是不够的。但是，家庭是最基本的。

三、孩子的优点、缺点以及处理态度与方法

有些家长，看到别人孩子的优点，看到自己孩子的不足，心中就着急，觉得自己的孩子不行。于是，回家给孩子压力，说某某孩子如何，要自己的孩子也如何，不这样就对孩子生气。到了小学或中学，再采取这种方法，孩子会不以为然，甚至会出现抵抗或其他行为。这里的问题在于，孩子的家长没有注意自己孩子的特点或孩子的作用，中国有一句古话，"天生我才必有用"。实际上，每个人出生以后，在人间就有他的特殊的位子与使命，有他的作用与意义。因此，不要看到别人孩子的优点和长处，就心中着急。别人的优点和好的方面当然要学习，使自己的孩子有更完善的优点，将来发挥更大的作用。但是，要注意"欲速则不达"。要有好的方法、方式与态度，结合孩子的特点来学习别人的优点。家长或父母在看到别人孩子优点的时候，往往看不到，这个孩子的优点在另外的情形下可能也是一种弱点；看不到自己孩子的弱点在另一方面或情况下会成为优点，更没有清楚，在家长看成是缺点的东西可能不是缺点，而优点可能不是优点。其实，优点和缺点是相对的，可以互相转换，在不同的层次上看是不一样的。现在，我举几个例子来说明。

有一个孩子家长，在孩子开始进入幼儿园时候，发现自己的孩子不愿意与其他孩子玩，似乎显得不合群，老师也提出来了，家长也感觉到了，认为这是一个问题。我知道后，告诉孩子家长，所谓孤僻的孩子或不愿意与别的孩子说话的孩子，自我心理平衡能力比较强，而活泼的孩子让他在孤独的环境中或一个人安静下来就很难。而所谓不合群或孤独的孩子没有这种心理，但是每个人都会遇到孤独的。要改变孩子的性格，就不要过分地限制他，让他自由一些。就可以有所改变，孤独的孩子就可以逐渐地合群。长期形成性格以后，无论是

一个人还是很多人在一起，心理都能够自我平衡，保持安静。通过一年的观察，这个孩子确实改变了，而且改变很大。也有家长把孩子在家中的不听话、闹看成是自己孩子单独具有的特点，因此而烦恼。其实，每一个孩子都有过类似的经历，孩子的这种脾气、特点向什么方向发展，关键在于父母如何去处理这样的问题。如果看不到优点，找不到方法，就会增加大人的烦恼和孩子的心理不安定，增加孩子与父母的摩擦。

四、老实的孩子吃亏吗

（一）在外吃亏不说是一种很好的"孝敬"

孩子老实，在外吃亏不说、不告诉父母。有一些家长认为，孩子吃亏不说不好。其实，这是很好的一种处理问题的态度与方法。告诉你吃亏了，你心里就有了烦恼，对别人的不满，你的心里就不安宁，对自己、对孩子都不利的。孩子不说，是一种对父母的孝敬——没有人教育的、自然的孝敬。我举一个例子。一个大学生远在外乡感冒或生病了，他是否应该告诉自己的父母呢？如果告诉父母，千里以外的父母心里会很着急，"儿行千里母担忧"，增加父母的心里不安与烦恼，不仅是自己的烦恼，这又好在什么地方呢？如果不告诉父母，而是告诉父母身体很好，那么，他们就会放心，这就是孝敬父母。不把自己受苦、受打击、不愉快的事情或吃亏的事情告诉父母（当然，他自己要确实可以承受，不能承受，那是另外的问题。告诉别人、请求帮助也是很好的方式。比如，学生被打，报告老师处理），这样的孩子长大以后，就会不给父母、给别人增加烦恼，自己的烦恼自己解决，这对自己、对别人都有好处，有什么不对呢！每个人在遇到烦恼或家庭或单位的问题时，往往看别人总是那么好，那么愉快，那么幸福，为什么会有这样的感受呢？因为别人没有告诉自己他们的烦恼。实际上，每个人都有烦恼，都有一本难念的经，只是别人没有告诉你他的烦恼。自己的烦恼应该自己解决。我想，幸福和高兴的事情、心情可以让大家来共同分享，但是，自己的烦恼、不愉快不要拿出来，只有在自己不能解决、需要大家的共同努力或帮助时，才可以，这也许更好。对家庭、对别人都有好处。如果每一个人都告诉亲人自己的烦恼，会出现什么结果呢？会对家庭、亲人失去信心和亲切感，觉得家庭没有温暖、愉快、和谐，没有意思。如果你能够学会解除自己的烦恼、孩子的烦恼，就增加了家庭的愉快、幸福、和谐、温暖。如果能够扩大到社会，这就是个人存在于社会的价值在这个方面得到了实现，也就是完成了自己在这个方面的人生任务与使命。比如，老师有了一种解决学生问题的办法与途径，解决了问题，就是老师价值的实现。价值实现是需要从小时候就有很好的方法的，教育孩子无非是为未来做准备。

（二）市场经济：老实人也不吃亏

那么，老实人是否就吃亏呢？现在是市场经济，对利益谁都不让，老实人不再像改革以前（1978 年）那样吃香，会被认为"傻"，或没有"能耐"。于是，人们都在教育孩子要"聪明点"，不让孩子"吃亏"，好像只有这样，心中才满意。这实际是教育孩子奸诈、好斗，长大以后只有坏处，没有好处，将来连自己的父母、家庭都会讲不能吃亏，你们到底培养什么样的孩子呢？培养一个将来连自己的家庭、父母都要讲利益的孩子？方法和价值观一旦形成以后，就会成为孩子的人格，一般是不会变的（想改变自己和注意改变自己的人例外），对亲人同样如此。等你们老了，对孩子没有利益可获得，处处讲究不能吃亏的子女就不会来理你了，因为你对他没有利益，对他反而是吃亏。你说要孝敬父母，可是，你们孝敬自己的父母没有呢？你们如果孝敬了，要回想一下当时是什么样的教育价值观，要问一问为什么要孝敬？你们现在教育孩子的价值观，会不会让他到你们老的时候也具有这样的价值观与行为？法律可能要求子女有养老的义务，但是法律不能解决你的心理不愉快。

更为有害的结果是，这样的教育方式必然在处理家庭关系和人际关系时，没有和谐。孩子成家以后，就会经常吵架。凡是教育孩子不吃亏的父母，可以注意自己家庭和夫妻之间现在的和谐状况，然后反思为什么。

（三）孩子被打，要教孩子还手吗

老实人是否真的吃亏呢？我们不去研究宗教对这个问题的态度，因为所有宗教都是要求人们行善、诚实、老实，而不是让自己获得更多，讲究善恶有报应。我们从实际生活的体验来说明问题。比如说，有些孩子被人打，要不要还手？只要家长不告诉他还手，那么，这个问题就自己解决了，不会发展甚至严重化。但是，如果父母告诉孩子，别人打你一下，你打他两下，或打得更重一些，那么，就可能出现严重的问题。这对打人的孩子而言，有什么好处呢？只有坏处。因为这个孩子以后的思维方式就是这样的。以后他在与别人的关系中，就不会有和谐，而是更多的矛盾。如果是经商，别人就知道这个人太抠门，对别人的利益算计太精明，人们就不会跟他打交道，他的业务或事业要发展起来就困难；与同事相处，人们就知道太精明，大家就会尽量避开他，他自己由于过分追求自己的利益会与别人矛盾，心理就不会舒服，就不会有健康的心理和身体。我们成年人或家长生活中这样的体会、经历应该说有不少吧。而对老实的孩子来说，如果别人打他，不还手，那他就不必要担心别人继续对自己的伤害。不会总是这样的，因为孩子们没有固定的仇恨对象。人们有这样一种说法，"别人打我三拳头，我呼呼大睡；我打别人三拳头，半夜睡觉心不安"，为什么？因为担心别人报复。对于不还手的孩子来说，他就具有一种安定的心理，不会有心理的烦恼与不安，对自己、对周围人的心理和身体健康都有好处，将来工作、处理事情就会很融合。当然，老实不是不明白，而是明白。所以，真正的老实人是有智慧的人。

（四）"吃亏是占便宜"也是对的

家长在孩子面临问题、矛盾时，不要教育还手、不吃亏，而是让他知道不还手，可以吃亏，或由老师处理，这有好处。孩子长大成人和工作中处理事情、问题就可以周到、有秩序、圆满，让别人满意，这样，自己也可以得到满意。干事业就可以很顺利，有众人的支持和帮助。不知道大家有没有体会，某一个人对自己让了利益、好处或有了帮助，自己对他是什么评价、态度、行为？当然是好感，回报。所以，中国还有一句话，"吃亏是占便宜"。与外国人打交道的很多事情也是这样的。世界没有两个真理，只有一个。老实人不吃亏。眼前的、表面的、短期的、看得出来的，似乎吃亏，但是，与之相对应的方面不吃亏，这可以说是真理。人太精明、算计，很难有健康的心理和身体，那么得到再多的金钱、物质，没有一个健康的心理、身体，实际上是没有享受。因此，不要教育孩子不良的行为。要教育孩子善心、善意对待别人及别人的行为。我们大人不是要求社会、别人对自己善良、友好吗？为什么教育孩子不良的价值观呢？社会、别人对自己的善良、友好不会凭空出现，是每一个人行为和对子女教育的结果。自己和孩子以什么行为对待别人与社会，最后得到的也一定是同样的回报。如果不信，大家可以仔细回想自己所有一切事情，我自己的经验使我对此深信不疑。

要相信自己是一面镜子，别人对你如何，镜子就反映如何。别人、社会也是一面镜子，自己行为如何，反馈的东西也同样如此。自己与孩子、家庭、一切人的关系都是如此，这就是我理解的因果报应（仅仅是从这样一个方面）。善恶有报，不是不报，时候未到，时候一到，必定要报。善恶之报，只是迟与早。因此，家长应教育孩子善良。

（五）改变孩子的弱点

那么，如何改变孩子的一些不好的习惯呢？这需要家长对孩子有耐心，要用道理说服。同时，要多读一些关于孩子心理方面的书。对于孩子发脾气、不恭敬或具有习惯性的东西，不要期望马上改掉，因为本身就是父母遗传下来的。但是，可以让孩子复述某种习惯所发生的每一件事情，这既可以开发智力，也有利于孩子认识自己的错误。告诉孩子错在什么地方，这就够了。不用打骂。然后，每次让孩子自己说出处理的方法，到下次出现，就拿他说的方法来对照。这样一步一步地改变。我的孩子，小时候每次吃饭总是喜欢第一名，在家吃饭谁先吃完不等她得第一就哭闹。我告诉她，吃饭是为了饱肚子，因为肚子饿了要吃饭，不是为了第一名吃饭。我用了将近一年的时间改变她的这种心态，最后成功了。而且，在其他方面，她也不是非要第一名。改变了一个方面，其实具有多方面的效果。在遇到批评或不满意时，她就哭，也是一种性格的弱点。我教育孩子对不满意的事情或批评有意见、要求时，用语言来表达。于是，凡是遇到她哭时，就让她复述哭的原因和心理过程，告诉她，嘴巴不仅是吃饭，也是用来表达自己的要求与愿望的。做了几次，有了改变。当然，一般的家长要改变自己的孩子，如果真正想去做，那么，花费的时间可能会更长。但是，有了正确的方法以后，需要的是耐心。

当然，不要忘记，父母试图改变孩子的同时，要改变自己。我从孩子那里发现了自己很多的问题、缺点，逐渐地改变自己。因此，孩子也教育了我自己。当然，也有一些办法，由于自己智慧不够，改变、认识自己缓慢，自己的修养不够，是粗暴的、过火的。比如，我让孩子写字"口"，底下的一横，她总是喜欢从右边带过来，为改正这个习惯，我用监视、提醒的办法改正。但是，写了许多遍以后，她仍然没有改变，那么，我就打她的手，强化她的记忆。现在看来，打她是粗暴的，虽然改变了，但是方法不是很好，可以有更好的办法。那时，我也没有认识到从右边写一横也是一种思维方法，也是在后来才认识到的。还有一些其他的粗暴的方式，比如打孩子。虽然明明知道不好，但是，在以前还是做了。现在回想起来知道不对，对孩子也没有太多的好处（孩子生气的时候，就允许她打我，让她释放我给她的不好的东西。然后，再让她去思考自己的行为，告诉她注意检查自己，教给她另外一种思维方法），因此，也在内心向孩子承认自己的粗暴、错误，并注意经常检查自己对孩子的言行，这样自己就觉得逐渐找到了一种解决自己与孩子沟通的办法。这里写出来，供大家参考，也希望未来的父母能够避免、减少用生气或打孩子解决问题的方法。

第三节　挫折教育或适应教育

一、孩子能够接受挫折教育吗

一般来说，7 岁以前，最好不采用严厉的挫折教育，尤其是作为老师和陌生人，最好是采取逐步引导孩子的挫折教育。要特别注意，如果采用挫折教育，老师对孩子的一言一行，都要带着慈悲、怜悯和理解，这样，学生就不会有恨、恐惧、害怕等，如果完全以批评、看不起、打击、挖苦的心态去对待，对儿童会产生心理压力，甚至导致严重心理挫伤。

儿童对大人的心态，与成年人之间的心态不同。成年人往往喜欢以捉弄的心态、语言去对待孩子。但孩子往往很容易当真、认真。因此，如果没有适应这种捉弄心态的孩子，无论是熟悉还是不熟悉的人，凡是以大人的、开玩笑的心态做的，孩子都会有反感。记得我在 4 岁左右，邻居家的一个老头总是喜欢说，到我们家来做我们的儿子。有一次，父亲抱着我，又到这个邻居家门口，邻居拿出一个大梨给我，我拿了。这个邻居就说，这下你拿了我的梨，就得做我们的孩子，我听完就生气地把梨使劲摔到地上。孩子喜欢友好给予的真实，而不喜欢成年人的那种开玩笑，尤其是对陌生人或外人。而最好的方式是给他微笑，跟他玩，做他喜欢的事情。至少，在小学以前，孩子不喜欢别人对自己严厉的态度、行为，也不喜欢不轻松、不自由、不活泼、不愉快的语言环境（指外人不包括熟悉的亲人），这些会使他的心灵受到打击。其中的原因不是很清楚，自己的感受是孩子喜欢真实、轻松、愉快、活泼的环境和人，不喜欢外人从自己这里拿走什么，喜欢别人给他什么。当然，如果家庭经常有这方面的训练，那么，孩子也学会了这样的方式，这种玩笑、语言态度，孩子就可以承受。

在幼儿园的两年以内，用讽刺、挖苦、捉弄的心态来对待孩子，孩子在这些方面一般是不能承受的，不能承受这样的心理打击。在后来的发展与环境适应中，孩子逐渐辨认出来何者是玩笑，辨认出语言的分量，对环境不再是最初的陌生与缺乏安全感，就不再会有什么心理的打击。我们成年人尤其是大学生刚分配工作，到一个新单位工作时的心态其实就是这样的状态，很老实。当然，成年人对陌生的环境和人更容易适应，而孩子没有大人的经历与经验，所以更脆弱。

我的孩子在幼儿园小班时，虽然已经对老师熟悉，但是，老师的要求不敢违反。因此，中午睡午觉时，不敢上厕所。因为老师说，不要看到一个人上厕所，大家都去。最后，尿床了。有些孩子自尊心非常强，也非常注意老师对自己的态度、评价（尤其是在开始进入幼儿园的一年甚至两年的时间内）。因此，幼小的孩子一般承受不起老师的脸色或某些行为的限制，他会觉得没有自由、愉快。因此，一些家长不赞成挫折教育。我自己在小学和中学的经历和体验也表明，老师对学生的不友好态度或过分的语言（包括挖苦、讽刺、嘲笑、戏弄）、行为会刺伤孩子的自尊心与对该任课老师功课的学习信心。凡是学习好的课，都是自己对这个老师喜欢。有时候，一个老师的态度确实会导致学生不愿意或害怕在这里继续留下来（每个人对这些事情的心理承受能力是不一样的），尤其幼儿是非常明显的。三年级以前的小学生也是这样的。所以，人们对挫折教育有些害怕。应该说，这种严厉的批评或挫折教育，如果没有社会的氛围与赞成的价值观，没有家庭的坚定的支持是不可能采用这种教育方式的。如果用了，所产生的可能是负面的影响。

现在的幼儿园都不采取伤害孩子心理的教育方式（在实际中仍然可以看到有），这是正确的。但是，现在幼儿园的这种教育方式实际是引进西方的教育方式，而中国的文化价值观不是西方的。因此，对幼儿或孩子的家庭、社会教育越来越困难，很多家长也为孩子而苦恼。要知道，西方虽然不对孩子体罚、严厉批评，但是，西方社会的法律是非常多、也非常细致的，因此，个人行为有法律的约束，中国没有西方那样详细的法律。如果没有道德的约束，没有体罚，那么，孩子长大成人就会出现个人为所欲为的可能，从而对社会产生危害，社会的犯罪率就会提高。

二、如何用适应教育方法教育孩子

没有体罚、批评，那么，又没有挫折教育，孩子的问题怎么解决呢？我觉得仍然需要挫折教育，但方式要改变。我这里所说的挫折教育，是指一种可以适应环境和人的态度变化的教育方式。不是一般人们理解的那样，它是指从不同角度对孩子的教育，从相反、对应或另外的角度来教育孩子。比如，有一个孩子很喜欢发言，老师也很喜欢他，那么，他可能会有更多的发言机会。但是，老师应该公平对待每个同学。经常发言的人，应该不给或减少机会；而发言少的人或不愿意举手的人，也要让他们发言。因为经常发言的孩子机会多了，会形成一种比别人优越的心理，认为自己每次举手应该得到发言。长期以后，当不给发言机会时，心中就会不愉快。而总是不发言的人，可能有不愿意发言的性格，长期下去就会总是不愿意发言。老师如果注意到这种现象，就可以在无形中起到挫折教育的目的，消除学生的过分的期望与认识。曾经有一个学生，从小学到中学一直当班长，上大学时由于比他好的人多，他没有被选上，一气之下就自杀了。我自己的体会，在 5 年小学期间，都是当班长或副班长，而到初中一年级时，什么也没有当上，心理不愉快。但是，这种不愉快持续的时间不是很长，到初中二年级以后，就当上学习委员，后来又当班长。但是，到高中时，又是什么也没有，到高中二年级，又因为成绩好而当班长。这个经历使得我对能否得到连续稳定的位子有较大的心理承受能力。很多人有体会，从领导岗位退下或不被重用以后，心情非常不愉快乃至精神不振，有些人甚至因此而长期生病，关键在于没有心理挫折的训练。

所谓相反或对应教育就是将正反、上下、前后、顺逆、好坏、难易、刚柔、高低、隐显、乐观与悲观、喜欢与反对、男女、家长与孩子、老师与学生进行换位、串位、兼位的教育。一个人如果能够像演员那样，把所有角色都扮演或体会到，那么他的适应能力就很强，对成功与失败、有与没有、多与少、得与失、兴盛与衰败、得意与打击、领导与被领导等就具有非常强的抗击能力。而且，如果训练有素，会产生一些特殊的、有意义的作用，可以解决意想不到的问题和事情，而且可以圆满解决，尤其是对人际关系的处理，有非常好的作用与效果。比如，当班长的人或学生，可以不让他当，换成别人。这个学生很好，可表扬。但是，有时候或某些时候可以表扬他，但是却不去表扬，而是告诉他可以做得更好或更多。当然，这需要运用得很恰当。批评的时候不是严厉的，而是用道理或例子或他所能够理解的方式来进行。比如顺逆教育。可以让孩子观察一张桌子，问孩子桌子有几条腿、桌子是哪里来的？从商店买的，商店的桌子哪里来的？如此问下去，直到树的种子，告诉孩子从树的种子到桌子需要什么因素、过程，这样，可以训练孩子的顺逆思维，而不是一个方面、一个方向，也可以让孩子知道，任何东西、事情都是由很多条件构成的，他就逐渐地知道处理关系，理解别人，对各种挫折就会有正确的态度与看法，不会产生心理打击，对别人的批评、不赞成、没有支持，就会理解，甚至去争取支持理解，而不是对抗或抵制的心理。当然，这对老师的要求很高，对家长的要求也很高。所以，我提出家长和老师要改变自己、完善自己的思维方法，从孩子、学生中来发现自己的问题，改变自己，也改变学生、改变社会，而且经常这样。也就是说，不让孩子形成一种认为自己应该如此的观念。

再比如，我的孩子在家中常常要做父亲，可以换一个位子，告诉他做父亲要完成什么事情，做母亲要完成什么事情，不要让孩子感到父亲、母亲就是比他大、有力量，可以管他；或认为父母就是钱或玩具的象征；或者是要什么，可以给什么，不给、不答应就不高兴、不满意；或用大人的特殊地位去压制他，那不是非常好的方法。当然，这些方法也需要，因为这个社会的体制存在这种现象，必须接受，否则，自己就会对社会的很多现象不满，产生不健康心理。

需要指出的是，如果有些人可以使用严厉批评或其他的挫折教育方式，仍然是可以用的。这是因人而异，不可能有一律化的成功方式，除非每个人都在进行自觉的自我批评教育并接受别人的批评与教育，除非社会有良好的、高尚的道德风范和模范人物，而且被社会接受，除非人们追求道德高尚和心灵的安静。但是，每个人应该这样去努力，这样才能真正增强孩子的心理适应能力。

以上仅仅是举两个例子来说明挫折教育，家长和老师们在实践中有更多的体会、体验，可以把内容扩大。实际上，每个家长或成年人的经历已经扮演了很多的角色，但是，家长们往往会忘记已有角色的心理体验，如果能够回忆起来，就是一种教育的方法，就可以教育孩子，增加孩子的心理承受能力，对自己是一种智力的开发，也可以用于孩子的智力开发。

第四节　孩子身体碰撞与皮肤饥饿

一、如何对待孩子间的身体碰撞或打架

（一）孩子身体碰撞有愉快的心理，家长不要闹矛盾

幼儿园老师和家长最头疼的问题是孩子的调皮、打架或身体的碰撞、损伤，因此而造成家长对幼儿园的不满、矛盾或家长之间的矛盾（由孩子之间的问题引起）。但是，仔细观察一下调皮、打架的，基本上是男孩，而幼儿园的老师又基本上是女性，没有男性，对男孩的调皮简直没有办法。我在幼儿园一次上午的观食表演会看到，女孩一般比较老实，身体的撞击比较少，而男孩不一样（虽然有家长在）。而且，对身体的撞击有一种兴奋与愉快的感觉。一会儿甲打乙，一会儿乙反回来打一下。一会儿丙又打甲一下，或者好几个人搅和在一起，很兴奋。我自己在上小学的时候（已经是 5 年级）也喜欢在下课以后，同学之间相互碰撞，乃至好几个人压在一起，虽然有被压的重感，但是，确实是有一种心情愉快。所以，家长不要为孩子间的一些碰撞而闹矛盾。

实际上，小孩之间虽然有你打我一下，我报复你一下的心理，但是，没有很大的气愤，也没有很深的记仇。如果大人之间因此而产生矛盾，和小孩之间就不一样了。不仅大人之间产生怨气，而且还影响孩子，对孩子、对别人、对自己的心理、身体健康都没有好处。

（二）身体碰撞，出了问题怎么办

孩子间的身体碰撞，如果不限制在特定的范围，确实有危险的时候。因为手中的东西随时都会成为打人的东西，碰撞用力过大有可能产生伤害，因为现在的环境都是砖瓦、水泥、混凝土结构的，不完全是土木结构。也有是因为纯粹用力过大所导致。记得自己在二年级的时候，一次课间操结束后，同学之间就相互追逐，另一个班的学生就把我撞倒了，而且牙齿流血，我记得当时哭了，而且报告了他们的老师。出现这种事情的时候，家长也不要因此而闹矛盾。因为虽然是这样，孩子之间并没有什么不可以解决的问题。几天以后，打过架或使别人损伤与受到损伤的小孩又会很高兴地在一起玩，小孩之间一般不记仇。我记得在 4～5 岁的时候（大约在 1967 年），房屋门前有准备造新房的石头堆，大约有 1.5 米高，我们喜欢从高处往下跳，而且谁站得高跳下来，觉得谁有本事。那是冬天，我站在高处，一个邻居的小孩趁我没注意在后面把我往下推，

结果没有准备，跌倒在地，把嘴唇内部摔破了，流了很多血，当时也哭了。但是，父母亲都在田中干活，没有大人在。中午回来告诉父母，父母没有去找人家，也没有时间。而且说：你要是好，人家怎么会把你推下去呢？怎么没有人把我从石堆上推下来？这真叫我无法回答。但是，以后在外面就注意了，即使吃亏，也不再告诉父母。现在回想起来，父母的态度，这也是一种思维与处理事情的方法，而且是一种很好的方法。是让你自己学会保护自己，警惕不与别人发生矛盾，发生矛盾更多的是从自己的角度对待，不去找别人的原因，这样对别人可以不记仇，不会在家长之间闹矛盾，对自己、对别人都有好处。而自己不告诉父母在外面的所谓受打或其他不好的事情，父母也不去追问，可以减少父母的担心、心理烦恼，这也是很好的。当然，当时没有认识到这些，只是怕被父母知道，反而要被骂。我觉得这样的方式很好，因此，现在对待孩子与别人的游戏态度也是如此。有时候，看到孩子吃亏了，也当着没有看见。这样，孩子也不当一回事，我对别人孩子的态度就没有什么坏的印象，能够理解孩子的行为，不像大人之间的那种关系。实际上，每一个父母对自己的孩子都太"爱"了，但是这种爱又有多少是真正的对孩子、对自己有益呢？这需要家长们来共同思考。很多父母看到孩子在相互的玩耍、碰撞中吃了一点亏，就心中不高兴。但是，你们自己对孩子生气、发脾气，对孩子的身体、心理伤害考虑过没有呢？孩子之间的身体碰撞、损伤一般还不会有这样大的心理和身体伤害。

当然，那些使别人孩子损伤的孩子家长不能这样认为，要教育自己的孩子改变自己，不要有损伤别人孩子的行为，而且一定要带着孩子去给别人道歉，这样就可以解除家长之间可能的不满和心理记恨，对孩子可以起到实际的教育作用，他就学会以后遇到这样的问题时自己就会去给别人道歉。但是，我注意观察社会和孩子的家长，出了问题以后，有些损伤别人孩子的家长无动于衷，连一句道歉都没有。有些家长则对自己的孩子发脾气，虽然对，是给对方孩子和家长看的，对方的孩子和家长确实可以不再有怨气、不满，我自己也有过这样的经历与心理体验。但是，对自己孩子教育的作用不大，而如果采取道歉的方法，然后再批评，讲道理，进行上述的换位方法的挫折教育，孩子长大以后就学会了处理事情的方法，可以避免现在社会上经常看到的现象：一个不大的小事情（比如，人多的时候，骑车碰撞了），但是却闹得不可开交。其实，只要真心诚意说一句"对不起"，就可以解决了。问题在于大家都不去关心、注意处理问题的态度、方法以及对待别人、自己的正确观念。

二、人体皮肤、感官饥饿及人际关系

身体碰撞——孩子的这种现象，在国外的理论研究称为"皮肤饥饿"，也有人称为"触食"，认为适当的身体碰撞是可以的，有益的。就像大人之间的拥抱。很多人在回忆自己的父亲或母亲时，会记得父亲的手是温暖的、而母亲给予的是柔软。这两种身体上的感受都是皮肤饥饿与满足的表现。皮肤有没有饥饿与满足的表现呢？应该说是有的。人体的六个感官部位都存在饥饿，都需要相应的"食物"。

举一个例子，这是台湾南怀谨先生的例子，我自己也有经验和心理体验。让一个人的身体埋入土壤中（夏天在水中也会体验出来），只露出头部，虽然呼吸不存在问题，但是身体却非常不舒服。恋人之间对皮肤或身体饥饿体验可能更容易理解。但是，人们往往忽视孩子的皮肤饥饿。不仅是皮肤，人的眼睛、耳朵、鼻子、意识也都有对"食物"的需要。有一个人告诉我，在贵州的一个宾馆住，寂静得可怕，一个人白天都不敢在那里，这说明很多一般人需要声音，没有声音不行，这就是"音食"。眼睛也需要食物。中国长江漂流探险队的7个人从长江源头漂流下来的很长时期内，只见山水不见一个人影，大家都很困乏、疲劳，于是，总是希望见到有人烟的地方，他们喊问，为什么这里没有人？觉得没有人就没有精神，就走不动了，这就是"眼食"的需要。有些人则通过回想来解除自己的忧愁、苦闷、寂寞、小集体的孤独，这就是"思食"的需要。

人们往往在拥有的时候，不去注意别人对自己的价值，而只有在失去、孤独的时候，才体会到。比如，现在一个孩子回到家以后，总是要父母讲故事或陪着一起玩，父母因此感到很累、心烦，而如果同班的两个或三个小孩在一起玩，家长则有轻松与解脱的感觉，心情也舒服些，由此可以看到，别人孩子对自己孩子、对自己的作用。如果我们能够在拥有的时候也具有失去的那种心理的理解与沟通，那么，我们就会对别人的孩子、家长以及社会的环境具有不同的态度了，也许就没有或减少了那种心理的累与烦恼。

人是在相互依赖中生存与发展的，人的所有一切行为也都是在与别人的比较或对别人构成需要才体会到自己的价值的。给你拥有所有一切，但是，世界上就只有你一个人，你会感到没有意义，也活不下去，为什么这么多人在一起就感到有意义呢？既然感到有意义，就要对别人的存在感恩，要感谢别人。所以，对孩子之间的碰撞和矛盾，家长要放下，不要不高兴。孩子们在一起是欢乐的、开心的、天真的，但是，也会有碰撞的时候。如果因此而矛盾、不高兴，就夹杂了大人的不纯洁、不天真，就没有欢乐，就是烦恼和不愉快。孩子之间的碰撞即使有损伤，一般不会破坏孩子之间的天真与纯洁，因此，家长要珍惜孩子们的天真与纯洁，这是金钱和任何其他东西换不到的，也是人生命中最珍贵的。每个人虽然有很多值得高兴、愉快的事情，但是，没有人认为那种愉快和高兴能够超过儿童时代的天真与纯洁，因此，我们家长要共同珍惜孩子的纯真。

三、皮肤饥饿的原因与处理途径

（一）皮肤饥饿的原因

对于皮肤饥饿的原因，现有的理论还没有很好的解释。我根据自己的体验、观察、学习、思考，觉得皮肤饥饿与性别有关，男女有差别。男孩在外部的表现突出，而女孩在家庭更突出。实际上，父母对孩子的身体抚摩可以解除这种饥饿，但是，必须是真正的、情绪很好的、心情愉快的，不然是不行的。这就是人们常常所说的父母对孩子的爱，真正对自己孩子爱的父母即使不给孩子或少给孩子身体的接触，也可以消除孩子的皮肤饥饿。孩子的皮肤饥饿主要的原因可能是孩子弱小，需要一种安全和精神的安慰，而这种安慰仅仅通过语言是不够的，需要一种实在的依靠。举个例子，当孩子遇到自己害怕的事情或场合时，就会紧紧抓住大人的手、身体，这样就觉得有了一种安全和依靠。这是人类后天的一种特征。其实，成年人的皮肤饥饿比孩子有过之而无不及，只是表现的方面不同而已。皮肤碰撞的另一个原因是孩子需要释放、排斥家庭、环境（在老师、同学之间以及他所接触的人、事情和自然环境）所给予的不愉快，或者是进行某种身体能量的交流与相互补充和平衡，这也许是孩子皮肤碰撞行为过分或过火的主要原因。大部分情况下，也许是进行某种能量的交流和平衡。

这种现象，在中学生中，尤其是男生中尤其突出。学生之间的身体碰撞给同学之间带来一种欢乐和愉快，他们因此而强化这些行为。当然，有些身体碰撞，需要老师去关注，过于激烈的身体碰撞在中学生中比较多，有些甚至过头了，需要家庭和学生同时提醒。

（二）如何解决孩子的皮肤饥饿

首先家庭要真正爱孩子，要满足孩子的皮肤饥饿需要，家长要抱抱孩子，或用手在孩子的头部、脊背安抚或轻轻拍打。而且，要用时间让孩子到有玩具设备的场所，让他们开心地去玩，最好是有自然环境的地方。不要让孩子一个人自己玩非自然的玩具。公共的玩具和自然环境的玩具更有利于解除小孩的心理障碍，使得小孩的心理得到满足与平衡。我在天坛公园看到，在所有玩具中，如果是开放的、自由的，孩子们选择最多的是最大的滑梯。因为他（她）的身体可以采取任何姿势，这样可以消除部分身体上的不舒服，而一般的玩具没有这种效果。因此，让孩子躺在地上，或到他所喜欢的自然环境中去，有利于调节、减少孩子的身体碰撞行为。但是，一定让他以自己喜欢的方式去玩，而不应该加以限制；还有一个途径是让孩子进行类似武术的训练，有一套套路来规范孩子不规范的、时刻想进行身体碰撞的行为，或者让他们进行武术或他们喜欢的动作比赛，但是，不许碰撞人。这是化解、引导孩子的过分与过火的碰撞行为。当然，具体问题需要家长、孩子和老师、学生在实际中共同努力、配合解决，如果能够找到一种方法，就可以说是成功的教育。

第五节　儿童智力开发问题

一、需要开发孩子的智力吗

现在，家长和社会都非常重视儿童智力开发，教育孩子很多知识，唯恐孩子在哪方面比别人的孩子差。说实话，我真不知道人们说的智力开发是什么意思。儿童智力开发，开发什么呢？我觉得，告诉孩子很多知识，让孩子记、背诵很多汉字、成语，让孩子具有很多的兴趣当然很重要，但是，孩子能否掌握这么多的知识还是问题。现在掌握，不代表以后还能够记住。而孩子是否有兴趣，不是大人强迫所能够做到的。实际上，让孩子记忆越多，由知识所产生的机械性越厉害，孩子的固执也就越突出。大家都有体会，幼儿园的老师说什么，孩子回家就告诉父母，认为只有这样才是正确的、唯一的。这不是什么智力开发，而是死记硬背，限制思维的创造性与独立性。问题在那里呢？在于知识本身是机械的。因此，孩子接受以后，也就成为机械的理解与行为。

另外，对孩子和成年人的观察可以发现，记忆的遗忘是非常快的，孩子的记忆力很好，遗忘也非常快。开发孩子的记忆、背诵等机械性所产生的"智力"，没有什么好处。

现在所谓的智力开发，实际是将大人、成人的一套固定的、固执的思维方法过早地教育给孩子，是将成年人的意志过早地强加给孩子，扼杀孩子本来的创造性思维。我倒是觉得，不是大人开发孩子的智力，倒是孩子启发大人更正确一些。因为成年人的思维太机械、单一、规则化，根本没有创造性，而且很多思维方法是有问题的。但是，却要过早地教给孩子，培养孩子成年人的思维，孩子都成为大人，怎么会有创造性呢？

二、智力开发的方法是什么

我觉得，对于孩子的智力开发，更重要的是教孩子方法，让孩子的非期望性与非目的性的行为、兴趣得到发展、延伸。这样才可能使孩子在未来通过方法本身学习到很多书本、课堂所学不到的知识。你告诉孩子一千个知识，但是，如果是死记硬背，那么，第一千零一个他就不会。如果告诉他方法，很多东西不需要详细的教育，孩子自己就会了。这些方法是什么呢？我们在适应教育中的方法同时也是孩子智力开发的方法，也是孩子学会自己对待、处理问题的方法，学会观察、总结、抽象等的方法。当然，这些方法在挫折教育中是教师、家长使用，而智力开发是将这些方法教给孩子，让孩子自己掌握、使用这些方法来学习知识、处理问题。与挫折教育不同的是，上述方法在孩子使用时，要研究、体会这种变化的过程。比如，上下对应的方法。要体会、研究上下位子的问题、关系，还要告诉孩子变换的过程、条件、因素，而不仅仅是换位、兼位等。

还有很多其他的方法，如比较事物、人的差别；自由联想；整体到部分、部分回归到整体；举一反三；问答；抽象到具体（从理论或道理、文字、语言、概念、图像、事情、行为、态度、表情的过程）、具体到抽象（从行为、图像到文字、理论的过程）等。所有这些方法，在开发孩子智力时，都要注意保护和发展孩子的非期望性、非目的性以及非固执性和兴趣性的心理和行为。这样，在教育开发的方法以外，孩子可以有更多的自己的选择和创造。

三、智力开发成功的条件是什么

保持孩子的心理、心灵安静是智力开发的最根本的条件。人的心理不安宁，无法去开发什么智力。家长或大人有体会，生气、心理不愉快、矛盾或心事重重就很容易忘记、遗忘，没有良好的办法与智慧。智力或智慧实际是对因缘、关系、过程、问题的认识、态度、处理方法上的圆满、周到，对这些没有圆满、周到，就不能认为智力高或有智慧。而这首先需要的是心灵的安宁与安静，而心灵的安静与对待社会的态度方法是密切联系的，一切不能保持心灵安静的事情和心态，都不利于智慧的发挥，也难以进行智力开发。

只有心宁静而没有情绪，才能感应，或者把自己记忆仓库的东西进行年组合、变幻，因此而有创新。如果家长带着个人强烈的爱好和期望，要孩子这样、那样，允许这样、不允许这样，往往会限制孩子的兴趣与爱好，久而久之，孩子的兴趣就被限在大人或家长喜欢的范围，实际上就是大人自己的或大人期望的兴趣与爱好，而大人或家长期望的爱好，由于缺乏正确的方法，无法得到良好的发展。结果，遗传对孩子的影响也就充分反映出来。很多有成就的人，成功的一个重要原因是家庭孩子多，使得他们的父母没有机会或时间去过多地管理孩子，孩子的天性得到充分的发挥。当然，教育成功的家庭，良好的教育也能够成就人才。但是，这样的家庭一定具有非常好的教育方法与教育的道德价值观或遗传。

我提倡，让孩子自然发展自己的兴趣与爱好，加以引导，而且多方面、不固执地发展孩子的兴趣，这对孩子的兴趣培养很有意义。除非有特殊或良好水平的家庭可以将孩子的兴趣固定在明确的方向，一般家庭似乎不宜这样。

智力开发成功的另一个基本条件是非智力因素，什么是非智力因素呢？比如意志、品德、情绪、恒心、毅力、吃苦、耐劳等。非智力因素很多，实际就是人的七情六欲的自制能力或对这些东西的把握能力，所有这些东西，我归结为非期望性、非目的性、非固执性、忍受性、耐性。只要发展了这些东西，非智力因素就可以得到很好的发展。除此以外，有一个态度与方法，对待别人是善意的、友好的、一体性的（当做自己或自己的亲人），在出现问题或受到打击时，寻找自己的原因，而不是去寻找别人的原因，这样就可以更好地寻找圆满解决事情、问题的办法。智力或智慧就会得到开发。

当然，非智力因素发展背后人的七情六欲的把握，很多时候在于社会、家庭对孩子行为、兴趣的态度，因为所有一切行为与爱好、兴趣在重复、强化以后，就会固执而且成为价值观，认为只有这样是对的，这样是应该的。所以，对孩子兴趣、爱好的自由发展，要有道德标准的约束，没有道德标准的约束，那是不幸的。也就是说，自由发展要引导向道德的、良好的方向发展，不是没有引导的。因此，允许、默认、鼓励、赞扬什么，限制、批评、制止什么，应该是社会道德的标准，而不是个人的偏好，也不是一种时代的价值观，时代的价值观是不断变化的，现在教育的，以后并不必然是这样，但是，道德是不会改变的，只是语言会有所变更，实质的内涵不会改变。因为道德是人类的需要，永远的需要，不会不需要，没有道德的社会是无法存在的。比如，教育孩子还手打人、不吃亏的意识，这就是教育孩子对立、矛盾，那么，孩子将来处理问题、矛盾的方法、态度只有一种，而且必定是矛盾、对立的解决结果。这样是有智力吗？是有智慧吗？西方社会现在的教育体制就是这样，然后，考虑谈判，而谈判仍然是对立、对抗力量的较量。

智力和非智力贯穿人的一生，并不仅仅是在 7 岁以前的阶段，7 岁以前虽然非常重要，但是 7 岁以后，也同样非常重要。因此，家长不要过分重视 7 岁以前阶段的智力开发，只要掌握了方法，7 岁以后哪怕是到老，都可以开发，这就是中国所说的活到老、学到老。所以，教育的方法包含了价值观，包括了是否具有真正的智力或智慧。

四、兴趣、利他精神与智力开发

智力开发与兴趣、利他精神关系很大。但是，现在的家长很讲究实惠，做什么事情首先要考虑自己的利益，缺乏利他精神与行为，做好事要求有回报，或会反问自己我能够得到什么好处或利益，而且，也把这样的价值观教给孩子，要孩子做什么事情也讲究利益，而孩子本来没有这样的价值观。但是，孩子发展了这样的价值观，做事情就具有了期望、目的、回报的要求，而不是兴趣、爱好和良好的正确的道德价值观，这样在无形之中就抑制了孩子兴趣的发展。于是，个人的行为动机不是内在的，而是被外在化了，人就被利益等牵着，没有了利他精神，这就是大人的状态。而如果是内在的行为动机，那么就不会被这些东西牵着，面对外在的利益、名誉、物质也可以有正确的态度或方法去处理，这是儿童的本能，这样的心理发展起来，就是一种利他的精神。

一个人成才的条件是在学校生活结束以前决定的，如果对学习本身没有兴趣、爱好和道德价值观，却被外在的利益刺激牵着，是无法学好的。因为学生生活是没有利益刺激的，只有辛勤的付出，除非自己寻找或家庭给予利益刺激（现在很多家长用这样的方法教育孩子）。学生没有好的成绩或良好的素质，也就没有可能作为一个成功的人或达到家长期望的目标。结果，家长望子成龙，但却没有做到。原因在于大人给予不正确的道德价值观，没有注意发展孩子内在的激励动机，而过多地用外部刺激，使孩子失去了兴趣。当然，大人的价值观是与中国改革以来所形成的价值观是分不开的，是历史变化时期的产物，是一种动荡时期的心理反映，它不具有持久性，没必要强加给孩子。

成年人的心理和儿童比较起来，实际是退化的，而这样的心理退化在世俗看来又是一种成熟。其实并不是成熟，而是作茧自缚、自我折磨，而孩子的心理才是真正处于自我开发的状态，所需要的是引导。

如果父母没有改变自己，社会没有良好的道德教育来改变个人，比如过去的批评与自我批评、谦虚等，那么，由父母自己去开发孩子的智力几乎是不可能的，只有受教育于良好品行以及有学问的专家才可能具有开发的作用，过去的所谓"严师出高徒"和"名（明）师出名（明）徒"实际是靠人格带出来的，不是简单地了解多少知识就可以的。知识多了，但你可能忘记。不会忘记，不会运用也是一个主要的问题。而要不忘记又会灵活运用，那么，就需要良好的性格、品行与思维方法，否则，谈智力开发就是一种商业行为。当然，作为发展孩子兴趣的选择是完全可以的。

第六节　孩子的饮食、健康与教育

一、孩子的饮食与教育

一些家长常常抱怨幼儿园的饮食，甚至对幼儿园的饮食不放心，而孩子回到家以后则有什么好吃的都先给孩子吃，哪怕自己不吃，也要给孩子吃。这样，孩子在有好吃的东西时，往往认为自己应该首先得到，不肯给别人。如果父母把唯一好的食物给孩子，再让孩子给你吃，你可以看看孩子是怎么回答的，很多时候孩子的回答恐怕是否定的。为什么父母如此爱孩子，而要孩子把食物让给自己就不可能呢？原因在于孩子没有懂得父母的付出是怎么来的，也不知道这其中的关系，所以，认为自己应该得到。但是，如果家庭有好几个孩子就不会是这样了。我们家有兄弟5人，还有一个妹妹。小时候，母亲每天早饭都做几个用米粉做的菜圆子或用面粉做的面疙瘩，自己当然也喜欢吃。那时吃上干粮、米饭是很少的，父母亲每次分配给孩子的圆子只有一个，而大人可以是2～3个，不许我们小孩多吃。因为大人和哥哥们要干农活，因此，虽然自己想吃，也不敢多吃，只有每次在吃完以后有剩下的（也许是父母节省舍不得吃，因为我知道父母确实如此，这当然是后来才体会到的，当时不是很清楚），自己才敢去多吃。现在想来是自己贪吃，是不应该的。但是，长期的这种模式，使我明白了，更好的食物应该是劳动贡献大的人得到，而不是自己或贡献少的人。这样，自己对社会上的收入分配就有一种理解，对家庭的分配也有理解和正确的态度、行为。这对我现在的认识有很多帮助。如果不是这样，当时父母假使偏爱小孩，那么，就会对付出劳动和汗水的哥哥们是一种心理伤害和不公平，但是，父母处理得非常好，这样家庭关系在分家以前也非常和谐，大家很团结一心，没有矛盾，后来兄弟成家、分家以后也没有什么大的矛盾。但是，同村的有些家庭这个问题处理得不是很成功。

那么，我的父母有没有偏爱呢？有。在当时觉得主要是对我妹妹的偏爱。我们兄弟5人，父母对我们也许特别厌烦，所以希望生女孩。后来，我才知道为什么会这样。因为女孩长大以后不需要父母给她盖房子、准备结婚的很多家具，而对儿子则必须要做这些事情，这些对他们来说是非常沉重的经济和体力负担。女孩子嫁出去，陪嫁的东西可以多，也可以少，没有强求。也许是这样，所以，父母有些东西尤其是零食给妹妹就多，以至我和哥哥们都清楚。但是，哥哥们后来理解了父母的心情，并没有什么意见，我现在也更清楚父母亲偏爱的道理，确实体会、感到父母抚养我们 6 个孩子实在是太辛苦了，他们的心理压力和负担是非常巨大的，他们能够承受下来是非常了不起的。也许，我对很多事情的心理打击能够承受是与父母的遗传分不开的。当然，没有认识到以前是无形中的，而认识以后是明显感觉到了。我也感到我父母亲的同辈人，他们有很多东西是值得我们学习的。

其实生活的压力是很多的，需要我们坦然面对。过去的压力是食物和经济条件，现在是什么呢？值得我们现在的父母和家长去思考。

二、挑食、偏食的形成与教育

挑食与偏食是孩子成长中经常出现的现象，有些父母在纠正孩子这些问题时，往往也因此而生气、发脾气。其实，要是没有人告诉你挑食，恐怕就不会有这些固执了。我从小时候到中学，没有什么挑食的概念，父母也不会去过问这些事情。一般来说，孩子特别喜欢吃肉类食品，而对绿色食品尤其是蔬菜不感兴趣，家长因此要求孩子要吃蔬菜，不要挑食。实际上，孩子喜欢吃肉类食品而不喜欢吃蔬菜是世界儿童的共同现象。自己的体验与理解是孩子特别喜欢吃肉类食品而不愿意吃蔬菜，与社会环境的变化关系很大。在肉类食品不是很丰富的改革以前，人们虽然也需要肉，但是，更多的是喜欢肥肉，而不是瘦肉，因为那时缺少的是油。有肉，人们当然也觉得吃起来很香，但是确实没有现在人对肉类的如此偏好，尤其是孩子的这种偏好，这其实是一种社会意识引导的结果。意识引导改变人们的口味，可以说在生活中到处都是，因此，在我的体验与看法，饮食是一种意识和心理认识所导致的结果。就好比抽烟、饮酒。第一次的感受并不好，但是，长期习惯以后，就觉得非常好，而且找出理由来辩护。我曾经强制自己不吃肉类食品，开始仍然觉得有香气，还是想吃，后来渐渐习惯了，就不觉得肉类有什么吸引力了，再后来也不觉得有什么香气了。因此，只要你不被现在的所谓科学的营养知识所迷惑，自己心理没有这样的认识或意识：认为吃肉才有力量，才能有强壮的身体，就不会具有强烈的食品偏爱。我们在前面已经说明，健康首先是心理健康，只要心理是平静、安定的，那么你就会有充沛的精力，中国在改革以前人们没有那么多的肉类食品，但是精神不是很好吗？我们现在的食物水平比较过去有了很大的改善，但我们很多人不是感到很累吗？

肉类与健康没有必然的关系。所谓营养，你也不要过分去相信。现在的科学营养学，很多是商业性的，是为了推销。况且，科学对很多人体的东西了解是极其肤浅的，远远不如中国文化关于人体健康的理论，中国历史上最著名的医学家都没有强调什么营养，首先强调的是心理的安宁与平静，要求我们能够把握好自己的七情六欲，不要使喜怒哀乐失常，饮食味道不要过分厚重，要薄滋味，为什么要薄滋味呢？因为五味令人口爽（对味道失去辨别与判别的能力）。而且，在饮食社会化的时代，口味过于浓厚，对身体健康和处理人际关系都不是很好。我们很多人由于对味道过于挑剔，对饭馆、招待的饮食常常不满或者经常在外面吃，对家中的菜很不满意，没有胃口。这实际是在增加家庭的矛盾或对别人的不满意，对自己和别人的健康都没有好处。而如果在自己的意识中，不去过分地强调味道，那么，对外面或家庭的饭菜都会感到满意，你释放的就是对家庭、对别人有益的能量，对自己和别人的健康都有好处。

当然，要改变孩子的口味，不在于强迫他改变，而在于消除自己在饮食上的很多不恰当的认识或习惯。比如，我的孩子和大家的孩子一样，也特别喜欢吃肉，但是，因为我好几年对肉类没有什么爱好，也不认为肉类对身体非常重要，因此，进入5岁以后，孩子对肉类的爱好大大改变，对蔬菜也不是很挑剔，在幼儿园基本是什么菜都吃，而如果是我和孩子在家吃饭，那么，孩子也不吃肉。无论肉做得如何，她都不吃。但是，如果孩子的母亲在家做一些肉类食品，那么，孩子还是吃的，但是没有特别的偏爱。

挑食和偏食基本是社会和家庭意识形成的，或者是没有注意的行为形成的一种习惯。只要注意改变意识与习惯，就可以逐渐地改变孩子的饮食问题。当然，不要忘记，采取的方法仍然是逐渐的，不要希望一次就改变过来，要有耐心，要改变大人自己的意识，这样就可以让孩子对肉类和蔬菜食品能够平衡。不要过分迷信科学关于饮食的看法。中国古老的养生理论更符合实际，因为它可以让每一个人真实体验出来，而现在的营养科学是用一套符合它的标准的指标来衡量的，不是从完全的、对身体长期和内部的平衡角度来衡量的。

三、甜食、咸食以及饮食数量

对于甜食的喜好，也是孩子的特征，如果不加以限制和控制，孩子因为甜食会产生很多坏处。一般来说，正常的糖分在饮食中就可以了，小孩即使需要，也不要增加很多。对于块状糖果、饮料最好是不要给孩子吃，或吃少量，因为糖果、饮料吃多了，就会对孩子的牙齿产生危害。多吃糖果、饮料，对胃和肾不利，也是牙齿容易坏、饮食挑剔的主要原因，对身体的健康与发育没有好处，可能会产生危害。

其实，很多家长有体会，孩子不需要什么饮料，正常的水果和白开水就可以了。喜欢吃咸的具体原因不是很清楚，但是，我自己的观察结论是孩子从出生以后的很长时期内，因为吃奶或奶制品，没有足够的盐分，需要补充。另外，孩子由于活动量大，出汗比大人可能更多（体力劳动者例外），因此自己选择食品时需要补充；还有一个原因是孩子处在身体的发育与成长阶段，新陈代谢快，因此在盐分补充上更多。因为孩子饮食的能量供给孩子生长发育，而成年人的饮食是一种能量的平衡与维持，所以，孩子往往比大人吃得还多，不要奇怪。

饮食是否要好和很饱？这也是家长常常关心的问题。比如每天需要有鱼肉或其他什么要求，我觉得，现在的生活水平比较过去无论是幼儿园还是家庭，都改善很大，是过去无法相比的，营养同样也是这样。家庭和幼儿园能够跟随蔬菜的季节而做变化菜谱，适当进行营养调节，就可以。保持充足的数量就可以，家庭也不要过分给孩子肉类，那样孩子的生理会发育过早。因为肉类食品中的荷尔蒙较多，生理早熟不利于孩子的学习，也不利于孩子的健康，而且将来容易过早出现衰老。因此，给孩子一般的营养就可以，吃饱就行。稍微有一些饥饿，对身体的健康是有利的。国外对动物的实验和中国在人体研究方面的很多例子表明，吃饭不过饱，动物和人会处于精神活跃的状态，而且有利于减少疾病，对人体健康是有益的。而吃得过多、过饱，容易疲劳。原因在于增加了胃部的消化负担，肠胃得不到很好的休息。

我们可以看到一个有趣的现象，过去很穷，但是医院没有现在这样繁忙，而且，人们的身体健康要比现在好得多（出现饥饿时期例外）。生活水平提高与改善以后，各种因为饮食而产生的所谓"富贵病"成为人体健康的一个重要问题。高血压、多脂肪、肥胖症、免疫力、抵抗力下降等也都与饮食关系很大，因此，不要过分注重营养而增加对这些东西的消费。其实，一般的饮食和生活水平对人体是最健康的。不要因为好吃、喜欢而过多消费。当然，孩子在成长时期，需要食物补充，但是一般的水平就可以了。

四、肥胖与偏瘦

这是儿童中的两个极端现象，而且也成为家长烦恼的一个问题。有些家长为了给孩子减肥，把时间用在给孩子参加减肥的体育活动上，有些家长则为孩子的偏瘦或营养不良而苦恼。肥胖与偏瘦的原因，在我看来是基本相同的，前者可以说是营养（激素）过剩，后者是营养不良。

就现在家庭的生活水平和饮食结构来说，比1978年以前要丰富得多，要好得多。但是，为什么反而出现营养不良呢？有些家庭给孩子鱼肉等所谓的营养食品是很多的，而且每顿饭都讲究色香味俱全，味道浓厚，不然就会觉得没有味道。但是时间长久以后，孩子对这样的饭菜没了兴趣，也不喜欢了。结果，家长则给孩子各种营养补品或零食吃。最后，钱花了很多，营养也是按照配方来的，但是孩子的身体就是不健壮，而是很瘦，而且不健康，身体的抵抗力和免疫力都比同年龄的孩子差。家长因此而苦恼，去就医、询问专家，但是要改变起来也是很难的。原因在哪里呢？我根据自己的经验和对自己孩子的观察以及中国古老的养生理论总结以下几个原因。

（一）首先是父母对孩子饮食的强烈、过分的关注与关心，导致对孩子饮食的不正常行为

大家思考过没有，自己小时候父母是如何对待自己的饮食的呢？并没有现在这样的关心和讲究，但是，身体不是很好吗？为什么现在这样的关心，身体反而不好？这就是"好心不得好报"。原因在于出发点是好的，但行为是错误的。一个人的饮食，本来是自己的身体或生理的需要，但是，现在，在家庭中却变成家长对孩子的一种"善行、关心"或放不下的东西。孩子的饮食已经成为父母实现自己意愿的要求或期望，而不是孩子自己的身体或生理的需要。这在孩子的心理上就会形成两种结果：一种是接受，那么，结果是肥胖症的产生；另一种是抵抗，那么，就是不喜欢饮食而产生挑食与偏瘦。其实，孩子对饮食没有成年人的意识——是一种关心、爱护（只有在食物匮乏时才是这样），过分地给予，对孩子是一种心理压力，或者使孩子接受这样的意识，失去了孩子原有的态度。自己小时候为什么没有挑食？有人研究认为是孩子多，大家在一起"抢食"，所以不挑食。因此，有些专家提出比赛吃饭的方法，每次给予的菜和饭不是很多，让孩子自己看到少而去"抢"。应该说是很好的，我不知道这样的方法是否能够成功，父母是否能够做到。就像一个富人，在现在的条件下，要他像过去自己很穷的时候一样来生活，需要价值观和社会环境来帮助。我说说自己的经历和情况。应该说，我对家庭的每次吃饭，都觉得很有味道，吃起来也非常香。但是，是因为比赛而有味道，还是因为少而有味道？应该说，这两个因素都有，但不是很充分或明显。更重要的是身体的成长阶段，家庭没有足够的、很好的、充足的食品来满足需要，而且也没有人对自己的饭菜给予心理上的过分的关心，常常是在饭菜数量确定的情况下，父母亲给自己一定的数额（大家在前面对食物分配的例子中可以看到）。吃饭以后和饭前父母是不会去关心孩子的饮食的，也不会为了孩子的饮食而去购买什么（有时候有，比如，一个烧饼。但是，不是经常性的，要等待经济条件的改变才会出现），因为没有条件去购买。而且，当时的社会环境和家庭几乎都是这样。因此，在饮食条件不是很好的环境下，在家长和社会对孩子的饮食不是过分的关心条件下，饮食、营养不是很好的情况下，孩子是健康的。为什么会健康呢？这是生理学和人体科学值得研究的现象。现在的科学已经发现，有一点饥饿和不是非常美味的食物，对身体的健康是有利的（饥不择食），这个问题我们在前面已经提到了，这里就不再重复。因此，家长对孩子的饮食，不要过分关心，给孩子过多的营养食品不是帮助孩子，而是在危害孩子的身体健康。

在正常的三餐饭以外，最好不要给孩子什么营养和零食（非经常性的可以），也不要对孩子的饮食吃饭是否饱了做过多的关心，孩子自己是知道的。不要认为孩子什么都不知道，连自己的肚子都不知道。孩子自从出生以后，就知道饥饿、吃奶，吃饱了就不需要吃了。父母是否还记得？如果还记得，不需要过分关心，把孩子作为自己的喂养的一个动物，那是不行的。这是解决孩子饮食产生的肥胖与偏瘦的首要原因。

（二）其次是家长对饮食过分讲究，饭菜的味道做得很浓厚，生怕味道不好孩子不吃

我们自己在很小的时候，自己的父母亲是否也这样呢？很少。为什么现在要这样呢？到底是孩子需要味道浓厚的饮食，还是自己需要呢？如果是自己需要，就不应该是为孩子。中医和中国的养生理论都认为，"五味令人口爽"。就是说，味道浓厚，会使自己的味觉器官的挑剔性更严重，从而形成挑食。我们大人应该有体会，如果经常做味道鲜美和浓厚的饮食，那么，对味道稍微淡一些的就觉得没有胃口，就不愿意吃。如果一个人经常吃的是非常淡而味道薄的饮食，对味道浓厚的食品就可以适应，而且觉得味道非常好。这里，我们可以看到一个道理：味道不要很好，对饮食就不会挑剔，而讲究味道，则会挑剔食品，对自己的身体健康没有好处。健康的人对饮食不挑剔，而不健康的人，对饮食很挑剔。反过来，如果对饮食的味道过于挑剔，那么也会通过对五脏六腑的作用而影响人的情绪与身体健康，使得自己对味道更加敏感与要求高。这样，实际就是自己的生理在变化了，也就是身体的适应力在下降了。因此，古人养生的理论就提出，要"薄滋味"。

更重要的是，孩子的五脏六腑和成年人比较更嫩，更不适应味道浓厚的饮食，而一旦形成习惯以后，对身体的伤害是很大的，比成年人更加厉害，所以孩子对所谓的美味营养食品，会出现两个极端：肥胖与偏瘦或营养不良，而大人的情况就比较少。因此，家长自己和对孩子都应该有一个正确的态度，饮食不在于好与坏，而在于是否满足身体的需要，尤其是不在于味道如何，营养如何，如果过分注重营养和味道，那么，结果是相反的，孩子反而会挑食或肥胖。其实，五谷杂粮、蔬菜、少量的鱼肉以及现在的饮食就足够保障营养了。而家长们在食物上过多地考虑营养和味道，并不是身体的需要，孩子是在完成父母的任务和实现父母的期望，这哪里是在为孩子的饮食和健康考虑问题，是为自己自私和心理要求与满足而考虑。其结果反而容易导致孩子营养过剩、挑食或引起肥胖。

肥胖和偏瘦通过有规律的体育锻炼，配合饮食的改变，肥胖通过走路也许可以得到解决。我在读书的时候，同屋的一个同学每天骑车去学外语，骑车需要45分钟。一个月以后，体重明显下降，而且腿脚变细了，但是，腿脚的力量增加了。因此，孩子上学，只要在4～5公里以内，完全可以不骑自行车，而是走路去上学，更不应该坐公共汽车或小轿车。偏瘦的孩子的饮食问题，通过走路为什么也可以得到解决呢？原因在于走路得到的效果与骑车的效果是不一样的。它可以锻炼人的腿脚和手，增加身体能量的消耗与需要，而且转移孩子的注意力，使得孩子的注意力集中在走路和赶到学校，而不是对食物的挑剔。走路的能量消耗是比较大的，因此，很容易饥饿。在饥饿的状态下，会有很好的胃口来吃饭，而不是对食物的挑剔。而且，走路可以锻炼人的很多的经络，改善人体的血液循环，使身体内不健康的东西得到排除，这样就可以调节五脏六腑，从而改变对饮食的胃口，而不再挑食与偏食，身体就可以逐渐地健康。

总之，对于孩子的饮食，我们要有这样的态度与方法：有钱也当没钱过，有孩子也要当没有孩子，孩子少也要像孩子多。这样，可能就会"无心插柳柳成阴"，不然，可能"有心栽花花不开"。

第七节　　让孩子的自理与自立行为得到发挥

孩子的自理与自立能力本来就具有，或通过学习（包括观察、记忆、模仿，包括语言、文字、实践这样三种学习）就可以逐渐地会，就像孩子知道自己的饱与饿。为什么要提出培养孩子的自理与自立能力呢？这个问题到底是孩子的问题，还是家长自身的问题？或是幼儿园不正确的价值观所产生的呢？这需要我们好好反思。

什么叫培养？现在人所谓的培养是一种要求和指挥，是自己意志强加于对方的概念。但是，教育是不能这样的，需要行动和示范，而不是自己的意志强加给对方，这就是示范，这是最好的教育，孩子也最能够接受这样的教育。

我很小的时候，父母也没有提出什么自理、自立能力，但是，也非常好。家庭每个人的品德、习惯基本是父母性格的遗传和环境结合的表现，而且父母的遗传是基本的。要改变一个人也是非常困难的，靠语言、要求根本就没有什么力量，而只有规则、制度、惩罚可以起到强制执行以及成为习惯的作用，社会的氛围有助于语言、制度要求的实现，而不是空话。但是，家庭的强制是比较少的，只有少数家庭是这样，而且，遗传的结果表明，他们的后代也喜欢这样。因此，对于如何培养孩子的自理与自立能力，我觉得这本身是有问题的，是一种要求，而不是一种示范，是言教而不是身教。

一、培养孩子自理与自立能力：父母对孩子要放心，不包办

现在，很多父母和家庭对孩子极其不放心，什么事情都自己来做。有些家庭是因为怕孩子累或怕孩子干活，因此不给孩子自己干活的机会，由此弄出许多笑话来。记得《北京日报》报道过这样的事情：一个小学生三年级了，有一次学校组织去郊游，母亲给孩子煮了鸡蛋带着，但是孩子又带回来了，没有吃。母亲问为什么没有吃，孩子说不知道怎么吃。因为以前的鸡蛋都是母亲把鸡蛋壳剥好了的，大概连怎么剥也没有给孩子看到，所以，孩子不知道怎么吃鸡蛋。有一次和全国总工会的局级干部坐出租车，谈起孩子教育的事情，这位领导教育孩子有一套方法，引起司机的兴趣。司机告诉我们，他儿子已经三年级了，但是上厕所不会自己擦屁股，每次回来上厕所（习惯产生以后，就可以完全不在学校上厕所，而是回到家以后上厕所，这是可以常常见到的），总是手提裤子喊他的姥姥帮助擦。而且司机说，对孩子无法教育，一旦要教育孩子或打孩子，孩子就去找姥姥保护，让他很为难。现在的孩子，很多活不会干，已经五六岁，

仍然需要父母亲抱着或背着，并且告诉父母走一会儿以后，就觉得腿很累，而在睡觉的时候，仍然需要父母陪着，而不能自己去睡觉，这是比较普遍的现象，当然，不一定是这些方面。所有这些问题，都成为孩子自理、自立的问题。

有些幼儿园针对独生子女的自理、自立能力差的问题，寻找一些办法与途径来解决。但是，有一些活动，家长不赞成、不支持，认为增加了孩子的体力劳动和负担，这样幼儿园想达到的目的也很难。实际上，幼儿园的教育与家庭的教育效果是不一样的，有很多事情在幼儿园可以做到，但回到家以后就不一样了。我们大人就有体会，在外面、单位是一种表现，而在家是另外一种表现。孩子也是这样，虽然没有大人那么突出，但是，基本的情况也是如此。因此，幼儿园教育，如何起到真正的作用，是需要研究的，仅仅是幼儿园的活动是不可能达到解决自理、自立问题的。其实，幼儿园的大部分教育，达到预期的目的，都是存在困难的，原因在于我们这个时代是价值观转变的时代，人们的价值观是多种多样的，不知道什么是正确的，什么是错误的。错误的往往认为是正确的、时代的潮流，是一种时代需要的品德；而正确的往往认为是落后的、消极的、不进步的，人们很少去研究价值观所产生的家庭、个人行为以及与家庭、个人行为之间的关系，反正要跟随时代的潮流。同时，更多的，人们都在追求自己的意志和自己的需要、要求的实现与满足，很少考虑自己的意志、需要、要求是否是正确的、道德的。因此，自己对孩子的行为就是自己的想法和需要，不考虑对孩子的影响，这已经是一种典型的以自我为中心的思想与行为。现在的家长，由于孩子少，又有爷爷、奶奶、姥姥、姥爷帮忙，同时，又实行5天工作制度，因此，家长的时间是非常充分的，很多事情，家长（包括爷爷辈）自己就去干了，不需要孩子自己去做。如果家长或爷爷、姥姥不去做，那么他们会有更多的闲暇时间，因此，他们把孩子的事情承担了，包办了，至于对孩子未来的影响如何，没有考虑。他们都认为这样是在减轻孩子的负担，是在帮助孩子，而没有人看到对孩子的长远的不利的影响。社会的习惯、价值观因此而产生变化。

其实，孩子干活的多少与自理、自立能力关系不是很明显，过分强调让孩子去自理、自立，孩子不愿意，强迫他们去做，未必是一件好事，可能起到坏的作用，因为你一旦认为孩子应该自理、自立，就会认为不这样就不行，而孩子一旦没有那样，没有做到，那么，你就会不高兴甚至会生气，那么，就不是在教育孩子自理、自立了，而是教育孩子生气了。

要不要让孩子干活或劳动呢？对于学龄前的儿童，适当的劳动是必要的，凡是孩子自己能够干或体力完全适应的，那么，只要孩子有兴趣，就应该让孩子自己去干，家长不要替代孩子，因为这培养的是一种自己有能力自己解决的品德，而不是自己完全有能力却要别人帮助。也许，孩子干的活不是很好或不那么好看，但是，大人可以耐心地教会孩子如何去做，而不是对孩子干的活不满意，或干得不好就不要孩子干，谁天生就干得很好呢？不都是在学习中干好的吗？要知道，这也是培养孩子以后在生活中的一种方法：学习——自己主动地学习。以后孩子遇到问题和在学习、生活、工作中，就会注意主动地学习，而且会注意不断地完善自己的学习与行为。因此，大家不要小看了孩子自己学习干家务活或参加家庭劳动的意义。

二、如何培养孩子自己主动干活的兴趣与习惯呢

（一）对"大人干活，孩子捣乱"要有正确的认识

不要认为是一件坏事，要鼓励、允许孩子参与。比如大人洗衣服，孩子也喜欢去洗，有时候可能是玩水，有时候也是想看看自己是否也能够洗。大人不应该拒绝孩子，不要怕麻烦。每次，你们在干活的时候，都让孩子参加，或允许孩子来"帮忙"。那么，时间长久以后，孩子对于干活就是一种兴趣，而不是一种心理的对抗和负担，也不会去思考为什么我要多干，或为什么让我来干的思想（我们成年人的思维就是这样的）。因为干活本身是一种兴趣，在心理上没有不愉快，那么就不会因为干活而感到累，所以，不要把孩子的兴趣看成是一件小事，对孩子以后的生活影响太大了。

（二）教给正确的方法

在允许、鼓励孩子参与劳动、干活的同时（有时候可以创造条件让孩子自己干，只要孩子觉得高兴、有兴趣），要教会孩子正确的方法和好的结果，并适当予以鼓励，但是不要经常性的。总的目的是让孩子干活有兴趣，成为兴趣，而不是一种要求，让孩子知道，虽然是兴趣，但是，干活有好坏和效率的差别。很多家长往往不注意教给孩子方法，而只是让孩子自己去做，当然，这样也是很好的，不过需要的时间比较长。

（三）从观看、观察学起

不能让孩子参与的劳动和家务活，可以或应该让孩子观看或观察，等待时间和机会，让孩子自己去实践。这样，虽然以前没有做过，但是由于看和观察的次数比较多，孩子自然就学会了。其实，很多家务活并不是什么很难的事情，但是，由于没有观察，也就不会。让孩子经常观察，孩子也会具有实践或尝试自己会不会的心理，而且，这可以培养孩子观察事情、人物、生活的方法，增

加孩子的知识，使孩子学会很多书本所没有的但是生活中又非常重要的知识，而且，学会了观察，孩子也容易看到事情的问题所在。如果把这样的方法，再用来观察自己，那么，一个人如果发现自己不够完善或觉得需要改变自己，这就是基础和最好的方法，否则一个人是没有办法改变自己的。

（四）不要强迫和带有情绪

需要注意的是，不要把家务活作为任务或强迫的事情，这样孩子就没有兴趣了。一般来说，如果孩子有了特定的兴趣，要他干活的时候，他不是很愿意。因此，要注意引导孩子的兴趣，把兴趣变换一下，发展孩子的多种多样的生活兴趣。

（五）孩子必须学会的事情，应该完全教给孩子，而不应该代替孩子

凡是孩子自己的事情，就要孩子自己去干，比如，自己穿衣服、上厕所、擦屁股、提裤子、洗脸等，这些事情大人替代孩子是在小时候，逐渐长大以后，就要求孩子自己学会，最晚，在上小学以前都需要学会。

其实，每个孩子对于自理、自立的事情或劳动都非常有兴趣，但是由于家庭环境和家长的教育问题，孩子往往继承了父母的特性、遗传，要改变遗传，需要发挥孩子的天性。其次，要注意引导孩子，培养孩子的良好品格。当然，首先需要家长要做好，否则，改变的作用是有限的，只能随环境而变化。遗传的作用是非常大的，我们往往没有注意，如果仔细分析就会发现这个问题。

第八节　其他问题

一、孩子的玩具

　　玩具是孩子生活中的一个重要内容，也是家长所关心和考虑的，现在的家长大多对玩具的价钱不在乎，只要孩子喜欢或者家长自己看中了就买，至于对孩子到底起什么作用和结果，就不去考虑了。如果我们细心观察，可以发现，如果玩具是放在自己家中的，没有第二个人来玩，大人与孩子也不用这些玩具，那么，这个新玩具孩子玩几次就没有兴趣了。家长买玩具的目的是什么呢？仅仅是让孩子有短暂的新鲜与高兴感吗？可是，又可以发现另外一个现象，虽然这样的玩具自己的孩子没有玩或坏了（还没有到孩子不要的地步），要是跟孩子说，把这个玩具给别的孩子，他就会不愿意。这个玩具在家中没有玩，但是，如果有几个孩子在一起玩，比较玩具或比赛，那么，孩子就会继续用玩具。当然，如果更小一些的孩子（包括 3 岁以前），往往是自己的玩具不要或放在一边，但是，看到别人的玩具却要去拿，不给他还不高兴，这也是一个普遍的现象。为什么会这样呢？这个现象说明的一是人容易被外在的东西所吸引。但是，对于孩子而言，这种吸引又是非常有限的，而如果换成大人，就会有强烈的固执，不会很快变换，这种现象是与孩子的心理特性联系的。非期望与非目的性在孩子的行为中，表现的行为是对外界没有强烈固执的执著，但是喜欢能够体现内在的活动要求。

　　就玩具而言，孩子更喜欢可以变换、变化的玩具。变形金刚的流行，虽然有电视的作用，也有孩子心理的需要，主要是因为可以变形。我小时候经常玩得最多的是泥土和可以变换和图形的东西。记得我在四五岁的时候，有几种玩法很有意思。一个是用水和土打坝，尤其是在夏天下雨以后，这样的游戏可以玩一个上午；另外一个是"接龙"，有一种树，树籽有一个圆头和两个翅膀，可以用树籽作出各种各样的图形；还有是在水田打坝、看流水，觉得流水很好玩。现在的孩子同样如此，喜欢玩水。当然，在地上画格子、圆圈来做游戏活动，也是常常做的，包括画线、扔东西比谁准确。所有这些，都非常自由，玩起来可以很长时间，而且很开心。由此，我的体会是孩子不在于玩什么玩具，而在于玩得自由、开心，这需要玩的对象是自由的，可以变换的。另外，是大家一起玩，这样才有兴趣，而如果是独自玩，则没有意义。因此，孩子和大人一样，需要依赖大家的存在，才感到生活有意义。所以，要教育孩子，增加对别人的友好，当然，大人自己对别人、社会也要有正确的态度，这样，才可能教育孩子正确对待伙伴。

二、电视、电脑污染与儿童的视力问题

电视、电脑已经成为现代人生活不可缺少的内容，人们几乎离不开电视、电脑，而电视、电脑所产生的问题很多，但是往往被人们所忽视。

电视、电脑对孩子视力的危害是家长很少注意的问题，人们往往在孩子的视力出现问题以后或上小学以后才注意孩子的视力，其实已经持续了很长时间了。我的孩子现在是 5 岁半，大概在孩子进入幼儿园以后，每天都让孩子看晚上的节目：儿童动画片、大风车等。孩子看节目的注意力非常集中，眼睛几乎没有离开电视镜头的时候，非常投入。而且，如果允许，孩子也喜欢看唱歌、京剧、地方戏等节目，一些历史题材的电视，只要我们看，孩子也看，比如《包青天》、《李世民》等（这些电视，孩子在 3 岁左右就看了，因为我们看；有些镜头是害怕的，就不看），很长时间没有注意孩子的视力。因为最近研究人的大脑与视力之间的关系，因此，忽然觉得孩子的视力可能有问题。因为视力过分集中，对眼睛是有伤害的。中国古老的养生理论认为，"久视伤神"，因此，对眼睛是有影响的。我怀疑学龄前孩子视力都有问题，因此，建议幼儿园做一次检查，结果证明了我的猜想。

孩子的视力没有什么特殊的原因导致近视、弱视，只有电视、电脑和手持屏幕的玩具。电视的问题，首先是电视对身体和眼睛的辐射。无论距离多长，这个辐射都是存在的，影响大小不同而已。实际上，家庭电视机的尺寸在增大，而房间的大小基本是固定的，很多家庭往往达不到规定的距离，而儿童由于身体的接受性更强，危害更大。其次是眼睛的疲劳，长时间地注视一个目标而没有变动，人的眼睛是容易疲劳的，时间长久以后，对眼睛的视力产生影响，视力下降。儿童看电视的注意力非常集中，几乎不会离开电视屏幕，以致大人让孩子做事情他都不理睬或听不见。而更为重要的是，电视是彩色有光亮的，而这样的光线不是柔和的，不是自然光线，对眼睛的危害是很大的。成年人由于视力稳定，问题不是很大。而孩子由于视力没有定型，视力容易受到损害。

我孩子所在幼儿园有 126 人（当天到幼儿园的人数），双眼视力在 1.0 及以上的为 40 人，占 31.7%，而 0.8 的为 62 人，占 49.2%，视力为 0.6 的 22 人，占 17.5%，有 2 人只有 0.5。这说明学龄前儿童的视力问题是比较普遍与严重的。家长对孩子的视力检查结果都感到是一个问题，因为没有达到标准视力的

比例是如此之高。如果分年龄看问题，也是很大的。我们看到，5 岁和 4 岁的儿童中，视力低的比重更高。视力在 0.8 以下的达 50% 以上，视力在 0.6 以下的比重也比大孩子更高。因此，视力问题在幼儿园的小班和中班更突出，因此要引起注意。建议幼儿园不要给孩子看电视，除非特别重要的节目，一般情况下，不应该让孩子看电视。现在幼儿园的教室都有电视，这不是很好，学龄前儿童不应该看电视，看电视短期有好处，可以增加学生的知识、学校的知名度，但长远是有危害的。

我的孩子视力检查的结果，一只眼睛是 0.6，另一只眼睛是 0.8 。由于孩子的视力问题，我就不让孩子看电视（在检查以前就开始了），开始很困难，她希望让她看，有时候会不高兴或坚持。我告诉孩子，电视是看不完的，没有结束的时候，今天看完了，明天可能会有更新的节目，而且对眼睛没有好处，我们的眼睛是要使用一辈子的，而电视现在不看，将来是可以看的。可是，如果眼睛不行，以后就不能看了。我告诉孩子，自己以前是近视眼，很不方便，而且，现在很多人和孩子戴眼镜，很麻烦。这样，孩子就知道了，就不再要求看电视了。当然，应该让孩子把现在的系列节目看完，不看新的，而不是突然取消。最重要的是，大人自己也要不看，因为孩子看电视，实际是家长、大人所导致的，孩子开始并不知道。因此，解决孩子的视力问题，仍然需要家长从自己做起。

电视对孩子的不良影响，不仅仅是视力和习惯，更重要的是，现在的电视污染太多。有些电视节目，出发点是要人们去理解，去教育人们，但是往往是采取生气、吵架、不高兴、恶作剧的方式来解决，甚至用受冤枉的方式来让人们理解，这给孩子的示范实际就是坏的东西，而不是愉快的。当然，更不用说现在的电视有很多的镜头是不适合儿童看的，甚至连成年人都没有抵抗力。因此，即使让孩子看电视，最好是限制在孩子的节目，不要扩大范围。一个家庭，就一个电视机，照顾谁呢？我建议，不要给学龄前儿童看电视，成年人看电视，要注意不要让孩子看不适合孩子的电视，要注意电视镜头的污染——对孩子的示范，这对孩子的心理健康和未来的发展都是非常重要的。

其实，电视、网络看多了，人们就不去思考问题了，而是机械的东西更多，开发智力是很难的。美国这样的社会，科学家是靠外国人来弥补的，本国杰出的人没有多少，原因在哪里？很值得们去反思。

三、家长与幼儿园老师的沟通问题

（一）对幼儿园放心

家长对幼儿园孩子活动不支持或不赞成，对老师行为、态度的否定是造成家长与幼儿园老师矛盾的主要原因，问题在于缺乏沟通和理解，又没有时间去沟通，也没有足够的理解。我从具体的事情说起。

一个幼儿园中班的老师告诉我关于孩子学跳绳（冬天，孩子大约 4 岁）的事情。开始，有一些家长反对，说这么一点大的孩子，学跳绳不好，很累。有些人骂幼儿园"抽风"。有一些家长是因为孩子咳嗽而反对或不满意。但是幼儿园的跳绳是制度的规定，必须做到，而且是对老师的考核。因此，幼儿园也坚持做了。班级实践的结果表明，孩子在一天、两天或更长的时间内学会了，自己有一种成功的喜悦，而且，回去以后还自己要求跳绳，成为一种体育活动或玩的方式，有一些 4 岁左右的孩子可以连续跳绳 50 多个。家长看到、感到孩子高兴了，自己也高兴了，开始改变自己的看法，当然很多家长是支持的。

幼儿园的很多活动是在研究和经验的基础上作出的规定，仅仅是某个幼儿园自己的活动而不是来自上层规定的是不多的，因此，正常情况下，对幼儿园的各种活动要理解，而不是反对，自己的孩子有特殊情况，可以和老师说一下，避免产生误解和矛盾。

就孩子而言，人间的一切东西、事情都是非常新鲜的，都是很有趣的，都是值得他去感应、产生兴趣的，他都喜欢去学习和实践，因为他没有遇到过，所以具有好奇、新鲜、兴趣。看到别人会，自己不会，就会去学习。而大人不是这样。有时候，看到别人会，自己不会，反而会自卑或嫉妒，或表扬、赞赏、敬佩、恭敬。孩子只是好奇、兴趣与学习，没有大人的这种心态，或即使有，也是非常微弱的。当然，在后来的发展中，这些心理退化了，或者被后来发展的心理掩盖了（如果大人能够回到孩子、儿童的心态，那么大人就会和孩子一样，对很多事情都有兴趣而不累。心理和儿童一样，就会身体健康、心情愉快。当然，如果孩子这样的好奇与一个高尚的理想结合起来，那么，工作的行为就更具有意义了）。

因此，家长对幼儿园的活动和对孩子的体育活动要求应该支持和赞成，相信幼儿园是正确的。同时，鼓励、支持孩子的体育活动。

（二）相信老师对孩子是喜欢的，是爱护的

有一个家长，早晨送孩子到幼儿园，忘记带画画的笔了，于是，老师用手

指头点着孩子头说"你呀，你呀"，老师是善意的。但是，家长回头看到了老师的这个动作，就非常不满意，马上让孩子告诉老师，"学会温柔点"，老师后来要孩子转告家长，问家长"什么叫温柔"。显然，这里是有误解的。老师用手指头点孩子的头本来没有恶意，仅仅是因为喜欢而这样说（幼儿园有规定，不许指责孩子）。但是，孩子家长是从另外的角度看问题，后来在家长会上，这个家长说自己特别讨厌别人摸头，用手指头指头，也讨厌别人摸孩子的头，认为摸孩子的头是极其不礼貌的事情，因此而发生了这样的事情。

摸头一般发生在大人与孩子之间，位子高或尊敬的人与位子低的人之间。老师摸孩子的头，应该说是喜欢，用手指头点脑门显然也是喜欢。但是，这样的现象，被家长看到了，家长与孩子的身份是不同的，认为受到"羞辱"（一般来说不是家长认可、喜欢尊敬的人，家长是不允许摸或指点孩子的头的，虽然没有遇到，但是遇到的时候一定是这样）。

我对幼儿园老师是敬佩的，对于3～5岁甚至更小的孩子能够进行教育，而且能够做好，是不容易的。大家知道，我们做父母亲的，自己在家里管理自己的孩子都觉得非常困难或麻烦，幼儿园每个班只有三位老师，把孩子管理得有秩序是不简单的事情。当然，不仅仅是有秩序，而且让每个孩子感到喜欢幼儿园。因此，不要小看了幼儿园教育的工作。

幼儿园对老师的要求是严格的有要求和考核的，作为孩子的老师确实不简单，"孩子王"不好当。细心的家长、老师会发现，孩子的兴趣很广泛，好奇心也十足，孩子的问题往往会难倒家长、老师，我看到的材料和事实表明，很多幼儿园的老师通过与孩子的接触在改变自己、完善自己、增加自己的知识，使自己更加喜欢孩子，了解孩子，解决孩子的问题，而家长这样做的不是很多，即使做，也仅仅是对自己的孩子，而幼儿园的老师是对所有的孩子，虽然是一种职业，也是需要一种精神的。

一般来说，有一年以上教育幼儿经验的老师，无论他们的年龄多大，应该说他们对孩子的了解和掌握比较孩子的家长更多、更丰富。因此，对幼儿园的老师我们完全可以信任和放心。

当然，幼儿园和老师也要理解家长，与家长沟通，增加相互的信任与放心。同时，需要多学习一些关于幼儿心理方面的书籍，更重要的是注意观察、分析孩子心理和行为以及行为与心理之间的关系，总结经验。要真正知道孩子的心理想法，这需要做记录和日记，如果每天或经常这样，时间和经验的积累，就可以使每个老师成为幼儿教育的专家，而且是解决实际问题的专家。这样也可以解决一些家长存在的心理误解和认识。

四、更多地认识和了解孩子

(一) 儿童心理的差异与发展

在进入小学之前的时期，儿童行为更多的是兴趣、爱好、好奇，或对某一件事情的目标的实现。当目标实现或完成以后，觉得自己具有了这方面的本事或能力，从而知道、觉得自己也会了，有一种成功的喜悦心情。但是，这种心情与成功心理不同，没有大人的那种狂热和特别大的心理起伏性的喜悦。儿童的喜悦心理起伏比成年人要小得多。记得我在刚上中学的时候，邻居孩子的一个哥哥在邮局工作，可以有更多机会学习骑自行车（因为单位配给一辆自行车），自己很羡慕。于是，亲戚或邻居有自行车的，放在自己家门前则用来练习，或者是想借同学的车学习。学会以后，觉得自己和他们一样也可以骑自行车了。当然，在学的过程中，摔伤多次，但还是坚持学。

大人常常从自己的角度对待孩子的兴趣，要孩子这样、不要那样。允许这样、不允许那样。这实际是限制孩子的兴趣与多方面的发展和功能，使孩子对将来环境、工作、人际变化的适应性降低，矛盾性增加。限制孩子的兴趣就限制了孩子的自由，也限制了孩子解决问题、事情的多种能力和兴趣，对孩子的智力开发、智慧的全面发展是一种阻碍。孩子之间的打架、矛盾、碰撞所产生的伤害，儿童首先的感觉是身体的感受，而不是成年人对对方的责怪乃至气愤、仇恨。但是，对方的态度、做法，对孩子的心理以及孩子之间以后的关系确实有影响。对这样一件事情的是非判断也有很大的影响，可以给孩子一个鼓励或反对的信号，对孩子下一次是否继续这样的行为有很大的决定作用。比如，自己的孩子打人，但是大人没有批评自己的孩子，或者仅仅是到对方的孩子那里说一下对不起，而自己的孩子没有听到，那么就对自己的孩子没有教育意义。在有两个以上的孩子玩玩具时，如果有一个孩子抢夺另一个孩子的东西，那么抢夺东西的孩子的父母或管教人员，对那个孩子无论采取何种批评的方式都会给被抢的孩子一种安慰和价值观的教育，他就会知道这样做是不合适的。但是，对于抢东西的孩子而言，能否起到教育的作用或教育的作用有多大，那要看教育的方法与态度以及孩子理解、接受的程度。也与社会的观念和态度关系很大。一个社会，如果教育的价值观是统一的，那么，不管什么样的教育方式与态度，都可以达到制止或下次不再出现的可能。比如孩子打人，老师批评了，回家和在同学面前、在老师的面前，父母也赞成并继续批评，认为是正确的，哪怕孩子因为批评会哭，也要批评。那么，就可以起到教育的作用，孩子下次再犯的可能性很低。但是，如果不是这样，很难保证下次不出现或不重复。也就是说，老师批评打人的孩子，而父母没有批评，或者父母也批评了，有关的人比如爷爷、奶奶、姥姥、姥爷没有批评，甚至认为不要批评那么重，说"孩子小，不懂事"，那么，下次可能还会出现。有些父母，孩子打人，还认为自己的孩子不会吃亏，不知道道歉，甚至把原因推到别人的孩子身上。这样，实际是在鼓励孩子错误的行为，是在纵容、姑息孩子，孩子成人有可能被社会、大家不喜欢，或走向犯罪。因为给了孩子不正确的影响，那么，他的行为就会发展下去。实际上，孩子的是非观念很强，不是不懂事，而是非常知道。孩子习惯性的不良行为，往往与家长或社会不正确的态度和教育方法、价值观有关，不是孩子自己有什么问题。因此，家长在教育孩子、遇到孩子做错事情的时候，一定要有明确的态度，要用正确的、社会公认的道德价值观教育孩子。否则，助长孩子的错误行为与观念，对孩子、对家庭关系的和谐都没有好处。

大约在我8岁，有一次，我和邻居家一个比自己小2岁的孩子割草。当时，弄到了一根玉米秆。玉米秆有甜味，我们就用割草的弯刀分割，刀是那个孩子拿在手中，但是我的手却在对方刀口前面握着玉米秆，结果，切割的时候，刀口就把我的手划破了一个深口，鲜血直流，我大叫大哭起来，同时，用地上的马兰草揉碎涂在流血的伤口上以止血（马兰草有止血的作用）。当时，心中既没有什么仇恨，也没有什么责怪，但是有疼痛。而且，告诉父母时说，是他划破的，好像说明不是自己造成的责任，也没有因为这个事情而记仇。那天，大人干完农活以后，那个孩子的父母给我送来一个用菜油煎的鸡蛋以补血，并表示道歉。对方具体的心态，当时自己还无法体验出来，我也不知道当时自己父母的心态。但是，我知道，我的父母一般不会对别人做过多的责怪。但会提醒我以后注意，不要跟他们去玩。而我也知道，那个孩子的父母，对孩子的教育非常严厉，经常用棍子、洗衣服的棒槌打孩子，邻居们都知道她打孩子厉害，谁都不敢去拉开，因为这样她可能会打得更严重。当时，我的感觉是，她家的孩子似乎也特别能经受打似的。

（二）孩子的执著是存在的，不过与成年人不同

孩子的心理是时代的产物，是家庭的产物，是遗传的结果，是环境、一切环境的产物，包括所接触的人的产物。现在，电视传媒是如此广泛，因此，儿童语言和心理发展也非常快。现代人的意志是如此强烈，强加于孩子的东西是如此之重，因此孩子的心理、行为、语言与成年人的接近很快，过去西方早期的理论把孩子作为成年人看待，那是在农业社会，成年人的心理与儿童的心理

差别不是很大。而现在是工业化的社会，因为成年人的教育、意志和传媒的作用，儿童过早地接近成年人的心理，社会的价值观和道德水平在退化，人类的心理和生理健康在退化，成年人把孩子作为成年人看待。

儿童在 4～5 岁或 5～6 岁是心理发生很大变化的时候，4～5 岁是变化的阶段，5～6 岁是变化巩固发展的家段，包括运用。过去父母教给的很多东西，开始明显暴露出来，孩子的欺骗与玩笑行为开始出现，假装的表演行为开始出现，但是 5 岁以前大部分仍然是在学习之中，5 岁以后则开始掌握，而且能够熟练地运用，而不是过去或早期的不适应和反对、不接受，这实际是孩子心理在接受家庭、社会、各种环境的过程之中，早期天真的东西在逐渐地被覆盖。学习新的东西、大人的东西，而不仅仅是儿童早期所具有的。因此，心理的覆盖越来越多，行为就开始变化，开始成年化了。

五、把孩子作为自己的老师

（一）孩子是自己的老师

做父母的都喜欢孩子，为什么呢？因为孩子没有成年人的种种意识和心理，孩子的心理比较纯洁、健康、安定、平静，孩子说话的声音是清脆、柔和、平静的。孩子的行为没有强烈的动机和恶意，而是一种愉快、活泼、兴趣和好奇等，但我们大人没有孩子的这些特征。因此，我们都喜欢孩子，尤其是 2～5 周岁的孩子。对照孩子与我们的行为，做父母的更喜欢孩子的行为，不仅喜欢自己的孩子，往往也喜欢别人的孩子。要问为什么喜欢孩子，喜欢什么，说不清。其实就是那种柔和、活泼、天真、平静，没有强烈的个人获取乃至恶意的动机。因此，我常常把孩子作为自己行为、改变自己行为的老师来看待，来要求自己，以这样的方法去引导、改变孩子；孩子是我的老师不仅仅是这样的方面，当我给孩子讲故事以后，孩子会提出很多的问题和思想，有些问题、思想是我也没有思考的。我很重视，把好的思想用来要求、约束自己，而问题是去思考，像老师布置的作业；还有的时候，孩子会把我对她的要求用来约束我，比如，要孩子诚实、守信用，如果我答应孩子在什么时间做什么事情没有做到或推脱，那么，孩子就会告诉我"爸爸不讲信用，要守信用"。有时候，孩子会提出对我们做父母的要求，而这往往是我们注意不够的。有一次，我们在做家务，孩子自己在玩，就自己说：做父母的第一要合作教育孩子，第二要不生气、不发脾气，第三对孩子教育要严格……大概有 6 条，我们听了以后，觉得很好，就写下来，要求和对照自己的行为。当然，我们也用一些标准来要求、改变孩子，这样，互相监督、改进自己，既使得自己改变自己，也改变孩子，使我们相互改变而进步。

（二）作为孩子的父母，可能要常有惭愧和歉意之感

各位父母，都有很好的教育孩子的经验。我经常观察别人和自己，并提出要求，约束、对照、改变自己。但是，由于自己改变自己的过程缓慢，方法也不完全正确，更多的是自己的品格和素养不够，因此在过去还时常对孩子生气、发脾气甚至打孩子，事情过去以后，回想事情的经过和起因，还是觉得自己不能心平气和对待孩子的行为，而且，这么多年观察和总结发现：自己的脾气越大或生气越多，孩子的脾气也越大、生气的频率也越高，而且什么事情都可以引起矛盾。我仔细检查，发现还是自己做得很不够，缺乏耐心和平静，缺乏很好的方法。很多事情和问题，往往是自己的意识和认识是错误的，而不是孩子。往往过分强调自己的意志和需要或要求，而没有考虑孩子的心理状况，也没有考虑孩子的心理承受能力。因此，给孩子和家庭带来不愉快，影响孩子的心理和生理健康。而在改变自己的时候，自己的脾气少了，耐心多了，与孩子生气少了，孩子也在改变自己，这样的改变不仅仅是对父母，对外界也是这样。我注意观察父母情绪、态度变化对孩子的心理和身体健康的影响。孩子的健康，除了受穿衣、冷热、饮食等因素影响外，保持孩子心理健康和愉快是非常重要的。我们家庭过去也常有矛盾和吵架，这对孩子的心理和生理都带来了不好的影响，因为矛盾或吵架，孩子也就缺乏那种安定、平静和活泼、愉快的气氛，孩子的心里就不安定、不平静，语言也就失去了柔和，心里就不愉快，就容易生病。当家庭或夫妻矛盾乃至与外界的矛盾很多或严重的时候，孩子在相应的时间或以后免疫力下降，容易生病。而且，我观察到，如果父母经常吵架，家庭缺乏愉快、欢乐、和谐的气氛，孩子成家以后的家庭也在重复这样的模式，这实际是自己给孩子带来痛苦，而且代代遗传。各位家长也可以注意观察自己和别人。这些，对我的触动很大。因此，我教育、改变孩子，更多的是在改变自己的坏的东西，担心把坏的脾气、性格、行为方式遗传给孩子，从而使孩子在重复自己的坏的东西。其实，遗传学已经发现了这些问题，我们无论知识或学问或成就有多大，有很多的东西是在继承父母的东西，如果是好的，是需要发扬的；但如果不好，就需要改变，这就是变异，向好的方面变异。如何变异？就是下决心改变自己，用更高的、更好的行为标准来要求、对照、检查自己的行为和思想。

只要为孩子的未来幸福着想，就要向孩子学习，改变自己。

第九节　如何培养孩子成才

前面8节讨论的是孩子在7岁以前的事情，以及夫妻与子女之间的矛盾和问题如何解决，本章探讨的是进入小学以后的一些问题和矛盾的处理，也主要围绕父母或夫妻与孩子来进行的。

一、教育孩子的过程也是改变自己的过程

（一）要教育培养孩子，首先是教育家长

每一个父母和家长，几乎把孩子看做一个会说话的能够按照自己思维要求去做的产品，因此而教育、培养孩子，希望孩子按照自己的意愿、意图去行为、去学习，而且一定能够达到自己要求、期望的目标。这样的思维，在本质上是把孩子看做是自己可以控制的完全为自己服务乃至达到自己目标的产品和物质。但是，我们思考过没有，我们大人在小时候学习，接受父母的东西有多少？自己对父母的态度如何？如果回想不起来，可以检查一下自己在工作单位的情况。单位领导也总是希望部下按照自己的意图、要求、期望去工作，你自己到底有多少是这样做的？当然，对领导你是不能不服从的，虽然心里不满，可能没有发作。孩子就不同了，他的反对或没有执行，可以表现出来。因此，教育孩子和培养孩子，绝对不是简单的愿望和压力所能够实现的。

教育孩子成才，培养、开发孩子的智慧，首先要教育家长自己，认识如何是正确的驾驭、培养孩子的方法，以及如何认识、改变自己的教育和培养方法。

（二）期望越大，失望越大，脾气也越大

每一位家长都对自己的孩子寄予极大的期望，希望孩子将来有出息，成为自己期望的人才，所谓望子成龙。因为带着这样极大的期望，因此而给予了孩子更多的关心、照顾、帮助，那种心情，是他人无法体验的。应该说，这是一个普遍的状态。但父母的关心、照顾、爱护是否真的能够实现父母的期望呢？如果不能实现，家长、做父母的又会是什么心情？如果你看到孩子的语文、数学、外语或者其他你认为应该很好的课程或者老师要求的没有达到，你是什么心情？大多数人可能又是一腔怨气、愤恨或者是怒气，因此而高着嗓子大骂孩子，或者是大发脾气。总之，当初期望孩子成才的那种爱心，那种照顾的心情、态度都没有了。

期望越大，失望越大，你对孩子不满的情绪也就越大，这个完全是对称的。

这个时候，很可能是教子不成反为怨，因为失望而生气、发脾气，从而又影响家庭关系，影响孩子的学习。

（三）对孩子的爱护与教育，要摆脱恋子女情节及其所产生的压力

心理学家早就注意到一种现象，那就是子女对父母的依恋之情，女孩喜欢父亲，男孩喜欢母亲。根据我自己的观察和研究、体会，这往往是由父母自身的心理行为所导致的结果，而不是孩子自身所产生的行为或情节。父母自身往往存在严重的恋子、恋女情节，这个在一些离婚的家庭或分居的家庭表现得更为明显。在离婚的早期阶段，很想得到孩子，没有得到的一方，非常期望见到儿子或女儿，见不到就觉得心里非常难受、失望，觉得失去依靠。有很多做母亲的都觉得自己在为儿女而活。其实，做父母的往往在生孩子以前就有一个心愿，希望是儿子或女儿。如果未如愿可能会在潜意识上乃至后来的行为上排斥女儿或儿子，但也不是普遍现象，排斥现象也不那么突出。但是，所有这些基本上是恋爱意识中的喜欢异性心理的继续。如果在这个方面没有比较强烈的心理与意识，基本不产生明显的子女恋父母情节，父母也不存在突出的恋子、恋女情节。大凡存在严重的恋子、恋女情节的家庭，在处理与女婿的关系或婆媳关系时或夫妻之间会常常产生矛盾。所有这些矛盾和心里的不平静、不愉快，通过心理能量的传递，对孩子潜意识和显意识产生很大影响，也影响孩子的心理安定，在以后的脾气、行为上显示出来。

应该说，孩子依恋父母与父母依恋子女都是正确的，没有爱，就没有和谐与愉快。但是，也要清楚，当一种爱具有了一种期望和回报的要求和期待，这实际就给对方造成一种心理压力。比如，我们送礼品给别人，通常可能期望别人能够帮助自己，这是有期望的。父母对孩子的爱和教育，同样具有这样的期望，只是父母自己没有注意到自己在心理上的期望，教育子女成才本身就是一种期望，希望孩子将来如何也是一种期望。这是有能量的（意识能量，研究声音学和声音传播间的关系就知道存在这种关系），如果这样的能量在孩子的学习阶段不能得到回报，也就是孩子的学习成绩没有达到父母的期望，对父母就是一种行为结果的打击。比如，你期望落空，你的心情是不愉快的，因此对孩子发脾气就成为一种必然，甚至你想控制。因为我们人间世界的人，往往是不能自己控制自己的，也不能把握自己的命运。

（四）给予孩子解脱的爱，不企求回报的爱

如果你对这个事情本来就没有什么期望，你就不会有失望。教育孩子同样是这个道理，也就是说，你就是在教孩子，按照方法和社会形势的要求，家庭、

自己良好的思想、品德教育孩子，但对孩子没有产生一种要求回报的需要，你就没有失望，这也就是所谓的解脱教育，无回报教育，给予孩子的是轻松，也是快乐。

因此，父母对孩子的爱护和教育，要具有一种没有执著的行为和心理态度，这样的教育，对孩子的影响远远超过那种具有期待、回报要求的教育。而且，随着时间的延长，你将来会发现，你对孩子将更加了解，也会寻找更好的办法、途径教育孩子。当然，我们讲这样的方法，是需要父母首先提高自己的素质，这并不需要父母有很高的文化和知识。因为这是一种人格忍耐教育，毅力教育，不是知识、学历所能够解决的。知识多、学历高，不一定就具有这样的人格，甚至更执著。

在这个过程中需要注意的是，没有期望的教育，不是对孩子没有什么行为规则和压力，给孩子快乐，不是什么都不管。孩子经常做不好的事情或者玩乐，这是需要控制的。应该说有是非标准，否则，这种快乐教育就可能成为一种与期望相反的教育。国外有轻松、快乐教育，它有一个社会大环境和大背景，也就是法律制度和社会公共规则非常仔细、明晰，因此，这样的制度下，如果不注重快乐、轻松教育，人的活力和创造力就被窒息。他们的教育方式转变是与社会制度的变化相联系的，中国现在还不具备那种环境。因此，轻松和快乐教育或解脱教育，要有道德、伦理、社会行为规范的要求。

（五）家长与孩子的关系及学习成绩

电视上《大风车》节目曾经访问小学生，问如果你成绩不好，父母会对你怎么样？回答居然是有相当部分父母打孩子。其实，生气、发怒，可能是普遍现象。

孩子与父母之间的关系，很难说清楚。在我看来，这其中，有无法说清楚的爱，但是，也有冤仇和怨恨。父母都爱孩子，确实是这样，但是，父母打骂孩子程度之严重，也是非常突出的。因此，很多孩子心理压力很大、很重，甚至对生理产生长期的不良影响。这样的情况，在一个家庭，根本问题是家庭缺乏和谐与温暖，对孩子学习成绩、考试结果不好的发怒和打骂，实际是长期以来积累在心中的不愉快不能忍耐的爆发。凡是经常打骂孩子的家庭，无论是因为学习还是其他事情，我们都可以判断，家庭关系可能很不和谐，尤其是夫妻关系，或者是与长辈的关系。这种不和谐的关系，长期积累下来就成为一种人格，使得自己好发脾气、好生气，而自己都不知道，往往把生气、发脾气归咎于对方如何，归咎于孩子学习不好、不认真。其实，根本问题就是自己有问题。

没有忍耐，也就没有智慧，不会在遇到问题的时候想出良好的办法去解决。

应该说，因为孩子学习成绩不好打骂孩子的父母，对孩子也非常爱，甚至在高兴的时候，孩子要什么都能够满足。但是，不要忘记，爱有多深，恨有多深，爱得越深切，打骂得也越重，这就是所谓的"爱之愈殷，毁之愈切"，这是相同的人格，相同的力量，不过表现为两个方面。因此，父母如果真的爱孩子，你就要真正无私、奉献、给予，真正在内心深处不求从孩子那里得到爱的回报，爱得孩子没有压力、没有负担、没有忧愁，这不容易。我们很多家长爱孩子，都希望孩子按照自己的愿望来做事情，或实现自己的愿望。如学习成绩好，考上什么学校，或者将来如何等，这些都是一种交换，与孩子的交换，爱一旦具有了交换性质，就不那么纯真了。如果能够坚持以纯真的爱的标准来要求自己，而且在遇到问题和学习成绩不好的时候能够克制自己，理解孩子的心理和处境，自己就可以思考出良好的办法解决问题。在这种情况下，只要孩子不干坏事，不干违背学校要求和社会道德规范要求的事情，在很多问题和事情上，家长都不要生气，要克制自己，寻找解决问题的智慧。长期坚持，不仅可以改变孩子，也可以改变自己和家庭关系，甚至改变个人、家庭的社会关系。

二、孩子的目标和志向要合适

（一）如何立志与明确学习目的

善于从自己的困苦条件中体会社会的痛苦，因此而发愿、立志改变社会状态，这就是最好的志愿、理想。而且，这样的理想与志愿，具有自身的动力和心理体会，而且最可能成为行动，并扩展到更大的范围。这是很多有成就的人所走过的历程与经验。无论你干什么，都是这样。比如，孙中山先生，小时候没有鞋子穿，是光脚的，他体会到鞋子的重要，因此而心中期望所有人都能够穿上鞋子。这与他后来提出伟大的思想，"耕者有其田"是一个心情，也就是为了天下民众的需要、疾苦而做事情，这是最好的志向。如果没有这种发自内心的、为社会、为民众、为国家的慈悲、慈善的愿望，而仅仅是想当一个大官，那么这就很容易成为一种欲望。

事实上，一个人是否能够从自身的体验中发现社会的问题，从而发心、立志为社会，完全要看个人的情况而确定。我自己从小穿鞋，也是非常困难的事情。一年也就只有一双单鞋和一双棉鞋，春天、夏天下雨上学，只好光脚。但是，自己从来就不曾有孙中山这样的志愿。因此，不能不承认，伟人有不同于一般人的特殊。作为小学生、中学生，为了明确学习目标而确立志向，不一定就适合。我上学的时候，几乎没有志向和理想，学习完全是完成老师的任务，自己的兴趣，与别的同学比较自己的学习成绩。很多高学历的家长，应该是有很多这样方面的体会的。其实，志向问题，要根据情况，有一些人是在成年进入社会以后，或遇到具体事情，或启发以后，或其他因缘才产生志向，也有很多在早期或幼小的心灵中就产生。

如果我们每个家长回忆、对照自己现在的情况，自己到底立志多少呢？那么，是什么动力使得你们处于现在的状况呢？这是需要研究的。因此，如果你有高尚的远大的社会志向和理想，从社会生活的问题、困难、痛苦出发来发心立志，这也许是最好的。而且可能不产生家庭和人际关系的紧张，这样的志向是自觉的，会为社会乃至人类作出很大的贡献。

另外一种情况是在现实生活中看书、学习明白道理，学习那些伟人产生志向。毛主席在谈到学习目的时说，有的人学习起来是努力的，但是，确实为了自己的小家庭，为了自己将来的穿衣吃饭，为了谋取个人的功名利禄。现在也有很多这样的现象，比如考研究生、博士生，是为了解决家庭团聚，还有是因为个人工作不顺利等。"真能欲立志，不能如是容易，必先研究哲学、伦理学，以其所得真理，奉以为自己身立动之准，立之为前途之鹄（目标）。这是他的体会。因为毛泽东是通过看书，突然明白中国道家"我就是宇宙，宇宙就是我"的道理，然后致力于解决中国的问题。

每个人的情况不同，如何立志，是否需要明确学习目的，都要根据自己的情况，强求也不会有很好的效果。当然，如果能够通过明确学习目的而达到自觉的行为和志愿，那是最好的。如果能够得到老师或有关人的开导，而能够改变学习状况，立志学习为未来的社会、国家、国际事业作贡献，那也是非常伟大的。

（二）需要忍耐力、毅力、恒心和吃苦精神

有志愿、志向，还需要能够忍受困难、痛苦，意志坚定，才能为社会作出更大的贡献，也才能成就伟大的事业。比如考研究生、博士生，都需要能够不怕苦，刻苦学习，不被男女之情所纠缠。如果你不能够克服困难，要成就更大的事业，是不可能的。因为社会是问题组成的，充满困难和人心的矛盾、摩擦，如果你没有智慧、忍耐力、毅力、恒心去解决这些问题，那么，你也就不适应去领导、组织社会群体。因此，孟子说，"天将降大任于斯人也，必先苦其心志，劳其筋骨，饿其体肤，空乏其身"。佛家文化或道家文化，也教人能够吃苦，或只吃苦、不享受，世俗社会就是先苦后甜。这都具有科学的心理学和社

会学的道理。

（三）家长与孩子的相互理解

老师给学生讲解愚公移山，学生提出为什么要挖山而不是搬家？老师因此认为学生思维活跃，能够提出问题，这当然是正确的。

这件事情使我想起一个韩国朋友的故事。他在家中告诉孩子，"现在能够吃到大米，非常幸福。我们在六十年代那个时候，想吃大米都没有，要饿肚子"。孩子听了以后很奇怪，说没有大米，为什么不去买方便面呢？孩子提出的问题是，现在如果没有大米，是可以吃方便面的。现在的食物很多，但是，孩子不知道那个时候连大米都没有，更没有方便面。成年人笑话孩子，而孩子笑话父母。其实，愚公移山说的也是这样的问题。要搬家，不是那么容易的。一个人要离开聚居的群体而搬到别的地方，在那个时候，是非常困难的。因此，愚公移山没有任何错误。当然，如果清楚愚公移山本身是讲的中国文化的精神以及关于修身养性的方法，对这个寓言也不会这样认识了。

这些故事，反映了时代变化，人们在历史、文化、环境、背景上的差别。其实，不仅是现代人不能理解过去人的行为，现在的子女也不能理解父母那个时代人的行为。而作为家长的父母，恐怕也不能理解自己父母过去的行为，这就是所谓的"代沟"。实际上，很多人，恐怕连自己过去的行为，今天来看，也觉得可笑、幼稚或不理解。比如文化大革命，当时自己为什么就加入了呢？也没有认为不正确。人在这个世界，很大的问题，就是不理解自己、不理解别人、不理解社会，因此才产生矛盾、问题。如果我们能够解决这个问题，社会的矛盾就少了。因此，人生的价值，也在于通过沟通、理解，解决人类社会的问题。

如果老师能够从这些理解和认识问题的差异中，教会学生理解别人、理解父母，家长与孩子学会相互理解，就可以避免家长和孩子的矛盾，很多不应该出现的事情就可以避免了。对于孩子学习成绩不好，或者是一个事情没有做好，就不会简单生气、发脾气，而是寻找原因，以和悦的态度和方法，来对待孩子，帮助孩子进步。

（四）成为伟人或地位最高人的志向很好，同时要清楚，不仅仅是愿望所能够实现的

有些家长对孩子的期望和要求很高，比如就是当国家总理或领导人等，很好。应该说，人没有远大的志向和雄心，是不能成就伟大事业的。这是非常好的愿望和要求。但是，不知道家长是否考虑过，当国家总理需要什么样的条件

和素质。如果这些条件都不是很清楚，想让孩子当总理，可能就当不了。就像上大学，需要通过进入大学的考试，你要当国家总理，就要通过当国家总理的各种社会考试或考验。这就要了解当国家总理需要什么条件，在中国过去是靠提拔制度，那么，你就需要注意与群众和领导处理好关系，同时要多为群众、社会服务。如果是竞选制度，那么，你还需要演讲的口才，还需要帮助你竞选的人，这从小要培养什么呢？可能你就不清楚。这个时候你会觉得这个目标似乎不对，有问题。其实，不仅是这个目标有问题，你确定其他目标可能也有问题。因为现在的家长也好，学校也好，乃至专家也好，可以说，没有多少人真正清楚能够成为伟人的条件是什么。以为看传记、看伟人的所作所为，学习他们，就可以实现了。不是这样的，这里我要专门谈与现代西方和我们所看到的文字几乎差别很大的人才条件。当然，如果你确定高目标不是为了实现，因此，即使没有实现也不失望，这是可以的。这就是所谓的"取法乎上，得乎其中。取法乎中，得乎其下"。也就是说，目标远大，可以使得自己成才的机会更多。当然，这样的目标还要看孩子的态度和志向，否则，单方面的，那只能仅仅是父母的愿望而已。其实，虽然希望孩子当总理、当总统的家长不是很多，但是，很多家长可能还是希望孩子能够当大官的。当然，也有的是期望孩子发展为其他人才。因为这个社会除官以外，就是家，企业家、学术专家、科学家、社会学家、医学家、歌唱家等，然后就是民，老百姓，大家当然都不愿意当民，不过，话说回来，总是有人当民的。

（五）伟人有其天生素质与禀赋

凡是人才，都具有特殊的气质与禀赋，而且，这都是别人不具备的，这些同时表现在个人品德上。比如毛主席，从小上学的时候，记忆非常好，学习也非常好。而且，对问题能够随机应变，对答如流。参加革命以后，有一次，有人要他杀鸡，他说，这个我不能，最害怕。原因不是胆子小，而是因为他母亲吃斋念佛，不杀生。因此，他说，如果我杀生，就对不起在九泉下的母亲。这是领导人对母亲的忠孝。再比如朱德，当年广西招收培养军官，而出资筹建和开办这个学校的人规定，只招收广西的学员，外地人不要。当时，朱德从四川来到这里，不符合这个条件。但是，有一个教官，会看相，知道这个人将来能成为伟人，因此，让朱德假认亲而收下为学员。

其次是父母所带来的遗传因素。父母的气质、性格决定着孩子的气质与性格。因此，你自己的才能和禀赋以及现在所接触的人物、事情、工作的范围很大程度决定着孩子以后的前途和命运，遗传对孩子的影响非常大。比如讲，孩子在 3 岁接触社会以前，做父母的都有体会，你自己的言行、态度、性格，在孩子身上反映很明显。3 岁以后，活动的空间范围变化了，语言环境变化了，但是，性格基本还是父母性格和他自己天生的一些，只是知识多了一些，语言多了，但是，人格没有发生太大的变化。实际上，如果我们仔细研究和体验父母的性格，在孩子成年以后，仍然会反映出来。因此，很多家庭，往往长期具有遗传的思维方式、性格、病情以及性格乃至在组建新的家庭的时候，也是这样，而且很符合这样的规律，家庭是什么样的环境，得到的也是这样的。

再次是孩子接触的老师和对孩子具有重要影响的其他人物，这个是与孩子的禀赋、兴趣联系的。

最后是孩子接触社会的人才范围以及与这些人的关系程度。一个人才的产生，往往是与特定的历史环境联系的。

（六）如何改变命运

在所有这些因素以外，决定一个人命运的就是个人后天的素质。什么叫后天的素质呢？就是跟好人学好人。你与什么人相处或喜欢什么，这对以后发展影响很大，一般人的命运出生以后就确定了，这就是所谓算命的道理。而要改变个人命运，几乎不可能，唯一的办法是个人在思想、品德、行为上的修行，也就是按照超过世俗社会的高尚的行为和道德标准和要求来约束自己。但是，这还要看自己的忍耐力、毅力、定力。比如要求你能够做到不生气、不发脾气，这不是说说就可以做到，也不是知道道理就可以做到。而是在面临具体事情的时候要控制自己，把那种要发作的力量在内心化解。经过长时间的磨炼，就可以形成人格。对待很多问题和矛盾，可以不发脾气，而是用寻找智慧办法去解决。一个国家领导人每天的事情很多，让人生气的事情也很多，如果你没有这样的定力，就不会寻找到解决问题的良好办法，也就无法胜任这个职位。如果你仔细观察本单位的高层领导的人格，和你自己比较，你就会发现，他们确实要比你高明。更重要的是，要想做领导人，还需要不贪。凡是贪迷于个人利益的人，是不可能处在很高位子上的。如果在这个位子上，就会危害社会，也不可能长期存在下去。当然，要求很多。如果你没有这些素质，就无法改变命运，如果真的改变了，可能会产生另外的问题。

在官、家、民以外，还有一条道路，那就是个人的道德修养，这里的目标和要求不同在于对名利的追求。但道德修养是建造一个幸福圆满没有烦恼的解脱心灵和世界，这是人生最有价值的事情。

三、关注孩子的心理安定和禀赋

（一）孩子为什么注意力不集中，成绩为什么不好

知识社会，否定成绩，你就不能进入知识层次。虽然这些知识很多，在以后可能运用不上，但是，这是实现目标的前提和必须过程。即使把目标确定在这个上，仍然面临如何改变孩子不良行为，而使得他能够学习好的问题。教育方法很多，但是现在世俗的方法，人们几乎没有耐心来实行。而且，也无法做到。比如，要求对孩子不发脾气，不刺伤孩子的自尊心和自信心。但是，当遇到事情的时候，多数人还是无法避免生气、发脾气，因为不知道为什么发脾气，发脾气的原因在哪里。

实际上，孩子的不良习惯和行为很多，这首先是家长具有不良的习惯和行为，或者心理缺乏安定，或者，看的电视节目太多、太杂乱，或者是其他影响心里安定的事情太多。现在社会上的电影、报纸很多是暴力镜头，刺激镜头，这些都是不良信息和信号。我们成年人就很清楚，现在让你定下心来学习，你根本就没有耐心，心理躁动、烦躁，无法安定下来，一会儿想这个，一会儿想那个，有很多的事情，使得你思绪混乱，心神不定，学习的记忆力很差，使得你学习没有兴趣，没有信心。因此，你必然要去解决这些问题。总之，现实很多都是让人心不安定的，孩子看多了、接触多了，就影响孩子的思维、心理安定。国外有孩子、儿童不适宜的节目，即使是儿童节目，也是打、杀，成年人化。尤其是现在的孩子节目出来以后，马上就制造这些玩具，游戏机。因此，孩子们都被这些吸引了。我们知道，谁都想玩，清闲，不愿意被事情所压迫、所累。因此，长时期在这样的心理影响下，孩子就觉得学习、做事情是一种压力、负担，而不愿意，缺乏兴趣，而将兴趣更多地集中在玩、看电视、打游戏机或其他事情上。因为孩子的兴趣，不在学习，而你要转变这个，非常困难。因为你自己的心意是烦乱的、不安定的，你没有如此大的心力和意志力以及耐心、耐力来转变孩子的行为。因此，要改变孩子的学习，首先要让孩子安心下来，那么，这就需要逐步逐渐改变自己的不良习惯和家庭行为，不要看乃至杜绝那些影响自己心理安定的报纸、图画、电视以及交往，给孩子看的电视节目要有特别的选择。要让孩子真正做到一心一意在学习。人们常说，学习不好的孩子，注意力不集中，或者是三心二意。所谓三心二意，就是在学习以外喜欢的东西太多了，头脑里老是这些东西在转，无法把注意力集中，无法做到专心。

家长可以回去做一个实验。你今天看的、听的内容很多。现在，你告诉自

己，要安静下来，你可以闭上眼睛坐着或站着，确定自己要考虑的问题，不需要很长时间，你闭上眼睛 5~10 分钟，就很快发现自己头脑不停想事情，或没有耐心使得自己安静，也不能站着或坐着不走动。而且，开始确定的主题是这个，但很快，各种事情、问题都在你头脑中出现，让你无法安静做确定的主题思考。学生学习就是因为没有很多事情和烦恼，如果看的、听的太多，与学习关系不大，与培养学习兴趣不大，与耐力、毅力关系不大，这些东西太多，而且成为喜好，就很难安心学习。我在家庭很少给孩子看电视，连儿童电视节目也不给看，长时间以后也就适应了。偶尔，也让孩子看看。其实，现代人，家庭心理不能安定的原因是被自己的习惯所支配，因此而无法控制自己。这样，就总是被外界的东西所吸引，现在如果让家长一天不看电视，你自己恐怕都无法控制，更谈不上一个礼拜了。因此，家长、家庭已经失去了定力和心理安定，孩子就很难心理安定来学习了。

（二）家庭缺乏心理安定的另外原因

这就是家庭所接触的外部环境，尤其是父母所在单位的事情。正常情况下，这些对孩子的影响不是很大，孩子可以排斥出去，但是，如果属于矛盾很大，或者影响家长家庭关系的矛盾很大，必然在父母的心理和情绪上体现出来，同时因为遗传和父母与孩子的心理存在沟通，而部分影响孩子的心理安定。这些，你可以仔细观察，就会体察出来。这是我自己的经验。因此，我们要孩子学习好，要注意真正解决好与家庭、工作单位的各种关系，保持心理和心灵的安定。这样，就可以使得孩子的心理安定了。可以说，很多学习好的孩子，有成就的人物，其个人与家庭的心理相对其他个人和家庭一定是非常安定的。

（三）天生禀赋与学习成绩

现在的教育存在一个问题，就是不承认或忽视个人的天生素质。认为这是在否认后天的教育和环境因素。其实，这本身说明，对这个问题缺乏科学的态度。现代科学已经证明了遗传和家庭对孩子的智力决定性影响。你不能不承认，有一些人，无论怎么学习，就是不行，或者就是没有兴趣。但是，具有其他方面的才能。我上学的时候，很多学习成绩不好的人，后来干手工艺活非常好，在唱歌、文艺表演、体育或人际关系的交际上相对较好。而现在的教育，评价人的标准，应该说是不全面的。社会的行业很多，而且，都可以干成功和出色，仅仅是现在的教育内容和标准是不够的。因此，也不必因为孩子的学习不好就不高兴。

学生的天生禀赋就比如矿石中含有的矿物成分比例。好的学生，是含有的比例高。差一些的学生，是含有的比例低，或者是含有较多的其他成分，但是没有被开发。那么，是否说，天生禀赋好学习就必然好？正常情况下是这样。但是，后天的学习和教育以及所接触的知识、人等，也非常重要。教育和学习实际是冶炼矿石的过程，因此，素质好，如果你不勤奋学习，教育不好，自己不能自学，也就不可能产生好的产品。而如果技术、工艺先进，虽然是矿石比例低，素质差，但是，通过好的教育和自己的努力，也可以成功，这就是老师的因缘，勤奋的因缘。我们讲禀赋，是在同等条件下的比较，比如，同样在一个班，都是同样的老师，但是，相对于其他学校、地区，情况就不同了。

　　遗传非常重要，是否可以改变遗传因素呢？应该承认，有遗传就有变异，有向好的方面变异的，这就是进化；有向不好的方向变异的，这就是退化。退化的现象，在生物界非常明显，在人类社会生活中也很明显。如何变异、进化提高呢？这就需要明白如何改变遗传因子，改变遗传对兴趣、记忆力、注意力、遗忘力的影响。